高职高专"十三五"规划教材

农产品分析检测技术

王炳强　主编

许　泓　主审

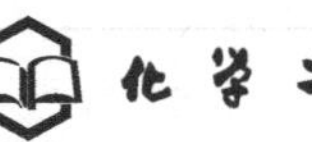

化学工业出版社

·北京·

本书依据高等职业教育“应用型高级技术专业人才”的培养目标，以能力培养为本位，并参照农业与食品行业农产品/食品检验化验员国家职业标准而编写。本书主要内容包括绪论、谷物检验、豆类与油料作物检验、蔬菜检验、水果检验、肉类检验、生鲜乳检验、禽蛋检验、食用菌检验、茶叶检验、蜂蜜检验、其他农产品检验等。

本书适用于高职高专院校农产品检测专业、食品检验专业，以及农业、食品类相关专业师生选用，也可作为农产品与食品检验化验员的培训教材，还可作为农产品监测单位工作人员与农产品经销与加工企业一线技术人员的参考书。

图书在版编目（CIP）数据

农产品分析检测技术/王炳强主编. —北京：化学工业出版社，2018.8（2025.3重印）

ISBN 978-7-122-32372-9

Ⅰ.①农… Ⅱ.①王… Ⅲ.①农产品-检测 Ⅳ.①S37

中国版本图书馆CIP数据核字（2018）第125670号

责任编辑：蔡洪伟　　文字编辑：陈　雨

责任校对：王　静　　装帧设计：关　飞

出版发行：化学工业出版社（北京市东城区青年湖南街13号　邮政编码100011）

印　　装：北京捷迅佳彩印刷有限公司

787mm×1092mm　1/16　印张16¾　字数416千字　2025年3月北京第1版第4次印刷

购书咨询：010-64518888　　售后服务：010-64518899

网　　址：http://www.cip.com.cn

凡购买本书，如有缺损质量问题，本社销售中心负责调换。

定　　价：39.00元

前 言

本书以基础知识为主体，注重培养技能型、应用型人才，着重提高学生的综合素质能力，着重理论与技能相结合，以突出高职高专职业教育的特色。本书在编写过程中，以实际岗位“需要”和“够用”为基础，突出实践应用，强化能力培养。

全书共分十二章。各章节中分别详尽介绍农产品分析检验应掌握的基础知识和检验技能，在内容的范围和深度上与农产品检验的职业岗位群的要求紧密联系，力求与实际结合，注重实际应用，并且与现行的国家标准和行业标准相统一。章节后附有习题，便于学生巩固所学的知识。

本书由福建生物工程职业技术学院王炳强教授主编并统稿。第一章和第七章由王炳强编写；第二章和第十一章由江西现代职业技术学院化工分院曾莉教授编写；第三章和第十章由金华职业技术学院肖珊美教授编写；第四章和第十二章由金华市农产品质量综合监督检测中心刘莉高级工程师编写；第五章和第九章由江西应用技术职业学院张冬梅教授编写；第六章由天津出入境检验检疫局王飞工程师编写；第八章由天津出入境检验检疫局王利强高级工程师编写。本书由天津出入境检验检疫局许泓研究员主审。

本书在编写过程中得到中国化工教育协会、全国石油和化工教学指导委员会指导，得到天津市色谱研究会会长、天津大学范国樑教授以及很多分析检测专家的支持和帮助。本书在编写中参考了有关专著、国家标准、图书、论文等资料。在此向有关专家、老师、作者致以衷心的感谢。由于时间和水平所限，书中不足之处在所难免，欢迎广大读者提出宝贵意见。

编者

2018 年 4 月

目 录

第三章　豆类与油料作物检验　/ 045

第四章　蔬菜检验　/ 068

第五章　水果检验　/ 105

第六章　肉类检验　/ 127

第七章　生鲜乳检验　/ 158

第一章 绪论

农产品是人类最基本的生活资料，是维持人类生命和身体健康不可缺少的能量源和营养源。农产品的品质直接关系到人类的健康及生活质量。农产品质量检测在保证农产品的营养与卫生，确保农产品的品质及食用的安全，研究农产品化学性污染的来源、途径，以及控制污染等方面都有着十分重要的意义。

农产品质量包括两个方面的内容：一是产品的品质质量，包括外观、口感、营养、耐储性等；二是产品的食用安全性，即安全质量。《中华人民共和国农产品质量安全法》中所称农产品质量安全，是指农产品质量符合保障人的健康、安全的要求。农产品品质质量和安全质量两者不可偏废，缺一不可。

农产品质量检测，是指根据产品标准或检测规程，对农产品的一个或多个质量特性进行观察、试验或测量，并把所得到的检测结果和规定的质量要求进行比较，以判断出被检产品或成批产品合格与不合格的技术性检查活动。具体到我们常说的农产品安全检测则是指依据《中华人民共和国食品安全法》，按照国家、行业、地方、企业标准或国际标准，对不同地区、单位或个人生产的农产品进行质量检验，以确保产品质量和食品安全。检验方法标准是指以产品性能与质量方面的检测方法为对象而制定的标准，包括操作和精度要求，它对所用仪器、设备、检测条件、方法、步骤、数据计算、结果分析、合格标准及复验规则等方面都做出了统一规定。检验对象是农产品，检验的执行者是生产者、消费者、管理者或检测人员，合格、不合格是指满足或不满足规定的质量标准，包括国家标准、行业标准、地方标准和企业标准。

一、农产品的类别

农产品是指动物、植物、微生物产品及其直接加工品，包括食用和非食用两个方面。在农产品质量安全管理方面常说的农产品，多指食用农产品，包括鲜活农产品及其直接加工品。

《中华人民共和国农产品质量安全法》中所称农产品，是指来源于农业的初级产品，即在农业活动中获得的植物、动物、微生物及其产品。

1. 初级农产品

初级农产品是指种植业、畜牧业、渔业产品，不包括经过加工的这类产品。初级农产品包括谷物、油脂、农业原料、畜禽及产品、林产品、渔产品、海产品、蔬菜、瓜果和花卉等。

2. 初级加工农产品

初级加工农产品是指必须经过某些加工环节才能食用、使用或储存的加工品，如消毒奶、分割肉、冷冻肉、食用油、饲料等。

3. 名优农产品

名优农产品是指由生产者志愿申请，经有关地方部门初审，经权威机构根据相关规定程序，认定生产的生产规模大、经济效益显著、质量好、市场占有率高，已成为当地农村经济主导产业，有品牌、有明确标识的农产品。

名优农产品包括粮油、蔬菜、瓜果、畜禽及其产品、水产、棉麻、花卉、药材、食用菌、种子、苗木等。

4. 转基因农产品

转基因农产品是指利用基因转移技术，即利用分子生物学的手段将某些生物的基因转移到另一些生物的基因上，进而培育出人们所需要的农产品。

二、农产品质量安全

农产品质量安全，就是指农产品的可靠性、使用性和内在价值，包括在生产、储存、流通和使用过程中形成、合成留有和残存营养、危害及外在特征因子，既有等级、规格、品质等特性要求，也有对人、环境的危害等级水平的要求。

《中华人民共和国农产品质量安全法》已由中华人民共和国第十届全国人民代表大会常务委员会第二十一次会议于2006年4月29日通过，自2006年11月1日起施行。国务院农业行政主管部门设立由有关方面专家组成的农产品质量安全风险评估专家委员会，对可能影响农产品质量安全的潜在危害进行风险分析和评估。国家引导、推广农产品标准化生产，鼓励和支持生产优质农产品，禁止生产、销售不符合国家规定的农产品质量安全标准的农产品。国家建立健全农产品质量安全标准体系。农产品质量安全标准是强制性的技术规范。

国务院农业行政主管部门和省、自治区、直辖市人民政府农业行政主管部门制定保障农产品质量安全的生产技术要求和操作规程。县级以上人民政府农业行政主管部门应当加强对农产品生产的指导。

国家建立健全农产品质量安全标准体系。农产品质量安全标准是强制性的技术规范。在充分考虑农产品质量安全风险评估结果，并听取农产品生产者、销售者和消费者的意见，保障消费安全，制定农产品质量安全标准。

在农产品产地、农产品生产方面，推进保障农产品质量安全的标准化生产综合示范区、示范农场、养殖小区和无规定动植物疫病区的建设。对可能影响农产品质量安全的农药、兽药、饲料和饲料添加剂、肥料、兽医器械，依照有关法律、行政法规的规定实行许可制度。

农产品生产企业、农民专业合作经济组织以及从事农产品收购的单位或者个人销售的农产品，按照规定应当包装或者附加标识的，须经包装或者附加标识后方可销售。包装物或者标识上应当按照规定标明产品的品名、产地、生产者、生产日期、保质期、产品质量等级等内容；使用添加剂的，还应当按照规定标明添加剂的名称。

三、影响农产品质量安全的因素

农产品质量安全问题已成为全世界关注的重点。农药、兽药、饲料和添加剂、动植物激素等农资的使用，为农业生产和农产品数量的增长发挥了积极的作用，与此同时，也给农产品质量安全带来了严重隐患，加之环境污染等其他方面的原因，我国农产品污染问题也日渐突出。农产品因农药残留、兽药残留和其他有毒有害物质超标造成的餐桌污染和引发的中毒事件时有发生。

从污染的途径和因素考虑，农产品的安全问题，大体上可以分为物理性污染、化学性污染、生物性污染和本底性污染四种类型。

① 物理性污染是指由物理性因素对农产品质量安全产生的危害，是由于在农产品收获或加工过程中操作不规范，不慎在农产品中混入有毒有害杂质，导致农产品受到污染，比如在常规产品中混入转基因产品。该污染可以通过规范操作加以预防。

② 化学性污染是指在生产、加工过程中不合理使用化学合成物质而对农产品质量安全产生的危害。如使用禁用农药，过量、过频使用农药、兽药、渔药、添加剂等造成的有毒有害物质残留污染。该污染可以通过标准化生产进行控制。

③ 生物性污染是指自然界中各类生物性因子对农产品质量安全产生的危害，如致病性细菌、病毒以及毒素污染等，亚洲地区曾流行的禽流感就是病毒引起的。生物性危害具有较大的不确定性，控制难度大，有些可以通过预防控制，而大多则需要通过采取综合治理措施。

④ 本底性污染是指农产品产地环境中的污染物对农产品质量安全产生的危害，主要包括产地环境中水、土、气的污染，如灌溉水、土壤、大气中的重金属超标等。本底性污染治理难度最大，需要通过净化产地环境或调整种养品种等措施加以解决。

针对以上四大污染类型，不同国家、不同的发展阶段和消费水平，有不同的关注重点和热点。目前，我国农产品质量安全工作的重点是要解决化学性污染和相应的安全隐患。农业部实施的“无公害食品行动计划”，就是从农药残留、兽药残留、违禁药物等关键危害因子入手，主要解决农产品的安全问题，让消费者放心食用农产品。

四、不安全农产品造成的不良影响

中国是农业大国，改革开放 30 多年来，随着农村改革的深入，农民积极性的不断提高和农业技术的推广，多种农产品已经由短缺变成自给有余。近年来，我国已经形成了粮、菜、果、畜、渔等优势产业，粮食、水果、蔬菜、猪肉、禽蛋等大宗农产品的产量已经跃居世界第一位，取得了令人瞩目的成就。但是，在人们分享它的实惠之时，市场的多样性、优质化需求和大量劣质农产品供给过剩的一系列深层次的矛盾和潜在的危机也一并悄然袭来。由于滥用农药和环境污染使农产品品质下降，食用水果、蔬菜中毒事件时有发生，产品质量和食品安全问题已十分突出，既有农药残留、重金属超标等质量问题，也有在农产品、食品和饲料中滥用工业染料、化工原料，农药超标，农药残留量过大等恶性事件。农产品质量安全问题已经对人民群众的生命健康构成严重威胁，同时也在影响着经济发展和社会进步。因此，迫切需要对农产品进行质量安全监测和在生产、流通全过程实施质量控制，我们应通过健全农产品标准体系、农产品质量监督检验体系，严格执行市场准入制度，以保障广大群众的利益不受侵犯。

五、不安全农产品的危害特点

农业生产是一个开放的系统。根据来源不同，影响农产品质量安全的危害因素主要包括农业种养过程可能产生的危害、农产品保鲜包装储运过程可能产生的危害、农产品自身的生长发育过程中产生的危害、农业生产中新技术应用带来的潜在危害四个方面。

① 农业种养过程可能产生的危害。包括因投入品不合格使用或非法使用造成的农药、兽药、硝酸盐、生长调节剂、添加剂等有毒有害残留物，产地环境带来的铅、镉、汞、砷等重金属元素，石油烃、多环芳烃、氟化物等有机污染物，以及六六六、滴滴涕等持久性有机污染物。

② 农产品保鲜包装储运过程可能产生的危害。包括储存过程中不合理或非法使用的保鲜剂、催化剂和包装运输材料中有害化学物等产生的污染。

③ 农产品自身的生长发育过程中产生的危害。如黄曲霉毒素、沙门氏菌、禽流感病毒等。

④ 农业生产中新技术应用带来的潜在危害。如外来物种侵入、非法转基因品种等。

六、农产品质量安全现状

近些年来，我国农业综合生产能力大幅提升，农产品供求关系发生了重大变化，农产品供给实现了由长期短缺到供求基本平衡，丰年有余的大跨越。随着人民收入的持续增长和生活水平不断提高，农产品质量安全问题越来越受到广大消费者的关注，提高农产品质量已成为广大消费者的迫切需求。同时，提高农产品质量安全水平对于加快农业增长方式转变、提高农产品市场竞争力、扩大农产品出口创汇、保障广大城乡居民绿色消费及发展现代农业都具有重大意义。

1. 农产品质量安全的现状

(1) 国际农产品质量安全的现状

国际上，从1986年开始肆虐英国的疯牛病，1998年席卷东南亚国家的猪脑病，1999年轰动世界的比利时二噁英污染鸡风波，到最近发生在法国的李斯特菌杆菌污染熟肉造成人员伤亡事件；国内，毒大米、毒木耳、毒猪肉、毒食用油、劣质奶粉等农产品质量安全事件也时有发生。

(2) 我国农产品质量安全的现状

近年来，我国在农产品质量方面采取了一系列措施，加强对农产品产前、产中、产后环节的控制，农产品质量安全水平得到显著提高。主要体现下四个方面：一是总体水平高；二是发展态势平稳；三是农产品出口量逐增；四是生产者与消费者的安全意识明显有了提高。

2. 我国农产品质量安全存在的问题

综合起来，我国目前农产品质量安全存在的主要问题如下：

① 化肥农药等残留污染问题越来越严重。我国每年使用的化肥折成存量是4200万吨，平均每公顷（1公顷=10000平方米）土地所使用的化肥的生成量超过400kg，和美国及欧洲的标准化肥使用的安全性每公顷225kg相比，化肥在土壤中的残留显然也是非常严重的。

② 食物加工中滥加化学添加剂，导致全国食物中毒现象时有发生。我国不少农民大量使用催生剂和激素，滥施化学剂，争取果菜早上市，使农产品质量下降，造成水果、蔬菜和肉类普遍口感和安全性较差，有的还含有对人体有害的成分。

③ 食物健康污染问题变得愈来愈严重、愈来愈难控制。随着人类生产和生活的不断进步，食物受到化学污染的机会日益增多。除由于食物意外地被大量农药、铅、砷等有害物质污染而引起急性中毒外，目前更受到关注的是少量化学污染物长期通过食物进入人体而造成

的慢性健康危害。如 DDT 等农药，重金属铅、汞、镉，以及燃煤中的氟等。

④ 农产品产地环境污染 。农产品的生长发育离不开环境，环境污染直接影响着农产品生长。目前农产品产地环境污染源主要有大气污染、水质污染、土壤污染，这些污染源对农产品质量安全均有极大影响。

⑤ 农户组织化程度不高和文化水平低 。中国是个农业大国，农村人口多，耕地总面积少，因此人均耕地面积少，且我国耕地面积主要以山地、丘壑为主，平原少，导致我国农产品生产规模小，千家万户分散生产，独立经营，无论是购进生产资料还是销售农产品都是一家一户单独面向市场，分散的生产和经营不利于控制投入品的质量，也不容易统一产品质量。另外，我国农民受教育程度不高，缺乏科学生产的能力，如施肥问题，大部分农户都简单地认为“多施肥，产量就高”，甚至将施肥当成农业生产过程中的一个固定程序而形成一种不假思索的农业生产方式，意识不到化肥对土壤环境和人体健康造成的潜在危险。

⑥ 公司的非法生产。有个别的公司会为了自己的利益，不顾社会的责任，进行非法生产，以获取更多的利益，在生产制作、加工处理等环节中超量、违规地使用食品色素、激素、防腐剂等成分，给农产品安全性埋下隐患。

⑦ 农产品检测制度不完善。长期以来，我国农产品质量检测制度不是很完善，制度的不完善使得不合格农产品频频进入市场，被消费者购买，危及消费者利益。农产品检测不仅包括产后的检测，还包括农产品产中的检测。在农产品生产中，没有标准的质量检测体系，使得农产品形状和质量参差不齐，没有形成统一的标准。

七、农产品质量安全保障

1. 农业标准化生产

所谓标准就是经过一定的审批程序，在一定范围内必须共同遵守的规定，是企业进行生产技术活动和经营管理的依据。

标准化是指为在一定范围内获得最佳秩序，对实际的、潜在的问题制定共同的和重复使用的规则的活动。农业标准化是以农业为对象的标准化活动，即运用“统一、简化、协调、选优”原则，通过制定和实施标准，把农业产前、产中、产后各个环节纳入标准生产和标准管理的轨道。简单地说，农业标准化就是按照标准生产农产品的全过程。农业标准化工作包括农业标准体系、农业质量监测体系和农产品评价认证体系建设 3 方面内容。农业标准体系是基础，只有建立健全的，涵盖产前、产中、产后等各个环节的标准体系，农业生产经营才有章可循、有标可依。农业标准化工作，以农产品质量标准体系和质量安全监测体系建设为基础，以全面提高农产品质量安全水平和竞争能力为核心，以市场准入为切入点，实现从“农田到餐桌”全过程的质量控制，旨在全面推动农产品的无公害生产、产业化经营、标准化管理，满足经济发展和人民生活的需要。

2. 农产品市场准出制度

根据《农产品质量安全法》《食品安全法》和《农业部食品药品监管总局关于加强食用农产品质量安全监管工作的意见》的相关规定，在全国范围内全面实施农产品准入准出制度，实现农产品“源头可溯、全程可控、风险可防、责任可究、公众可查”。

农产品实行产品质量全程追溯，农产品可凭有效证明（农产品质量证明、产地证明、检测合格证明、动物产品检疫证明、运输证明等），由市场管理方、加工企业检验后自动准许进入流通环节、企业加工车间。

各级农业行政主管部门负责监督农产品生产企业开具、持有准出文件销售农产品；食药监部门监督农贸市场主办方和销售者负责查验食用农产品合格证明。这些合格证明文件是农产品进入批发、零售市场或生产加工企业的必要条件。无产地准出凭证的农产品实施检验，不合格农产品不得进入销售环节交易。

3. 相关法律法规、国家标准

近年来，我国出台一批比较重要的法律法规文件，如《农产品质量安全法》《食品安全法》和《农业部食品药品监管总局关于加强食用农产品质量安全监管工作的意见》等。

我国目前将标准分为国家标准、行业标准、地方标准和企业标准四级。

(1) 国家标准

国家标准是指对全国经济技术发展有重大意义，必须在全国范围内统一的标准。国家标准由国务院标准化行政主管部门编制计划和组织草拟，并统一审批、编号和发布。国家标准有“GB”或“GB/T”字样。例如：GB 2707—2016《食品安全国家标准 鲜（冻）畜、禽产品》。

(2) 行业标准

行业标准是指我国全国性的农业行业范围内的统一标准。《标准化法》规定，对没有国家标准而又需要在全国某个行业范围内统一的技术要求，可以制定行业标准。农业行业标准由农业部组织制定，代号为 NY。行业标准是对国家标准的补充，行业标准在相应国家标准实施后，自行废止。例如 NY/T 1464.59—2016《农药田间药效试验准则 第 59 部分：杀虫剂防治茭白螟虫》。

(3) 地方标准

地方标准是指在某个省、自治区、直辖市范围内需要统一的标准，对没有国家标准和行业标准而又需要在省、自治区、直辖市范围内统一的技术和管理要求，可以制定地方标准。地方标准由省、自治区、直辖市政府标准化行政主管部门制定。地方标准不得与国家标准、行业标准相抵触。在相应的国家标准或行业标准实施后，地方标准自行废止。地方标准代码，使用省、自治区、直辖市行政区划代码。例如：DB 12/356—2018《污水综合排放标准》。

(4) 企业标准

企业标准是指企业所制定的产品标准和在企业内需协调、统一的技术要求和管理工作要求所制定的标准。企业标准由企业制定。企业标准代号由标准化行政主管部门会同同级行政主管部门加以规定。

国家标准、行业标准、地方标准和企业标准之间的关系是，对需要在全国范围内统一的技术要求，应当制定国家标准；对没有国家标准而又需要在全国某个行业内统一的技术要求，可以制定行业标准；对没有国家标准和行业标准而又需要在省、自治区、直辖市范围内统一的技术要求，可以制定地方标准；企业生产的产品没有国家标准和行业标准的，应当制定企业标准。国家鼓励企业制订高于国家标准的企业标准。

4. 农产品质量安全追溯

随着农产品质量追溯系统的逐步建立，如今许多农产品具有了二维码“身份证”，消费者只需扫一扫，就能了解农产品的产地、生产过程、流通过程，未来甚至还能看到农产品的营养成分和元素组成等信息。

农产品质量追溯系统的主要功能是用于农产品质量追溯管理，其核心功能是使用物联网技术对农产品的采收、加工、销售等环节进行管理。农产品质量追溯系统在功能上实现了经营者管理、蔬菜管理、交易管理、电子秤管理、订阅管理和系统管理，可满足企业从生产、检验到销售的全过程管理，确保了蔬菜的食品安全性。通过特色育苗、种植、采收、检测、包装、运输、销售等环节实施数据采集，建立追溯信息数据库系统。通过直接扫描二维码，实现全过程质量追溯。

八、农产品检验的意义和作用

1. 农产品检验的意义

（1）农业产业发展的需要

我国的农产品标准，从无到有，目前已形成了产品、生产技术规程、检验测试等一系列标准，并在生产中得到推广和应用。

（2）我国农业战略性结构调整的客观要求

我国的农业发展已经进入了一个新的阶段，即在数量矛盾已经基本缓解的情况下，如何提高品质，解决供求关系中生产与需求之间，品种与质量之间的矛盾。这些矛盾的解决只能依靠战略性调整，大量发展安全性高的绿色食品。

（3）提高农产品国际竞争力和扩大国内需求的需要

走向 WTO 的我国农业直接面临国际市场的激烈竞争，竞争的取胜之道很多，但其中最为重要的一条，就是经过严格检测达到合格标准的农产品才可以进入国际市场的。

2. 农产品质量检测的作用

① 指导与控制生产工艺过程。农产品生产企业通过对农产品原料、辅料、半成品的检测，确定工艺参数、工艺要求以控制生产过程。

② 保证农产品企业产品的质量。农产品生产企业通过对成品的检验，可以保证出厂产品的质量符合农产品标准的要求。

③ 保证用户接受产品的质量。消费者或用户在接受商品时，按合同规定或相应的农产品标准的质量条款进行验收检验，保证接收产品的质量。

④ 政府管理部门对农产品质量进行宏观的监控。第三方检验机构根据政府质量监督行政部门的要求，对生产企业的产品或市场的商品进行检验，为政府对产品质量实施宏观监控提供依据。

⑤ 为农产品质量纠纷的解决提供技术依据。当发生产品质量纠纷时，第三方检验机构根据解决纠纷的有关机构（包括法院、仲裁委员会、质量管理行政部门及民间调解组织等）的委托，对有争议产品做出仲裁检验，为有关机构解决产品质量纠纷提供技术依据。

⑥ 对进出口农产品的质量进行把关。在进出口农产品的贸易中，商品检验机构需根据国际标准或供货合同对商品进行检测，以确定是否放行。

⑦ 对突发的食物中毒事件提供技术依据。发生食物中毒事件时，检验机构根据对残留食物做出仲裁检验，为事件的调查及解决提供技术依据。

第二章 谷物检验

谷物涵盖的范围较广，包括稻米、小麦、玉米、大豆及其他杂粮等，主要是植物种子和果实，是人类的主要食物，是大多数亚洲人的传统主食。

第一节 谷物检验基础知识

一、谷物的概念和用途

谷物是谷类植物或粮食作物的总称，通常是指禾本科植物所生产的籽粒（包括稻米、小麦、玉米、大豆、高粱等）。谷类中蛋白质含量在8%～12%之间；脂肪含量较少，约2%～4%；糖类含量不但多（约70%～80%），而且大部分是淀粉。谷类是B族维生素的重要来源，其中维生素B_1/B_2和尼克酸较多，胚芽中含较多量的维生素E。小麦、玉米中含有胡萝卜素。谷类的无机盐含量在1.5%左右，主要是磷和钙，还有较多的是镁。

谷物通过加工为食物，为人类提供了50%～80%的热能，40%～70%的蛋白质，60%以上的维生素B_1，谷物的利用率极高，是人体热能堆经济的来源。

二、主要谷物种类

1. 稻谷

稻谷是一种假果，由颖（稻壳）和颖果（糙米）两部分构成，一般为细长形或椭圆形。稻谷加工去壳后的颖果部分称为糙米，其形态与稻谷相似，一般为细长形或椭圆形，糙米由果皮、种皮、糊粉层、胚和胚乳组成。糙米继续加工，碾去皮层和胚（即细糠），基本上只剩下胚乳，就是我们平时食用的大米。

我国稻谷种类很多，分布极广，全国各地都有种植，品种达6万个以上，因此，稻谷的分类方法也有多种。根据种植地形、土壤类型、水层厚度和气候条件，大致可将稻谷分为5种类型，即灌溉稻、无水低地稻、潮汐湿地稻、深水稻和旱稻。具体可分为：

① 按照栽种的地理位置、土壤水分不同将稻谷划分为水稻和陆稻（旱稻）两类。

② 按照稻谷品种的不同可分为籼稻和粳稻两个亚种。

③ 按照稻谷生长期的长短不同，可分为早稻、中稻和晚稻三类。

④ 按照稻谷淀粉性质的不同，又可分为黏稻（非糯稻）和糯稻两类。

⑤ 根据国家标准 GB 1350—2009《稻谷》规定，可将稻谷按照收获季节、粒形和粒质分为早籼稻谷、晚籼稻谷、粳稻谷、籼糯稻谷、粳糯稻谷五类。

早籼稻谷：生长期较短、收获期较早的籼稻谷，一般米粒腹白较大，角质部分较少。

晚籼稻谷：生长期较长、收获期较晚的籼稻谷，一般米粒腹白较小或无腹白，角质部分较多。

粳稻谷：粳型非糯性稻的果实，糙米一般呈椭圆形，米质黏性较大，胀性较小。

籼糯稻谷：籼型糯性稻的果实，糙米一般呈长椭圆形或细长形，米粒呈乳白色，不透明或半透明状，黏性大。

粳糯稻谷：粳型糯性稻的果实，糙米一般呈椭圆形，米粒呈乳白色，不透明或半透明状，黏性大。

2. 小麦

小麦是世界上栽培最古老、最重要的粮食作物之一，原产自中亚和西亚，在我国是仅次于水稻的粮食作物，小麦属禾本科小麦属，一年生草本植物。小麦籽粒是不带壳的颖果，营养丰富，小麦中蛋白质富含人类生活必需的氨基酸。麦粒有四个基本特征，即颜色、质地、形状和大小，再附加一些次要的规律性特征，即小麦的腹沟、胚、茸毛等。小麦和糙米一样，由果皮、种皮、外胚乳、胚乳及胚组成。其分类主要根据播种期、皮色或粒质进行。

① 按播种期可分为冬小麦和春小麦。

② 按皮色可分为红皮麦、白皮麦。

③ 按硬度指数可分为硬质小麦和软质小麦两类。

④ 根据国家标准 GB 1351—2008《小麦》规定，小麦按其皮色、硬度指数分为以下五类。

硬质白小麦：种皮为白色或黄白色的麦粒不低于 90%，硬度指数不低于 60%的小麦。

软质白小麦：种皮为白色或黄白色的麦粒不低于 90%，硬度指数不高于 45%的小麦。

硬质红小麦：种皮为深红色或红褐色的麦粒不低于 90%，硬度指数不低于 60%的小麦。

软质红小麦：种皮为深红色或红褐色的麦粒不低于 90%，硬度指数不高于 45%的小麦。

混合小麦：不符合上述规定的小麦。

3. 玉米

玉米，俗称苞米、棒子、苞谷等，在北纬 58°到南纬 40°之间的温带、亚热带和热带都有栽培，原产自墨西哥和中美洲其他国家，后来航海家们把玉米传播到世界各地，在我国也有 500 多年的栽培历史。玉米是世界上四大粮食作物之一，特别是一些非洲、拉丁美洲国家。玉米的营养成分优于稻米、薯类等，缺点是颗粒大、食味差、黏性小。

玉米籽粒因品种不同，形态多样，常见的玉米籽粒上宽下窄。由果皮、种皮、外胚乳、胚乳及胚组成，一般谷物胚中不含淀粉，而玉米盾片所有细胞都含有淀粉，这是玉米胚的特点。按照玉米籽粒外部形态和内部结构，而内部结构中又主要依据不同类型的多糖和不同性质的淀粉（直链淀粉和支链淀粉）比例，可将玉米分为硬粒型、马齿型、半马齿型、糯质型、爆裂型、粉质型、甜质型和有稃型 8 个类型。

根据国家标准 GB 1353—2009《玉米》规定，按照玉米粒色可将玉米分为黄玉米、白玉米、混合玉米（同颜色玉米量小于95%）。

按照玉米生育期长短可将玉米分为早熟品种、中熟品种、晚熟品种三类。

按照用途可分为食用玉米、饲用玉米及食饲兼用玉米。

4. 高粱

高粱籽粒是带壳的颖果，脱去壳的高粱米一般为圆形、椭圆形或卵圆形。高粱米有红、黄、白、褐等多种颜色。高粱籽粒的稃壳由外表皮、中表皮、海绵薄壁组织及内表皮组成。高粱品种很多，分类方法不一。

① 按照用途分为食用高粱、糖用高粱及帚用高粱。

食用高粱：籽粒大，饱满充实，粒形扁平，品质较佳，可供食用。

糖用高粱：籽粒品质差，其茎秆含有较多糖，可用于制糖。

帚用高粱：品种最差，穗长而有较多枝梗，脱粒后穗可做扫把。

② 根据谷壳和谷皮颜色不同分为五类：

黄壳高粱：谷壳和谷皮颜色呈黄褐色，籽粒大而重，品种优良，是良好的酿酒原料。

红壳高粱：谷壳和谷皮颜色呈红褐色，品质较黄壳高粱差，做酿酒原料和饲料。

黑壳高粱：谷壳呈黑色，谷皮呈红褐色，籽粒有红褐色斑点，粒小。

白高粱：籽粒呈白色或灰白色，含单宁极少，适于制高粱粉或淀粉。

蛇眼高粱：谷壳呈黑色，谷皮呈淡褐色，籽粒有褐色斑点，粒细长，两头尖，供食用。

③ 按照国家标准GB/T 8231—2007《高粱》规定，高粱按外种皮色泽将其分为以下三类：

红高粱：种皮色泽为红色的颗粒。

白高粱：种皮色泽为白色的颗粒。

其他高粱：上述两类以外的高粱。

三、谷物检验的依据

谷物产品质量特性应达到粮食质量标准的技术要求，粮食质量标准是粮食生产、检验和评定质量的技术依据，称为产品质量标准，如国际标准ISO和国家标准GB等。谷物检验主要依据以下标准和要求。

1. 粮食检验的方法标准

粮食检验、试验方法标准是以产品性能和质量方面的检测、试验方法为对象而制定的，包括操作和精度要求等方面的统一规定，对所用仪器、设备、检测或试验条件、方法、步骤、数据计算、结果分析、合格标准及复验规则等方面进行统一规定。包括：GB/T 5490—2010《粮油检验　一般规则》；GB 5491—1985《粮食、油料检验　扦样、分样法》；GB/T 5492—2008《粮油检验　粮食、油料的色泽、气味、口味鉴定》；GB/T 5493—2008《粮油检验　类型及互混检验》；GB/T 5494—2008《粮油检验　粮食、油料的杂质、不完善粒检验》；GB/T 5495—2008《粮油检验　稻谷出糙率检验》；GB/T 5496—1985《粮食、油料检验　黄粒米及裂纹粒检验法》；GB 5009.3—2016《食品安全国家标准　食品中水分的测定》；GB/T 5498—2013《粮油检验　容量测定》等。

2. 粮食卫生标准

卫生标准是为保护人类健康，对食品、医药及其他用品在卫生要求方面所制订的标准。如GB 2715—2016《食品安全国家标准 粮食》；GB/T 5009.36—2016《食品安全国家标准 食品中氰化物的测定》；GB 13078—2017《饲料卫生标准》等。

3. 绿色食品标准

我国农产品认证始于20世纪90年代初农业部实施的绿色食品认证。绿色食品标准由农业部中国绿色食品发展中心管理认证，如《绿色食品 豆类》（NY/T 285—2012）。经国家工商行政管理总局商标局批准注册的绿色食品标志，其中A级字体为白色，底色为绿色；AA级字体为绿色，底色为白色。“绿色食品”的图案是两片嫩绿的鲜叶在初升的阳光下慢慢伸展。见图2-1。

4. 无公害农产品标准

2001年，在中央提出发展高产、优质、高效、生态、安全农业的背景下，农业部提出了无公害农产品的概念，并组织实施“无公害食品行动计划”，各地自行制定标准开展了当地的无公害农产品认证。在此基础上，2003年实现了“统一标准、统一标志、统一程序、统一管理、统一监督”的全国统一的无公害农产品认证。无公害农产品标志如图2-2所示。

5. 有机食品标准

20世纪90年代后期，国内一些机构引入国外有机食品标准，实施了有机食品认证。有机食品认证是农产品质量安全认证的一个组成部分。

有机食品标准由国家环境保护部有机食品发展中心管理认证，中国有机食品标志见图2-3。农作物氮素营养60%来自于化肥，化肥目前仍是粮食增产的主要因素，而农药可挽回15%左右的农产品损失，因此，德国有机食品仅占5%，美国生态农业小麦、玉米和大豆相当于常规产量的44%～50%。中国加入WTO以后，以控制质量为中心的技术性壁垒加强了，对我国粮食质量标准与安全体系的建设提出了新的更高要求。

图2-1 绿色食品标志

图2-2 无公害产品标志

图2-3 中国有机食品标志

第二节 谷物检验技术

一、粮食油料扦样、分样法（GB 5491—1985《粮食、油料检验扦样、分样法》）

1. 扦样工具

国家标准规定使用的工具有：扦样器、取样铲和盛装样品的容器等。

（1）扦样器

扦样器又称粮探子，分包装和散装两种。

① 包装扦样器是由一根具有凹槽的金属管切制而成，一段便于插入粮包，另一端有中空的木手柄，便于样品流出。根据探口长度和探口宽度，可将其分为大粒粮食扦样器、中小粮食扦样器和粉状粮食扦样器三种，见图2-4。

大粒粮食扦样器：全长 75cm，探口长 55cm，口宽 1.5～1.8cm，头分尖形或鸭嘴形，最大外径 1.7～2.2cm。

中小粒粮食扦样器：全长 70cm，探口长 45cm，口宽 1cm，头尖形，最大外径 1.5cm。

粉状粮食扦样器：全长 55cm，探口长 35cm，口宽 0.6～0.7cm，头尖形，最大外径 1cm。

② 散装扦样器按照结构不同，可分为细套管扦样器、粗套管扦样器、鱼翅式扦样器和电动吸式扦样器四种。

粗、细双管套扦样器：均由内外两薄金属管套制而成，内外两管均匀切开位置相同的槽口数处，内套管连接手柄，转动手柄可使槽口打开与关闭，见图 2-5。

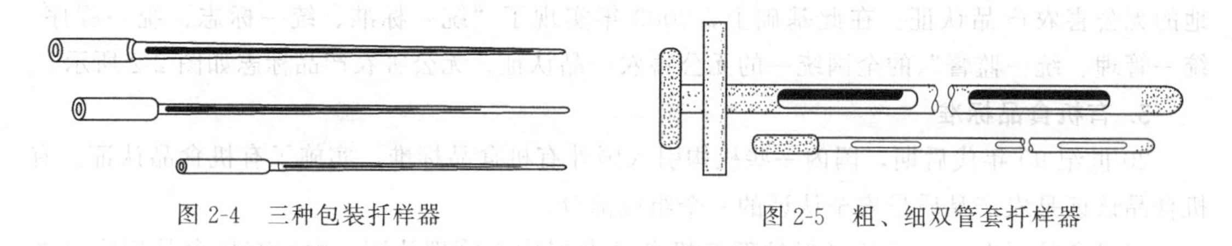

图 2-4　三种包装扦样器　　　　图 2-5　粗、细双管套扦样器

细套管扦样器：全长分 1cm，2cm 两种，三个孔，每孔口长约 15cm，口宽约 1.5cm，头长约 7cm，外径约 2.2cm。两种扦样器均可同时扦取上、中、下三层的综合样品。

粗套管扦样器：全长分 1cm，2cm 两种，三个孔，每孔口长约 15cm，口宽约 1.8cm，头长约 7cm，外径约 2.8cm。

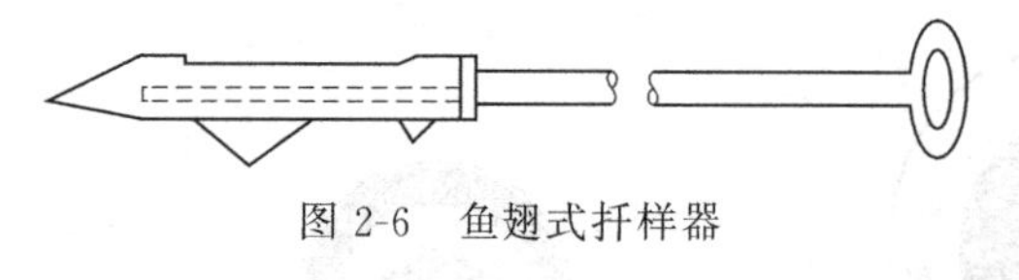

图 2-6　鱼翅式扦样器

鱼翅式扦样器：仅有一节套管，由手柄、连接杆和扦样筒组成，见图 2-6。在外套管上焊一“鱼翅”，插入粮堆时可减少阻力，主要用于单点灵活扦样，但使用起来费力，所以不常用。

电动吸式扦样器：由动力（电机、风机）、传达（直导管、软导管）和容器三部分组成，见图 2-7。其工作原理是根据风力输送的原理，由风机产生一定压力和流速的气流，通过导管吸取粮食。该扦样器省力、省时、扦取数量大，但气流会带走细小杂质，因此不适合做杂质检验，也会造成不完善粒扦样误差。

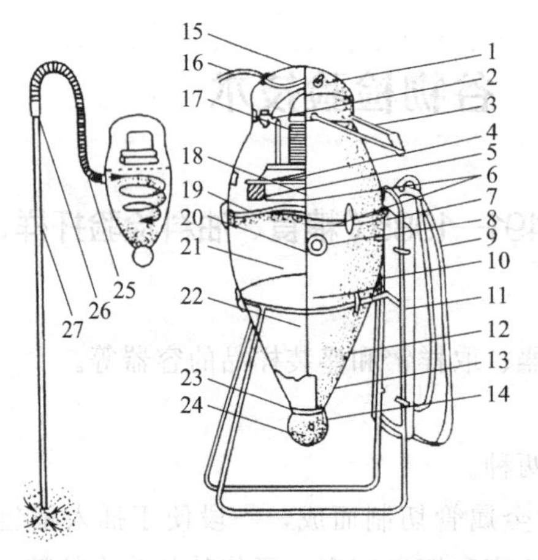

1—电源开关；2—电机固定架；3—提把；4—风机架；5—风机垫圈；6—壳垫圈；7—拉扣；8—进料口；9—背带；10—背板；11—支架；12—壳体；13—拉簧；14—堵头轴；15—排风口；16—电线；17—电机；18—风机；19—滤网；20—接口；21—分离室；22—容器；23—堵头；24—橡皮球头；25—软导管；26—接头；27—直导管

图 2-7　电动吸式扦样器

（2）取样铲

取样铲由白铁皮敲制而成或用木料制成，主要用于流动或零星收付的粮食、油料的取样，以及特大粒粮食、油料倒包和拆包的随机取样。

（3）样品容器

样品容器应具备的条件是：密封性能良好，清洁无虫，不漏，不污染，其容量以 2kg 为宜。常用的样品容器有样品筒、样品袋、样品瓶等。样品筒一般用白铁皮制成圆筒状，有盖和提手。样品袋多用质量较好的聚乙烯塑料袋。样品瓶可采用具有磨口的广口瓶。对于粮食、油料样品数量较大时，还应准备大型样品袋、混样布和分样板等，以便现场混样用。

2. 扦样方法

扦样方法主要有六类：单位代表数量，散装扦样法，包装扦样法，流动粮食扦样法，零星收付粮食、油料取样法及特殊目的取样。

（1）单位代表数量

扦样时以同种类、同批次、同等级、同货位、同车船（舱）为一个检验单位。一个检验单位的代表数量：中、小粒粮食和油料一般不超过 200t，特大粒粮食和油料一般不超过 50t。

（2）散装扦样法

散装扦样法通常是指从仓房或圆仓（囤）扦样。

① 仓房扦样是指在仓房对散装的粮食、油料进行扦样时，应根据堆形和面积大小分区设点，按粮堆高度分层扦样，步骤和方法如下：

a. 分区设点。每区面积不超过 $50m^2$。各区设中心、四角五个点。区数在两个和两个以上的，两区界线上的两个点为共有点（两个区八个点、三个区十一个点，依次类推）。粮堆边缘的点设在距边缘约 50cm 处。

b. 分层。堆高在 2m 以下的，分上、下两层。堆高在 2～3m 的，分上、中、下三层，上层在粮面下 10～20cm 处，中层在粮堆中间，下层在距底部 20cm 处，如遇堆高在 3～5m 时，应分四层，堆高在 5m 以上的酌情增加层数。

c. 扦样。按区按点，先上后下逐层扦样，各点扦样数量一致。散装的特大粒粮食和油料（花生果、大蚕豆、甘薯片等）采取扒堆的方法，参照“分区设点”的原则，在若干个点的粮面下 10～20cm 处，不加挑选地用取样铲取出具有代表性的样品。

② 圆仓扦样是指在圆仓对散装的粮食、油料进行扦样时，应按圆仓的高度分层，每层按圆仓直径分内（中心）、中（半径的一半处）、外（距仓边 30cm 左右）三圈，圆仓直径在 8m 以下的，每层按内、中、外分别设 1、2、4 个点共 7 个点，直径在 8m 以上的，每层按内、中、外分别设 1、4、8 个点共 13 个点，按层按点扦样。

（3）包装扦样法

中、小粒粮和油料扦样包数不少于总包数的 5%，小麦粉扦样包数不少于总包数的 3%，扦样的包点要分布均匀。扦样时，用包装扦样器槽口向下，从包的一端斜对角插入包的另一端，然后槽口向上取出，每包扦样次数一样。

特大粒粮和油料（如花生果、花生仁、葵花籽、蓖麻油、大蚕豆、甘薯片等）取样包数，200 包以下的取样不少于 10 包，200 包以上的每增加 100 包增取 1 包。取样时，采取倒包和拆包相结合的方法。取样比例：倒包按规定取样包数的 20%；拆包按规定取样包数的 80%。

倒包：先将取样包放在洁净的塑料布或地面上，拆去包口缝线，缓慢地放倒，双手紧握袋底两角，提起约 50cm 高，拖倒约 1.5m 全部倒出后，从相当于袋的中部和底部用取样铲取出样品，每包、每点取样数量一样。

拆包：将袋口缝线拆开 3～5 针，用取样铲从上部取出所需样品，每包取样数量一致。

(4) 流动粮食扦样法

机械输送粮食、油料的取样，先按受检粮食、油料数量和传送时间，定出取样次数和每次应取的数量，然后定时从粮流的终点横断接取样品。

(5) 零星收付粮食、油料取样法

零星收付（包括征购）粮食、油料的扦样，可参照以上方法，结合具体情况，灵活掌握，务使扦取的样品具有代表性。

(6) 特殊目的取样

如粮情检查、害虫调查、加工机械效能的测定和出品率试验等，可根据需要取样。

3. 分样方法

将原始样品充分混合均匀，进而分取平均样品或试样的过程，称为分样。

(1) 四分法

将样品倒在光滑平坦的桌面上或玻璃板上，用两块分样板将样品摊成正方形，然后从样品左右两边铲起样品约 10cm 高，对准中心同时倒落，再换一个方向同样操作（中心点不动），如此反复混合四、五次，将样品摊成等厚的正方形，用分样板在样品上划两条对角线，分成四个三角形，取出其中两个对顶三角形的样品，剩下的样品再按上述方法分取，直至最后剩下的两个对顶三角形的样品接近所需试样重量为止。

(2) 分样器法

分样器适用于中、小粒原粮和油料分样。分样器由漏斗、分样格和接样斗等部件组成，样品通过分样格被分成两部分。

分样时，将洁净的分样器放稳，关闭漏斗开关，放好接样斗，将样品从高于漏斗口约 5cm 处倒入漏斗内，刮平样品，打开样品开关，待样品流尽后，轻拍分样器外壳，关闭漏斗开关，再将两个接样斗内的样品同时倒入漏斗内，继续照上法重复混合两次。以后每次用一个接样斗内的样品按上述方法继续分样，直至一个接样斗内的样品接近需要的试样重量为止。

二、谷物的类型及互混检验法

根据 GB/T 5493—2008《粮油检验类型及互混检验》规定，适用于同种类粮食、油料间不同粒型、粒质、粒色的互混检验，以及不同种类粮食、油料间的互混检验。

1. 试剂

0.1%碘-乙醇溶液。

2. 仪器和用具

① 电子天平：分度值 0.01g。

② 实验砻谷机。

③ 实验碾米机。

④ 分样器。

3. 操作步骤

(1) 外形特征检验

① 籼稻、粳稻、糯稻互混检验：取净稻谷 10g，经脱壳、碾米后称量（m_a），按质量标准 GB 1350 中有关分类规定，拣出混入的异类型粒，称取其质量（m_1）。

② 异色粒互混检验：按 GB/T 5494—2008 质量标准的规定，称取试样质量（m_b），在检验不完善粒的同时，拣出混有的异色粒，称取其质量（m_2）。

③ 小麦粒色鉴别：不加挑选地取出小麦 100 粒完整粒，感官鉴别小麦粒色，按 GB 1351—2008 中红麦和白麦的规定，鉴别小麦粒色。

④ 异种粮粒互混检验：按照表 2-1 的规定制备试样并称量（m_c），拣出粮食中混有的异种粮粒称量（m_3）。

表 2-1　各类粮食、油料异种粮粒互混检验最低试样量

颗粒大小	粮食、油料名称	最低试样量/g
小粒	芝麻、小米、油菜籽等	50
中粒	稻谷、小麦、高粱、小豆等	250
大粒	大豆、玉米、豌豆等	500
特大粒	花生果、花生仁、桐籽等	1000

注：当互混的粮食颗粒大小相差较大时，可适当增加试样量。

(2) 角质、粉质检验

在透射光下观察粮粒，或将粮粒从中部横向切断观察断面，籽粒或断面中为玻璃状透明体和半透明体者为角质，为粉状不透明体者为粉质。

(3) 糯稻和非糯稻的染色检验

稻谷经砻谷、碾白后，制成符合国家标准三级（GB 1354—2009）的大米样品，不加挑选地取出 200 粒完整粒，用清水洗涤后，再用 0.1%碘-乙醇溶液浸泡 1min 左右，然后用蒸馏水洗净，观察米粒着色情况。糯性米粒呈棕红色，非糯性米粒呈蓝色。拣出混有的异类型粒（n）。

4. 结果计算

(1) 籼稻、粳稻、糯稻互混率计算

籼稻、粳稻、糯稻互混率按式 (2-1) 计算：

$$X=\frac{m_1}{m_a}\times 100 \tag{2-1}$$

式中　X——互混率，即混入的异类型稻谷占试样总量的质量分数，%；

m_1——异类型稻谷的质量，g；

m_a——试样质量，g。

在重复性条件下，获得的两次独立测试结果的绝对差值不大于 1%，求其平均数即为测试结果，测试结果保留到整数位。

(2) 异色粒率计算

异色粒率按式 (2-2) 计算：

$$Y=\frac{m_2}{m_b}\times 100 \tag{2-2}$$

式中 Y——异色粒率，即异色粒占试样总量的质量分数,%；

m_2——异色粒的质量，g；

m_b——试样质量，g。

在重复性条件下，获得的两次独立测试结果的绝对差值不大于1%，求其平均数即为测试结果，测试结果保留到小数点后一位。

(3) 异种粮粒的含量计算

异种粮粒的含量按式（2-3）计算：

$$Z=\frac{m_3}{m_c}\times 100 \tag{2-3}$$

式中 Z——异种粮粒的含量，即异种粮粒占试样总量的质量分数,%；

m_3——异种粮粒的质量，g；

m_c——试样质量，g。

测试结果保留到小数点后一位。

(4) 糯稻和非糯稻的染色检验互混率计算

糯稻和非糯稻的染色检验互混率按式（2-4）计算：

$$R=\frac{n}{200}\times 100 \tag{2-4}$$

式中 R——糯稻和非糯稻的染色检验互混率,%；

200——异类型粒数。

在重复性条件下，获得的两次独立测试结果的绝对差值不大于1%，求其平均数即为测试结果，测试结果保留到整数位。

三、谷物含水量检验

1. 直接干燥法

直接干燥法适应于在101～105℃下，蔬菜、谷物及其制品、水产品、豆制品、乳制品、肉制品、卤菜制品、粮食（水分含量低于18%）、油料（水分含量为13%）、淀粉及茶叶类等食品中水分的测定，不适用于水分含量小于0.5g/100g的样品。

(1) 原理

利用谷物中水分的物理性质，在101.3kPa（一个大气压），温度101～105℃下采用挥发方法测定样品中干燥减失的重量，包括吸湿水、部分结晶水和该条件下能挥发的物质，再通过干燥前后的称量数值计算出水分的含量。

(2) 试剂和材料

① 氢氧化钠（6mol/L NaOH）溶液：称取24g氢氧化钠，加水溶解并稀释至100mL。

② 盐酸（6mol/L HCl）溶液：量取50mL盐酸，加水稀释至100mL。

③ 海砂：取用水泥去泥土的海砂、河沙、石英砂或类似物，先用盐酸（6mol/L HCl）溶液煮沸0.5h，用水洗至中性，再用氢氧化钠（6mol/L NaOH）溶液煮沸0.5h，用水洗至中性，105℃干燥备用。

所有试剂均为分析纯，水为GB/T 6682—2008规定的三级水。

(3) 仪器和设备

① 扁形铝制或玻璃制称量瓶。

② 电热恒温干燥箱。

③ 干燥器：内附有效干燥剂。

④ 天平：感量为 0.1mg。

(4) 试样制备

从平均样品中分取一定样品，按表 2-2 规定的方法制备试样。

表 2-2　试样制备方法

粮种	分样数量/g	制备方法
粒状原粮	30～50	除去大样杂质和矿物质，粉碎细度通过 1.5mm 圆孔筛不少于 90%
大豆	30～50	除去大样杂质和矿物质，粉碎细度通过 2.0mm 圆孔筛不少于 90%
花生仁、桐仁等	约 50	取净仁，用手摇切片机或小刀切成 0.5mm 以下的薄片或剪碎
花生果、茶籽、桐籽、蓖麻籽、文冠果等	约 100	取净果(籽)剥壳，分别称重，计算壳、仁质量分数。将壳磨碎或研碎。将仁切成薄片
棉籽、葵花籽等	约 30	取净籽剪碎或用研钵敲碎
油菜籽、芝麻等	约 30	除去大样杂质的整粒试样
甘薯片	约 100	取净片粉碎，细度同粒状原粮
甘薯丝、甘薯条	约 100	取净丝、条粉碎，细度同粒状原粮

(5) 分析步骤

① 固体试样：取洁净扁形铝制或玻璃制称量瓶，置于 101～105℃干燥箱中，瓶盖斜支于瓶边，加热 1.0h，取出盖好，置干燥器内冷却 0.5h，称量，并重复干燥至前后两次质量差不超过 2mg，即为恒重。将混合均匀的试样迅速磨细至颗粒小于 2mm，不易研磨的样品应尽可能切碎，称取 2～10g 试样（精确至 0.0001g），放入此称量瓶中，试样厚度不超过 5mm，如为疏松试样，厚度不超过 10mm，加盖，精密称量后，置于 101～105℃干燥箱中，瓶盖斜支于瓶边，干燥 2～2h 后，盖好取出，置干燥器内冷却 0.5h 后称量，并重复干燥至前后两次质量差不超过 2mg，即为恒重。

两次恒重值在最后计算中，取质量较小的一次称量值。

② 半固体或液体试样：取洁净的称量瓶，内加 10g 海砂（试验过程中可根据需要适当增加海砂的质量）及一根小玻璃棒，置于 101～105℃干燥箱中，干燥 1h 后取出，置干燥器内冷却 0.5h 后称量，并重复干燥至恒重。然后称取 5～10g 试样（精确至 0.0001g），置于称量瓶中，用小玻璃棒搅匀放在沸水浴上蒸干，并随时搅拌，擦去瓶底的水滴，置于 101～105℃干燥箱中干燥 4h 后盖好取出，放入干燥器内冷却 0.5h 后称量。然后在放入 101～105℃干燥箱中干燥 1h 左右后取出，放入干燥器内冷却 0.5h 后再称量。并重复干燥至前后两次质量差不超过 2mg，即为恒重。

(6) 结果计算

试样中的水分含量，按式 (2-5) 进行计算：

$$X=\frac{m_1-m_2}{m_1-m_3}\times 100 \tag{2-5}$$

式中　X——试样中水分含量，g/100g；

m_1——称量瓶（加海砂、玻璃棒）和试样的质量，g；

m_2——称量瓶（加海砂、玻璃棒）和试样干燥后的质量，g；

m_3——称量瓶（加海砂、玻璃棒）的质量，g；

100——单位换算系数。

水分含量≥1g/100g 时，计算结果保留三位有效数字；水分含量<1g/100g 时，计算结果保留两位有效数字。

（7）精密度

在重复性条件下，获得的两次独立测试结果的绝对差值不得超过算术平均值的 10% 。

2. 定时定温烘干法

定时定温烘干法适合在样品数量大时（如粮食收购季节）采用。

仪器和设备与直接干燥法相同。

试样用量采用定量试样，按称量瓶底面积的每平方厘米为 0.126g 取样。如直径 4.5cm 的称量瓶试样用量 2g；直径 5.5cm 的称量瓶试样用量 3g。避免瓶内装填样品过多影响烘干效果。

用已烘干至恒重的称量瓶称取定量试样（准确至 0.001g），待烘干温度升至 135～145℃时，将盛有试样的称量瓶送入烘箱内温度计周围的烘网上，在 5min 内，将烘箱温度调至 128～132℃，开始计时，烘 40min 后取出放入干燥器内冷却，称重。

分析结果计算方法与直接干燥法相同。

3. 两次烘干法

当粮食水分在 18%以上，大豆、甘薯片水分在 14%以上，油料水分在 13%以上，采取两次烘干法。

（1）第一次烘干

称取整粒试样 20g（m，准确至 0.001g），放入直径 10cm 或 15cm、高 2cm 的烘盒里摊平。粮食在 105℃，大豆和油料在 70℃烘 30～40min，取出，自然冷却至恒重，此为第一次烘后试样质量（m_1）。

（2）第二次烘干

试样制备及操作方法与直接烘干法相同。

（3）分析结果计算

两次烘干法试样中的水分含量，按式（2-6）进行计算：

$$Y=\frac{mm_2-m_1m_3}{mm_2}\times 100 \tag{2-6}$$

式中 Y——试样中水分含量，g/100g；

m——第一次烘干前试样的质量，g；

m_1——第一次烘干后试样质量，g；

m_2——第二次烘干前试样质量，g；

m_3——第二次烘干后试样质量，g；

100——单位换算系数。

两次试验结果允差不超过 0.2%，求其平均值，即为测定结果，保留至小数点后一位。

四、面粉中含砂量的测定

根据 GB/T 5508—2011《粮油检验粉类粮食含砂量测定》，本测定方法适用于除能与砂尘共沉淀的芝麻粉等以外的粉类粮食含砂量的测定。

1. 原理

粉类粮食是原粮、油料加工成一定细度粉状物的统称。含砂量是粉类粮食中所含的无机砂尘的量，以砂尘占试样总质量的质量分数表示（%）。在四氯化碳中，由于粉类粮食和砂尘的相对密度不同，粉类粮食悬浮于四氯化碳表层，砂尘沉于四氯化碳底层，从而将粉类粮食与砂尘分开。

2. 试剂和材料

四氯化碳：分析纯。四氯化碳有特殊气味，在吸入或与皮肤接触时有毒，操作应在通风橱中进行。四氯化碳对环境有害，使用后废液不得直接排放，应收集并按相关规定处理。

3. 仪器和用具

① 分析天平：感量 0.0001g。

② 天平：感量 0.01g。

③ 细砂分离漏斗（图 2-8）、漏斗架。

④ 量筒：100mL。

⑤ 电炉：500W。

⑥ 干燥器：内置有效的变色硅胶。

⑦ 坩埚：30mL。

⑧ 玻璃棒、石棉网、角勺、坩埚等。

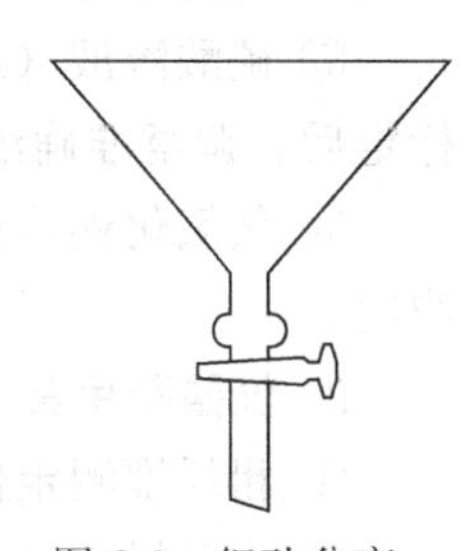

图 2-8　细砂分离漏斗示意图

4. 操作步骤

量取 70mL 四氯化碳注入细砂分离漏斗内，加入试样（m）（10±0.01）g，用玻璃棒在漏斗的中上部轻轻搅拌后静置，然后每隔 5min 搅拌一次，共搅拌三次，再静置 30min，将浮在四氯化碳表面的粉类粮食用角勺取出，再把分离漏斗中的四氯化碳和沉于底部的砂尘放入 100mL 烧杯中，用少许四氯化碳冲洗漏斗两次，收集四氯化碳于同一烧杯中。静置 30s 后，倒出烧杯内的四氯化碳，然后用少许四氯化碳将烧杯底部的砂尘转移至已恒重[（m_0±0.0001）g]的坩埚内，再用吸管小心将坩埚内的四氯化碳吸出，将坩埚放在电炉的石棉网上烘约 20min，然后放入干燥器中，冷却至室温后称量，得坩埚及砂尘质量[（m_1±0.0001）g]。

5. 结果计算

粉类粮食含砂量按式（2-7）计算：

$$X=\frac{m_1-m_0}{m}\times 100\% \tag{2-7}$$

式中　X——粉类粮食含砂量，以质量分数计，%；

m_1——坩埚及砂尘的质量，g；

m_0——坩埚的质量，g；

m——试样质量，g。

每份样品应平行测试两次，两次测定结果符合重复性要求时，取其算术平均值作为最终测定结果，保留到小数点后第二位，平行试验测定结果不符合重复性要求，应重新测定。

6. 重复性

在同一实验室，由同一操作者使用相同设备，按相同的测试方法，在短时间内对同一被测对象相互独立进行测试获得的两次独立测试结果的绝对值不大于 0.005%。

五、粮食中粗纤维素的测定

本测定方法适用于商品粮食中粗纤维素的测定。

1. 试剂与配制

① 乙醇（95%）。

② 乙醚。

③ 石蕊试纸。

④ 酸洗石棉：先用1.25%碱液洗至中性，再用乙醇和乙醚先后洗三次，待乙醚挥发净后备用。

⑤ 硫酸溶液（1.25%）：量取相对密度为1.84的浓硫酸3.5mL，置于500mL水中，经标定后，调至准确浓度。

⑥ 氢氧化钠溶液（1.25%）：称取7g氢氧化钠置于500mL水中，经标定后，调至准确浓度。

2. 仪器和用具

① 粗纤维测定仪见图2-9。

② 古氏坩埚（30mL）（用石棉网铺垫后，在600℃温度下灼烧30min）。

③ 玻璃棉吸滤管（直径1cm）。

④ 吸滤瓶。

⑤ 抽气泵。

⑥ 量筒：250mL。

⑦ 平底烧瓶：500mL。

⑧ 容量瓶：500mL。

⑨ 移液管：5mL。

⑩ 万用电炉、高温炉。

⑪ 电热恒温箱。

⑫ 备有变色硅胶的干燥器。

⑬ 冷凝管等。

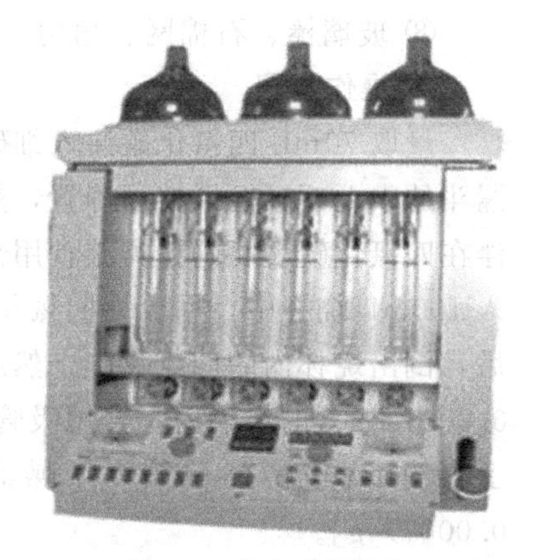

图2-9 粗纤维测定仪

3. 操作步骤

（1）称取试样

称取粉碎试样2～3g，倒入500mL烧杯中。如试样中脂肪含量较高时，可用抽提脂肪后的残渣作试样，或将试样的脂肪用乙醚抽提出去。

（2）酸液处理

向装有试样的烧杯中加入事先在回流装置下煮沸的硫酸溶液（1.25%）200mL，外记烧杯中的液面高度，盖上表面皿，置于电炉上，在1min内煮沸，再继续慢慢煮沸30min。在煮沸过程中，要加沸水保持液面高度，经常转动烧杯，到时离开热源待沉淀下降后，用玻璃棉抽滤管吸去上层清液，吸净后立即加入100～150mL沸水洗涤沉淀，再吸去清液，用沸水如此洗涤至沉淀，用石蕊试纸试验呈中性为止。

（3）碱液处理

将抽滤管中的玻璃棉并入沉淀中，加入事先在回流装置下煮沸的氢氧化钠溶液（1.25%）200mL，按照酸处理法加热微沸30min，取下烧杯，使沉淀下降后，趁热用已恒重的古氏坩埚抽滤，用沸水将沉淀洗至中性，无损失地转入坩埚中。

（4）乙醇和乙醚处理

沉淀先用热至50～60℃的乙醇20～30mL，分3～4次洗涤，然后用乙醚20～30mL，分3～4次洗涤，最后抽净乙醚。

（5）烘干和灼烧

古氏坩埚和沉淀，先在105℃烘至恒重，然后送入600℃高温炉中灼烧30min，取出冷却，称重，灼烧至恒重为止。

4. 结果计算

粗纤维素干基含量按式（2-8）计算：

$$X=\frac{m_1-m_2}{m(100-w)}\times 100\% \tag{2-8}$$

式中 X——粗纤维素干基含量，%；

m_1——坩埚及沉淀烘干后的质量，g；

m_2——坩埚及沉淀灼烧后的质量，g；

m——试样质量，g；

w——水分含量，%。

两次试验测定结果允差不超过平均值的1%，取其算术平均值作为测定结果，保留到小数点后一位。

六、粮食中粗脂肪含量测定

根据GB/T 5512—2008《粮油检验粮食中粗脂肪含量测定》，本测定方法适合于粮食中粗脂肪含量测定。

1. 原理

将粉碎、分散且干燥的试样用于有机溶剂回流提取，使试样中的脂肪被溶剂抽提出来，回收溶剂后所得到的残留物，即为粗脂肪。

2. 试剂

无水乙醚：分析纯。不能用石油醚代替乙醚，因为它不能溶解全部的植物脂类物质。

3. 仪器和用具

① 分析天平：分度值0.1mg。

② 电热恒温箱。

③ 电热恒温水浴锅。

④ 粉碎机、研钵。

⑤ 备有变色硅胶的干燥器。

⑥ 滤纸筒：直径2cm，高约7.5cm。

⑦ 索氏提取器：各部件洗净，在105℃温度下烘干，其中抽提瓶烘至恒重。

⑧ 圆孔筛：孔径为1mm。

⑨ 广口瓶。

⑩ 脱脂线、脱脂细砂。

⑪ 脱脂棉：将医用级棉花浸泡在乙醚或己烷中24h，期间搅拌数次，取出在空气中晾干。

4. 样品制备

取除去杂质的干净的试样 30～50g，磨碎，通过孔径为 1mm 的圆孔筛，然后装入广口瓶中备用。试样应研磨至适当的粒度，保证连续测定 10 次，测定的相对标准偏差 RSD ≤2.0%。

5. 操作步骤

（1）试样包扎

从备用的样品中，用烘盒称取 2～5g 试样，在 105℃温度下烘 30min，趁热倒入研钵中，加入约 2g 脱脂细砂一同研磨，将试样和细砂研磨到出油状，完全转入滤纸筒内（筒底塞一层脱脂棉，并在 105℃温度下烘 30min），用脱脂棉蘸少量乙醚揩净研钵上的试样和脂肪，并入滤纸筒，最后再用脱脂棉塞入上部，压住试样。

（2）抽提与烘干

将抽提器安装妥当，然后将装有试样的滤纸筒置于抽提筒内，同时注入乙醚至虹吸管高度以上，待乙醚流净后，再加入乙醚至虹吸管高度的 2/3 处。用一小块脱脂棉轻轻地塞入冷凝管上口，打开冷凝管进水管，开始加热抽提。控制加热的温度，使冷凝的乙醚为每分钟 120～150 滴，抽提的乙醚每小时回流 7 次以上。抽提时间须视试样含油量而定，一般在 8h 以上，抽提至抽提管内的乙醚用玻璃片检查（点滴试验）无油迹为止。

抽净脂肪后，用长柄镊子取出滤纸筒，再加热使乙醚回流 2 次，然后回收乙醚，取下冷凝管和抽提筒，加热除尽抽提瓶中残余的乙醚，用脱脂棉蘸乙醚揩净抽提瓶外部，然后将抽提瓶在 105℃温度下烘 90min，然后再烘 20min，烘至恒重为止（前后两次质量差在 0.2mg 以内视为恒重），抽提瓶增加的质量即为粗脂肪的质量。

6. 结果计算

粗脂肪湿基含量、干基含量和标准水杂下含量分别按式（2-9）、式（2-10）、式（2-11）计算：

$$X_s=\frac{m_1}{m}\times 100 \tag{2-9}$$

$$X_g=\frac{m_1}{m(100-M)}\times 10000 \tag{2-10}$$

$$X_z=\frac{m_1(100-M_b)}{m(100-M)}\times 100 \tag{2-11}$$

式中 X_s——湿基粗脂肪含量，以质量分数计，%；

X_g——干基粗脂肪含量，以质量分数计，%；

X_z——标准水和杂质下粗脂肪含量，以质量分数计，%；

m_1——粗脂肪质量，g；

m——试样质量，g；

M——试样水分含量，以质量分数计，%；

M_b——试样标准水分、标准杂质之和，%。

两次试验测定结果允差不超过 0.4%，取其算术平均值作为测定结果，保留到小数点后一位。

七、粮食中镉的测定

依据标准 GB 5009.15—2014《食品中镉的测定》，规定了各类食品中镉的石墨炉原子吸收光谱测定方法。本测定方法适用于各类食品中镉的测定。

1. 原理

试样经灰化或酸消解后，注入一定量样品消化液于原子吸收分光光度计石墨炉中，电热原子化后吸收228.8nm共振线，在一定浓度范围内，其吸光度值与镉含量成正比，采用标准曲线法定量。

2. 试剂和材料

① 硝酸（HNO_3）：优级纯。

② 盐酸（HCl）：优级纯。

③ 氯酸（$HClO_4$）：优级纯。

④ 过氧化氢（H_2O_2，30%）。

⑤ 磷酸二氢铵（$NH_4H_2PO_4$）。

⑥ 硝酸溶液（1%）：取10.0mL硝酸加入100mL水中，稀释至1000mL。

⑦ 盐酸溶液（1+1）：取50mL盐酸慢慢加入50mL水中。

⑧ 硝酸-高氯酸混合溶液（9+1），取9份硝酸与1份高氯酸混合。

⑨ 磷酸二氢铵溶液（10g/L）：称取10.0g磷酸二氢铵，用100mL硝酸溶液（1%）溶解后定量移入1000mL容量瓶，用硝酸溶液（1%）定容至刻度。

⑩ 金属镉（Cd）标准品，纯度为99.99%或经国家认证并授予标准物质证书的标准物质。

⑪ 镉标准储备液（1000mg/L）：准确称取1g金属镉标准品（精确至0.001g）于小烧杯中，分次加20mL盐酸溶液（1+1）溶解，加2滴硝酸，移入1000mL容量瓶中，用水定容至刻度，混匀；或购买经国家认证并授予标准物质证书的标准物质。

⑫ 镉标准使用液（100ng/mL）：吸取镉标准储备液10.0mL于100mL容量瓶中，用硝酸溶液（1%）定容至刻度，如此经多次稀释得到每毫升含100.0ng镉的标准使用液。

⑬ 镉标准曲线工作液：准确吸取镉标准使用液0mL、0.50mL、1.0mL、1.5mL、2.0mL、3.0mL于100mL容量瓶中，用硝酸溶液（1%）定容至刻度，即得到含镉量分别为0ng/mL、0.50ng/mL、1.0ng/mL、1.5ng/mL、2.0ng/mL、3.0ng/mL的标准系列溶液。

除非另有说明，本方法所用试剂均为分析纯，水为GB/T 6682规定的二级水。

所用玻璃仪器均需用硝酸溶液（1+4）浸泡24h以上，用水反复冲洗，最后用去离子水冲洗干净。

3. 仪器和设备

① 原子吸收分光光度计，附石墨炉；

② 镉空心阴极灯；

③ 电子天平：感量为0.1mg和1mg；

④ 可调温式电热板、可调温式电炉；

⑤ 马弗炉；

⑥ 恒温干燥箱；

⑦ 压力消解器、压力消解罐；

⑧ 微波消解系统：配聚四氟乙烯或其他合适的压力罐。

4. 分析步骤

（1）试样制备

① 干试样：粮食、豆类，去除杂质；坚果类去杂质、去壳；磨碎成均匀的样品，颗粒度不大于0.425mm，储于洁净的塑料瓶中，并标明标记，于室温下或按样品保存条件下保存备用。

② 鲜（湿）试样：蔬菜、水果、肉类、鱼类及蛋类等，用食品加工机打成匀浆或碾磨成匀浆，储于洁净的塑料瓶中，并标明标记，于－18～－16℃冰箱中保存备用。

③ 液态试样：按样品保存条件保存备用。含气样品使用前应除气。

（2）试样消解

可根据实验室条件选用以下任何一种方法消解，称量时应保证样品的均匀性。

① 压力消解罐消解法：称取干试样0.3～0.5g（精确至0.0001g）、鲜（湿）试样1～2g（精确到0.001g）于聚四氟乙烯内罐，加硝酸5mL浸泡过夜。再加过氧化氢溶液（30%）2～3mL（总量不能超过罐容积的1/3）。盖好内盖，旋紧不锈钢外套，放入恒温干燥箱，120～160℃保持4～6h，在箱内自然冷却至室温，打开后加热赶酸至近干，将消化液洗入10mL或25mL容量瓶中，用少量硝酸溶液（1%）洗涤内罐和内盖3次，洗液合并于容量瓶中并用硝酸溶液（1%）定容至刻度，混匀备用；同时做试剂空白试验。

② 微波消解：称取干试样0.3～0.5g（精确至0.0001g）、鲜（湿）试样1～2g（精确到0.001g）置于微波消解罐中，加5mL硝酸和2mL过氧化氢。微波消化程序可以根据仪器型号调至最佳条件。消解完毕，待消解罐冷却后打开，消化液呈无色或淡黄色，加热赶酸至近干，用少量硝酸溶液（1%）冲洗消解罐3次，将溶液转移至10mL或25mL容量瓶中，并用硝酸溶液（1%）定容至刻度，混匀备用；同时做试剂空白试验。

③ 湿式消解法：称取干试样0.3～0.5g（精确至0.0001g）、鲜（湿）试样1～2g（精确到0.001g）于锥形瓶中，放数粒玻璃珠，加10mL硝酸高氯酸混合溶液（9+1），加盖浸泡过夜，然后取下盖子，加一小漏斗在锥形瓶口，电热板上消化，若变棕黑色，再加硝酸，直至冒白烟，消化液呈无色透明或略带微黄色，放冷后将消化液洗入10mL或25mL容量瓶中，用少量硝酸溶液（1%）洗涤锥形瓶3次，洗液合并于容量瓶中并用硝酸溶液（1%）定容至刻度，混匀备用；同时做试剂空白试验。

④ 干法灰化：称取干试样0.3～0.5g（精确至0.0001g）、鲜（湿）试样1～2g（精确到0.001g）、液态试样1～2g（精确到0.001g）于瓷坩埚中，先小火在可调式电炉上炭化至无烟，移入马弗炉500℃灰化6～8h，冷却。若个别试样灰化不彻底，加1mL混合酸在可调式电炉上小火加热，将混合酸蒸干后，再转入马弗炉中500℃继续灰化1～2h，直至试样消化完全，呈灰白色或浅灰色，放冷，用硝酸溶液（1%）将灰分溶解，将试样消化液移入10mL或25mL容量瓶中，用少量硝酸溶液（1%）洗涤瓷坩埚3次，洗液合并于容量瓶中并用硝酸溶液（1%）定容至刻度，混匀备用；同时做试剂空白试验。

实验要在通风良好的通风橱内进行。对含油脂的样品，尽量避免用湿式消解法消化，最好采用干法消化，如果必须采用湿式消解法消化，样品的取样量最大不能超过1g。

（3）仪器参考条件

根据所用仪器型号将仪器调至最佳状态。原子吸收分光光度计（附石墨炉及镉空心阴极灯）测定参考条件如下：

① 波长228.8nm，狭缝0.2～1.0nm，灯电流2～10mA，干燥温度105℃，干燥时

间 20s；

② 灰化温度 400～700℃，灰化时间 20～40s；

③ 原子化温度 1300～2300℃，原子化时间 3～5s；

④ 背景校正为氘灯或塞曼效应。

（4）标准曲线的制作

将标准曲线工作液按浓度由低到高的顺序各取 20μL 注入石墨炉，测其吸光度值，以标准曲线工作液的浓度为横坐标，相应的吸光度值为纵坐标，绘制标准曲线并求出吸光度值与浓度关系的一元线性回归方程。

配制镉溶液标准系列应不少于 5 个点，相关系数不应小于 0.995。如果有自动进样装置，也可用程序稀释来配制标准系列。

（5）试样溶液的测定

于测定标准曲线工作液相同的实验条件下，吸取样品消化液 20μL（可根据使用仪器选择最佳进样量），注入石墨炉，测其吸光度值，代入标准系列的一元线性回归方程中求样品消化液中镉的含量，平行测定次数不少于两次。若测定结果超出标准曲线范围，用硝酸溶液（1%）稀释后再行测定。

（6）基体改进剂的使用

对有干扰的试样，和样品消化液一起注入石墨炉 5μL10g/L 的基体改进剂磷酸二氢铵溶液，绘制标准曲线时也要加入与试样测定时等量的基体改进剂。

5. 结果计算

试样中镉含量按式（2-12）进行计算：

$$X=\frac{(c_1-c_0)V}{m\times 1000} \tag{2-12}$$

式中 X——试样中镉的含量，mg/kg 或 mg/L；

c_1——试样消化液中汞的含量，ng/mL；

c_0——试剂空白液中汞的含量，ng/mL；

V——试样消化液总体积，mL；

m——试样质量，g；

1000——换算系数。

以重复性条件下获得的两次独立测定结果的算术平均值表示，结果保留两位有效数字。

6. 精密度

在重复性条件下获得的两次独立测定结果的绝对差值不得超过算术平均值的 20%。

7. 其他

方法检出限为 0.001mg/kg，定量限为 0.003mg/kg。

八、谷物中总汞的测定

根据 GB 5009.17—2014《食品安全国家标准 食品中总汞及有机汞的测定》，本测定方法适用于食品中总汞的测定。

(一) 原子荧光光谱分析法

1. 原理

试样经酸加热消解后，在酸性介质中，试样中汞被硼氢化钾或硼氢化钠还原成原子态汞，由载气（氩气）带入原子化器中，在汞空心阴极灯照射下，基态汞原子被激发至高能态，再由高能态回到基态时，发射出特征波长的荧光，其荧光强度与汞含量成正比，与标准系列溶液比较定量。

2. 试剂和材料

① 硝酸（HNO_3）。

② 过氧化氢（H_2O_2）。

③ 硫酸（H_2SO_4）。

④ 氢氧化钾（KOH）。

⑤ 硼氢化钾（KBH_4）：分析纯。

⑥ 硝酸溶液（1+9）：量取50mL硝酸，缓缓加入450mL水中。

⑦ 硝酸溶液（5+95）：量取5mL硝酸，缓缓加入95mL水中。

⑧ 氢氧化钾溶液（5g/L）：称取5.0g氢氧化钾，纯水溶解并定容至1000mL，混匀。

⑨ 硼氢化钾溶液（5g/L）：称取5.0g硼氢化钾，用5g/L的氢氧化钾溶液溶解并定容至1000mL，混匀，现用现配。

⑩ 重铬酸钾的硝酸溶液（0.5g/L）：称取0.05g重铬酸钾溶于100mL硝酸溶液（5+95）中。

⑪ 硝酸-高氯酸混合溶液（5+1）：量取500mL硝酸，100mL高氯酸，混匀。

⑫ 氯化汞标准品（$HgCl_2$）：纯度≥99%。

⑬ 汞标准储备液（1.00mg/mL）：准确称取0.1354g经过干燥的氯化汞，用重铬酸钾的硝酸溶液（0.5g/L）溶解并转移至100mL容量瓶中，稀释至刻度，混匀。此溶液浓度为1.00mg/mL，于4℃冰箱中避光保存，可保存2年。或购买经国家认证并授予标准物质证书的标准溶液物质。

⑭ 汞标准中间液（10μg/mL）：吸取1.00mL汞标准储备液（1.00mg/mL）于100mL容量瓶中，用重铬酸钾的硝酸溶液（0.5g/L）稀释至刻度，混匀，此溶液浓度为10μg/mL，于4℃冰箱中避光保存，可保存2年。

⑮ 汞标准使用液（50ng/mL）：吸取0.50mL汞标准中间液（10μg/mL）于100mL容量瓶中，用0.5g/L重铬酸钾的硝酸溶液稀释至刻度，混匀，此溶液浓度为50ng/mL，现用现配。

除非另有说明，本方法所用试剂均为优级纯，水为GB/T 6682规定的一级水。

3. 仪器和设备

① 原子荧光光谱仪。

② 天平：感量为0.1mg和1mg。

③ 微波消解系统。

④ 压力消解器。

⑤ 恒温干燥箱（50～300℃）。

⑥ 控温电热板（50～200℃）。

⑦ 超声水浴箱。

玻璃器皿及聚四氟乙烯消解内罐均需以硝酸溶液（1+4）浸泡24h，用水反复冲洗，最后用去离子水冲洗干净。

4. 分析步骤

（1）试样预处理

① 在采样和制备过程中，应注意不使试样污染。

② 粮食、豆类等样品去杂物后粉碎均匀，装入洁净聚乙烯瓶中，密封保存备用。

③ 蔬菜、水果、鱼类、肉类及蛋类等新鲜样品，洗净晾干，取可食部分匀浆，装入洁净聚乙烯瓶中，密封，于4℃冰箱冷藏备用。

（2）试样消解

压力罐消解法：称取固体试样0.2～1.0g（精确到0.001g），新鲜样品0.5～2.0g或吸取液体试样1～5mL，置于消解内罐中，加入5mL硝酸浸泡过夜。盖好内盖，旋紧不锈钢外套，放入恒温干燥箱，140～160℃保持4～5h，在箱内自然冷却至室温，然后缓慢旋松不锈钢外套，将消解内罐取出，用少量水冲洗内盖，放在控温电热板上或超声水浴箱中，于80℃或超声脱气2～5min赶去棕色气体。取出消解内罐，将消化液转移至25mL容量瓶中，用少量水分3次洗涤内罐，洗涤液合并于容量瓶中并定容至刻度，混匀备用；同时做空白试验。

微波消解法：称取固体试样0.2～0.5g（精确到0.001g），新鲜样品0.2～0.8g或吸取液体试样1～3mL于消解罐中，加入5～8mL硝酸，加盖放置过夜，旋紧罐盖，按照微波消解仪的标准操作步骤进行消解。冷却后取出，缓慢打开罐排气，用少量水冲洗内盖，将消解罐放在控温电热板上或超声水浴箱中，于80℃加热或超声脱气2～5min，赶去棕色气体，取出消解内罐，将消化液转移至25mL塑料容量瓶中，用少量水分3次洗涤内罐，洗涤液合并于容量瓶中并定容至刻度，混匀备用；同时做空白试验。

回流消解法：①称取粮食1.0～4.0g（精确到0.001g），置于消化装置锥形瓶中，加玻璃珠数粒，加45mL硝酸、10mL硫酸，转动锥形瓶防止局部炭化。装上冷凝管后，小火加热，待开始发泡即停止加热，发泡停止后，加热回流2h。如加热过程中溶液变棕色，再加5mL硝酸，继续回流2h，消解到样品完全溶解，一般呈淡黄色或无色，放冷后从冷凝管上端小心加20mL水，继续加热回流10min放冷，用适量水冲洗冷凝管，冲洗液并入消化液中，将消化液经玻璃棉过滤于100mL容量瓶内，用少量水洗涤锥形瓶、滤器，洗涤液并入容量瓶内，加水至刻度，混匀，同时做空白试验。②称取植物油及动物油脂1.0～3.0g（精确到0.001g），置于消化装置锥形瓶中，加玻璃珠数粒，加入7mL硫酸，小心混匀至溶液颜色变为棕色，然后加40mL硝酸。以下按步骤（1）操作。③称取薯类、豆制品1.0～4.0g（精确到0.001g），置于消化装置锥形瓶中，加玻璃珠数粒及30mL硝酸、5mL硫酸，转动锥形瓶防止局部炭化。以下按步骤（1）操作。④称取肉、蛋类0.5～2.0g（精确到0.001g），置于消化装置锥形瓶中，加玻璃珠数粒及30mL硝酸、5mL硫酸，转动锥形瓶防止局部炭化。以下按步骤（1）操作。⑤称取乳及乳制品1.0～4.0g（精确到0.001g），置于消化装置锥形瓶中，加玻璃珠数粒及30mL硝酸、5mL硫酸，转动锥形瓶防止局部炭化。以下按步骤（1）操作。

（3）测定

① 标准曲线制作。分别吸取50ng/mL汞标准使用液0.00mL、0.20mL、0.50mL、

1.00mL、1.50mL、2.00mL、2.50mL 于 50mL 容量瓶中，用硝酸溶液（1+9）稀释至刻度，混匀。各自相当于汞浓度 0.00ng/mL、0.20ng/mL、0.50ng/mL、1.00ng/mL、1.50ng/mL、2.00ng/mL、2.50ng/mL。

② 试样溶液的测定。设定好仪器最佳条件，连续用硝酸溶液（1+9）进样，待读数稳定之后，转入标准系列测量，绘制标准曲线。转入试样测量，先用硝酸溶液（1+9）进样，使读数基本回零，再分别测定空白试样和消化液试样，每次测不同的试样前都应清洗进样器。试样测定结果按式（2-13）计算。

（4）仪器参考条件

① 光电倍增管负高压：240V。

② 汞空心阴极灯电流：30mA。

③ 原子化器温度：300℃。

④ 载气流速：500mL/min。

⑤ 屏蔽气流速：1000mL/min。

5. 结果计算

试样中汞的含量按式（2-13）进行计算：

$$X=\frac{(c-c_0)V\times 1000}{m\times 1000\times 1000} \tag{2-13}$$

式中 X——试样中汞的含量，mg/kg 或 mg/L；

c——试样消化液中汞的含量，ng/mL；

c_0——试剂空白液中汞的含量，ng/mL；

V——试样消化液总体积，mL；

1000——换算系数；

m——试样质量，g。

计算结果保留两位有效数字。

6. 精密度

在重复性条件下获得的两次独立测定结果的绝对差值不得超过算术平均值的 20%。

7. 其他

当样品称样量为 0.5g，定容体积为 25mL 时，方法检出限为 0.003mg/kg，方法定量限为 0.010mg/kg。

（二）冷原子吸收光谱法

1. 原理

汞蒸气对波长 253.7nm 的共振线具有强烈的吸收作用。试样经过酸消解或催化酸消解使汞转为离子状态，在强酸性介质中用氯化亚锡还原成元素汞，载气将元素汞吹入汞测定仪，进行冷原子吸收测定，在一定浓度范围其吸收值与汞含量成正比，外标法定量。

2. 试剂和材料

① 硝酸（HNO_3）。

② 盐酸（HCl）。

③ 过氧化氢（H_2O_2）（30%）。

④ 无水氯化钙（$CaCl_2$）：分析纯。

⑤ 高锰酸钾（$KMnO_4$）：分析纯。

⑥ 重铬酸钾（$K_2Cr_2O_7$）：分析纯。

⑦ 氯化亚锡（$SnCl_2 \cdot 2H_2O$）：分析纯。

⑧ 高锰酸钾溶液（50g/L）：称取5.0g高锰酸钾置于100mL棕色瓶中，用水溶解并稀释至100mL。

⑨ 硝酸溶液（5+95）：量取5mL硝酸，缓缓倒入95mL水中，混匀。

⑩ 重铬酸钾的硝酸溶液（0.5g/L）：称取0.05g重铬酸钾溶于100mL硝酸溶液（5+95）中。

⑪ 氯化亚锡溶液（100g/L）：称取10g氯化亚锡溶于20mL盐酸中，90℃水浴中加热，轻微振荡，待氯化亚锡溶解成透明状后，冷却，纯水稀释定容至100mL，加入几粒金属锡，置阴凉、避光处保存。一经发现浑浊应重新配制。

⑫ 硝酸溶液（1+9）：量取50mL硝酸，缓缓加入450mL水中。

⑬ 氯化汞（$HgCl_2$）：纯度≥99%。

⑭ 汞标准储备液（1.00mg/mL）：准确称取0.1354g干燥过的氧化汞，用重铬酸钾的硝酸溶液（0.5g/L）溶解并转移至100mL容量瓶中，稀释至刻度，混匀。此溶液浓度为1.00mg/mL，于4℃冰箱中避光保存，可保存两年。或购买经国家认证并授予标准物质证书的标准溶液物质。

⑮ 汞标准中间液（10μg/mL）：吸取1.00mL汞标准储备液（1.00mg/mL）于100mL容量瓶中，用重铬酸钾的硝酸溶液（0.5g/L）稀释至刻度，混匀，此溶液浓度为10μg/mL，于4℃冰箱中避光保存，可保存两年。

⑯ 汞标准使用液（50ng/mL）：吸取0.50mL汞标准中间液（10μg/mL）于100mL容量瓶中，用0.5g/L重铬酸钾的硝酸溶液稀释至刻度，混匀，此溶液浓度为50ng/mL，现用现配。

除非另有说明，本方法所用试剂均为优级纯，水为GB/T 6682—2008规定的一级水。

3. 仪器和设备

① 测汞仪（附气体循环泵、气体干燥装置、汞蒸气发生装置及汞蒸气吸收瓶）或全自动测汞仪。

② 天平：感量为0.1mg和1mg。

③ 微波消解系统。

④ 压力消解器。

⑤ 恒温干燥箱（50～300℃）。

⑥ 控温电热板（50～200℃）。

⑦ 超声水浴箱。

玻璃器皿及聚四氟乙烯消解内罐均需以硝酸溶液（1+4）浸泡24h，用水反复冲洗，最后用去离子水冲洗干净。

4. 分析步骤

① 试样预处理，同原子荧光光谱分析法中的处理方法。

② 仪器参考条件。打开测汞仪，预热1h，并将仪器性能调至最佳状态。

③ 标准曲线的制作。分别吸取50ng/mL汞标准使用液0.00mL、0.20mL、0.50mL、1.00mL、1.50mL、2.00mL、2.50mL于50mL容量瓶中，用硝酸溶液（1+9）稀释至刻

度，混匀。各自相当于汞浓度 0.00ng/mL、0.20ng/mL、0.50ng/mL、1.00ng/mL、1.50ng/mL、2.00ng/mL、2.50ng/mL。将标准系列溶液分别置于测汞仪的汞蒸气发生器中，连接抽气装置，沿壁迅速加入 3.0mL 还原剂氯化亚锡（100g/L），迅速盖紧瓶塞，随后有气泡产生，立即通过流速为 1.0L/min 的氮气或经活性炭处理的空气，使汞蒸气经过氯化钙干燥管进入测汞仪中，从仪器读数显示的最高点测得其吸收值。然后，打开吸收瓶上的三通阀将产生的剩余汞蒸气吸收于高锰酸钾溶液（50g/L）中，待测汞仪上的读数达到零点时进行下一次测定。同时做空白试验。求得吸光度值与汞质量关系的一元线性回归方程。

④ 试样溶液的测定。分别吸取样液和试剂空白液 5.0mL 置于测汞仪的汞蒸气发生器的还原瓶中，以下按照分析步骤（3）中“连接抽气装置……同时做空白试验”进行操作。将所测得的吸光度值，代入标准系列溶液的一元线性回归方程中求得试样溶液中汞含量。

5. 结果计算

试样中汞含量按式（2-14）进行计算：

$$X=\frac{(m_1-m_2)V_1\times 1000}{mV_2\times 1000\times 1000} \tag{2-14}$$

式中 X——试样中汞含量，mg/kg 或 mg/L；

m_1——测定样液中汞质量，ng；

m_2——空白液中汞质量，ng；

V_1——试样消化液总体积，mL；

1000——换算系数；

m——试样质量，g；

V_2——测定样液体积，mL。

计算结果保留两位有效数字。

6. 精密度

在重复性条件下获得的两次独立测定结果的绝对差值不得超过算术平均值的 20%。

7. 其他

当样品称样量为 0.5g，定容体积为 25mL 时，方法检出限为 0.002mg/kg，方法定量限为 0.007mg/kg。

九、谷物中甲胺磷、乙酰甲胺磷农药残留量的测定

根据 GB/T 5009.103—2003《植物性食品中甲胺磷、乙酰甲胺磷农药残留量的测定》，本标准适用于谷物、蔬菜和植物油中甲胺磷、乙酰甲胺磷农药残留测定。

1. 原理

含有机磷的试样在富氢焰上燃烧，以氢磷氧碎片的形式，放射出波长 526nm 的特征光，这种特征光通过滤光片选择后，由光电倍增管接收，转换成电信号，经微电流放大器放大后，被记录下来，试样的峰高与标准品的峰高相比，计算出试样相当的含量。

2. 试剂

① 丙酮。

② 二氯甲烷：重蒸。

③ 无水硫酸钠。

④ 活性炭：用3mol/L盐酸浸泡过夜，抽滤，用水洗至中性，在120℃下烘干备用。

⑤ 甲胺磷：纯度≥99%。

⑥ 乙酰甲胺磷：纯度≥99%。

⑦ 甲胺磷和乙酰甲胺磷标准溶液的配制：分别准确称取甲胺磷和乙酰甲胺磷的标准品，用丙酮分别制成0.1mg/mL的标准储备液。使用时根据仪器灵敏度用丙酮稀释配制成单一品种的标准使用液和混合标准工作液，储藏于冰箱中。

3. 仪器

① 气相色谱仪：具有火焰光度检测器。

② 电动振荡器。

③ K-D浓缩器或旋转蒸发器，见图2-10。

④ 离心机。

⑤ 粮谷粉碎机。

⑥ 组织捣碎机。

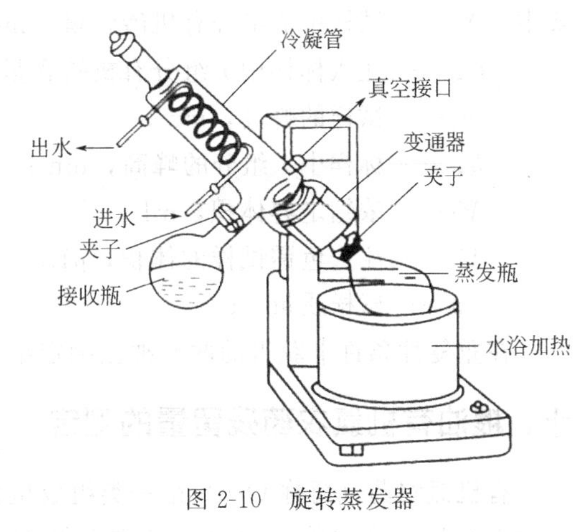

图2-10 旋转蒸发器

4. 试样的制备

取谷物试样经粉碎机粉碎，过20目筛后，制成谷物试样。取蔬菜试样洗净，晾干，去掉非食部分后剁碎或经组织捣碎机捣碎，制成蔬菜试样。

5. 分析步骤

(1) 提取和净化

① 谷物（除小麦）：称取谷物试样10g，精确至0.001g，置于具塞锥形瓶中，加入40mL丙酮，振摇1h，抽滤，浓缩，定容至5mL，待气相色谱分析。

② 蔬菜：称取蔬菜试样10g，精确至0.001g，用无水硫酸钠（因蔬菜含水量不同而加入量不同，约50～80g）研磨呈干粉状，倒入具塞锥形瓶中，加入0.2～0.4g活性炭（根据蔬菜色素含量）及80mL丙酮，振摇0.5h，抽滤，浓缩，定容至5mL，待气相色谱分析。

③ 小麦：称取小麦试样10g，精确至0.001g，置于具塞锥形瓶中，加入0.2g活性炭及40mL丙酮，振摇1h，抽滤，浓缩，定容至5mL，待气相色谱分析。

④ 植物油：称取植物油试样5g，用45mL丙酮分次洗入50mL的离心管内，加入5mL水，混匀，在3000r/min下离心5min，吸取上层清液，下面油层再加10mL水和10mL丙酮，离心5min，吸取上层清液，合并两次清液，用K-D浓缩器浓缩近干，残渣和水加入40g无水硫酸钠，研磨呈干粉状，倒入具塞锥形瓶中，加入0.3g活性炭、60mL二氯甲烷，振摇0.5h，抽滤，浓缩，定容至5mL，待气相色谱分析。

(2) 色谱条件

色谱柱：玻璃柱，内径3mm，长0.5m，内装2%DEGS/铬姆沙伯WAW色谱担体(Chromosorb WAW) DMCS，80～100目。

气流：载气，氮气70mL/min，空气0.7kg/cm^2，氢气1.2kg/cm^2。

温度：进样口200℃，柱温180℃。

(3) 测定

定性：以甲胺磷和乙酰甲胺磷农药标样的保留时间定性。

定量：用外标法定量，以甲胺磷和乙酰甲胺磷农药已知浓度的标准试样溶液作外标物，按峰高定量。

6. **结果计算**

试样中 i 组分有机磷含量按式（2-15）计算：

$$X_i = \frac{h_i E_{si} V_1}{h_{si} V_2 m} \tag{2-15}$$

式中 X_i——试样中 i 组分有机磷含量，mg/kg；

E_{si}——注入标样中 i 组分有机磷含量，ng；

h_i——试样的峰高，mm；

h_{si}——标样中 i 组分的峰高，mm；

V_1——浓缩定容体积，mL；

V_2——注入色谱试样的体积，μL；

m——试样质量，g。

在重复性条件下获得的两次独立测定结果的绝对差值不得超过算术平均值的10%。

十、粮油有机氯农药残留量的测定

有机氯农药（简称 Ocp）是一类组成里含有氯的有机杀虫剂、杀菌剂。我国曾经较多使用六六六和滴滴涕等。六六六又称六氯苯、六氯环己烷，简写 BHC 或 HCH，分子式为 $C_6H_6Cl_6$。滴滴涕又称二二三，简写 DDT，化学名称二氯二苯三氯乙烷，分子式为 $(C_6H_4Cl)_2CHCl_3$。艾氏剂、狄氏剂等氯化亚甲基萘类我国很少使用，一般过程粮食中也不做检测。

GB 2715—2016 中有关六六六、滴滴涕农药残留标准见表 2-3。

表 2-3 部分食品中有机氯农药允许量标准 单位：mg/kg

品种	标准号	指标	
		六六六	滴滴涕
原粮、豆类	GB 2715—2016	≤0.05	≤0.05
小麦	GB 2715—2016	林丹 0.05	

注：林丹，即 γ-体六六六。

有机氯农药残留量的测定方法很多，根据 GB/T 5009.19—2008《食品中有机氯农药多组分残留量的测定》，本测定方法适合于各类食品中 HCH、DDT 残留量的测定。

1. **原理**

试样中六六六、滴滴涕经提取、净化后用气相色谱法测定，与标准比较定量。电子捕获检测器对于负电极强的化合物具有极高的灵敏度，利用这一特点，可分别测出痕量的六六六、滴滴涕。不同异构体和代谢物可同时分别测定。

出峰顺序：α-HCH、γ-HCH、β-HCH、δ-HCH、p,p'-DDE、o,p'-DDT、p,p'-DDD、p,p'-DDT。

2. **试剂**

① 丙酮：分析纯，重蒸。

② 正己烷（n-C_6H_{14}）：分析纯，重蒸。

③ 石油醚：沸程30～60℃，分析纯，重蒸。

④ 苯：分析纯。

⑤ 硫酸：优级纯。

⑥ 无水硫酸钠：分析纯。

⑦ 硫酸钠溶液（20g/L）。

⑧ 农药标准品：六六六（α-HCH、γ-HCH、β-HCH、δ-HCH）纯度＞99%，滴滴涕（p,p'-DDE、o,p'-DDT、p,p'-DDD、p,p'-DDT）纯度＞99%。

⑨ 农药标准储备液：精密称取 α-HCH、γ-HCH、β-HCH、δ-HCH、p,p'-DDE、o,p'-DDT、p,p'-DDD 和 p,p'-DDT 各10mg，溶于苯中，分别移于100mL容量瓶中，以苯稀释至刻度，混匀，浓度为100mg/L，储存于冰箱中。

⑩ 农药混合标准工作液：分别量取上述各标准储备液于同一容量瓶中，以正己烷稀释至刻度。α-HCH、γ-HCH 和 δ-HCH 的浓度为0.005mg/L，β-HCH 和 p,p'-DDE 浓度为0.01mg/L，o,p'-DDT 浓度为0.05mg/L，p,p'-DDD 浓度为0.02mg/L，p,p'-DDT 浓度为0.1mg/L。

3. 仪器

① 气相色谱仪：具有电子捕获检测器。

② 旋转蒸发器。

③ 氮气浓缩器。

④ 匀浆机。

⑤ 调速多用振荡器。

⑥ 离心机。

⑦ 植物样本粉碎机。

4. 分析步骤

（1）试样制备

谷类制成粉末，其制品制成匀浆；蔬菜、水果及其制品制成匀浆；蛋品去壳制成匀浆；肉品去皮、筋后，切成小块，制成肉糜；鲜乳混匀待用；食用油混匀待用。

（2）提取

① 称取具有代表性的各类食品样品匀浆20g，加水5mL（视样品水分含量加水，使总水量约为20mL），加丙酮40mL，振荡30min，加氯化钠6g，摇匀，加石油醚30mL，再振荡30min，静置分层，取上清液35mL经无水硫酸钠脱水，于旋转蒸发器中浓缩至近干，以石油醚定容至5mL，加浓硫酸0.5mL净化，振摇0.5min，于3000r/min下离心15min，取上层清液进行气相色谱分析。

② 称取具有代表性的2g粉末样品，加石油醚20mL，振荡30min，过滤、浓缩，以石油醚定容至5mL，加浓硫酸1.0mL净化，振摇0.5min，于3000r/min下离心15min，取上层清液进行气相色谱分析。

③ 称取具有代表性的食用油试样0.5g，以石油醚溶解于10mL刻度试管中，定容至刻度，加浓硫酸1.0mL净化，振摇0.5min，于3000r/min下离心15min，取上层清液进行气相色谱分析。

（3）气相色谱测定

填充柱气相色谱条件：色谱柱，内径3mm，长2m的玻璃柱，内装涂以1.5%OV-17和

2%QF-1混合固定液的80～100目硅藻土；载气，高纯氮，流速110mL/min；柱温185℃；检测器温度225℃；进样口温度195℃；进样量1～10μL，外标法定量。

(4) 色谱图

8种农药的色谱图，见图2-11。

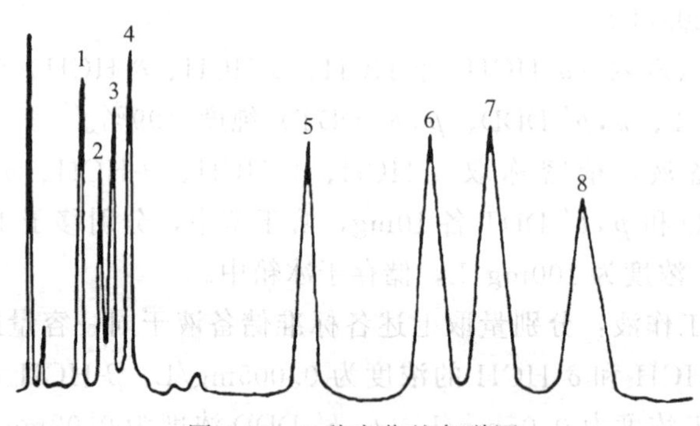

图2-11　8种农药的色谱图

1—HCH；2—β-HCH；3—γ-HCH；4—δ-HCH；5—p,p′-DDE；6—o,p′-DDT；7—p,p′-DDD；8—p,p′-DDT

5. 结果计算

试样中六六六、滴滴涕及其异构体或代谢物的单一含量按式(2-16)进行计算：

$$X=\frac{A_1}{A_2}\times\frac{m_1}{m_2}\times\frac{V_1}{V_2}\times\frac{1000}{1000} \tag{2-16}$$

式中　X——试样中六六六、滴滴涕及其异构体或代谢物的单一含量，mg/kg；

A_1——被测定试样各组分的峰值(峰高或面积)；

A_2——各农药组分标准的峰值(峰高或面积)；

m_1——单一农药标准溶液的含量，ng；

m_2——被测定试样的取样量，g；

V_1——被测定试样的稀释体积，mL；

V_2——被测定试样的进样体积，μL。

在重复性条件下获得的两次独立测定结果的绝对差值不得超过算术平均值的15%。

6. 有机氯农药混合标准溶液的色谱图

有机氯农药混合标准溶液的色谱图，见图2-12。

十一、谷物中百草枯残留量的测定

百草枯属于有机杂环除草剂，化学名称为1,1′-二甲基-4,4′-二氯二吡啶，有野火、对草快、克无踪、百朵等多种商品名称。可防除各种一年生杂草，但是对人毒性极大，且无特效药。

本测定方法适用于谷物、白菜中百草枯残留量的检验。

1. 原理

试样中的百草枯用硫酸溶液煮沸回流加以提取，提取液经阳离子交换树脂柱净化，百草枯被吸附在树脂上，然后，以饱和氯化铵溶液洗脱。于流出液中加入连二亚硫酸钠溶液，百草枯被还原为蓝色化合物，用紫外-可见分光光度计进行定量。

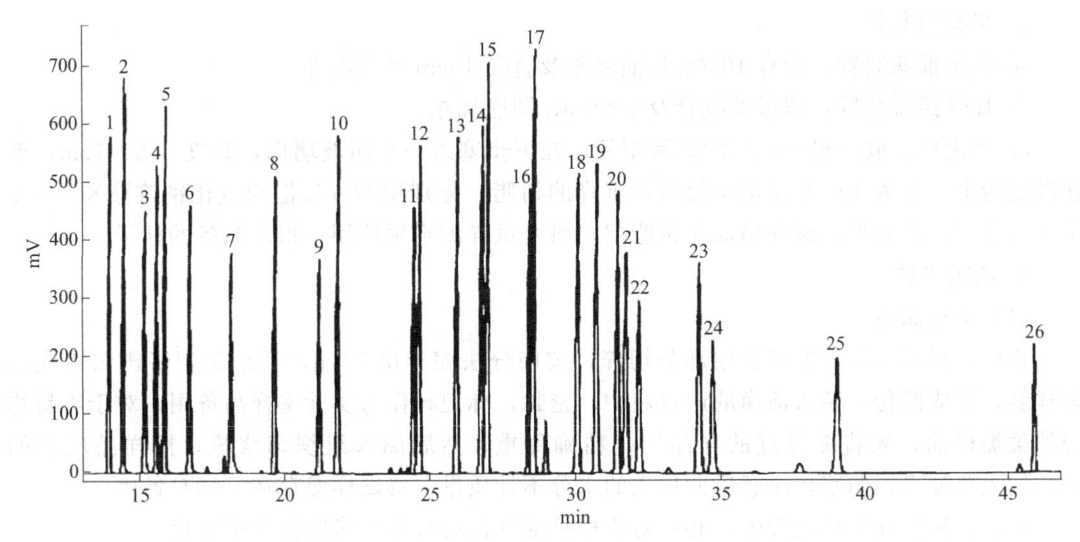

图 2-12　有机氯农药混合标准溶液的色谱图

1—α-六六六；2—六氯苯；3—β-六六六；4—γ-六六六；5—五氯硝基苯；6—δ-六六六；7—五氯苯胺；8—七氯；9—五氯苯基硫醚；10—艾氏剂；11—氧氯丹；12—环氧七氯；13—反氯丹；14—α-硫丹；15—顺氯丹；16—p,p′-滴滴伊；17—狄氏剂；18—异狄氏剂；19—β-硫丹；20—p,p′-滴滴滴；21—o,p′-滴滴涕；22—异狄氏剂醛；23—硫丹硫酸盐；24—p,p′-滴滴涕；25—异狄氏剂酮；26—灭蚁灵

2. 试剂与配制

除特殊规定外，试剂为分析纯，水为蒸馏水或相应的去离子水。

① 硫酸（1.84g/mL）。

② 盐酸（1.19g/mL）。

③ 乙二胺四乙酸二钠（EDTA）。

④ 苯。

⑤ 硫酸溶液（9mol/L）。

⑥ 盐酸溶液（2mol/L）。

⑦ 氢氧化钠溶液（12.5mol/L，10mol/L，0.3mol/L）。

⑧ 饱和氯化钠溶液：360g 氯化钠溶于 1L 水中，搅拌溶解，澄清备用。

⑨ 饱和氯化铵溶液：370g 氯化铵溶于 1L 水中，搅拌溶解，过滤备用。

⑩ 稀氯化铵溶液：取 1 份饱和氯化铵溶液加 9 份水，混匀即 1/10 饱和溶液。

⑪ 连二亚硫酸钠溶液（0.2%）：称取 0.20g 连二亚硫酸钠，溶解于少量 0.3mol/L 氢氧化钠溶液中，并转移于 100mL 棕色容量瓶中，用 0.3mol/L 氢氧化钠溶液定容，摇匀。此溶液必须在临用前配制，超过 1.5h 后不宜使用。

⑫ 离子交换树脂：AG50WX-8，100～200 目，在水中浸泡。

⑬ 百草枯标准品：百草枯二氯化物含量>99%。

⑭ 百草枯标准溶液：准确称取（0.0250±0.0001）g 百草枯标准品，溶解于少量饱和氯化铵溶液中，并转移置 250mL 棕色容量瓶中，用饱和氯化铵溶液定容，摇匀作标准储备液。溶液中百草枯二氯化物浓度 100μg/mL，根据需要配成合适浓度的标准工作液。

3. 仪器和用具

① 紫外分光光度计：具有连续波长和吸收扫描功能，配 5cm 比色皿。

② 粮谷粉碎机：筛板孔径 1mm。

③ 组织匀浆机。

④ 减压抽滤装置：配有 1000mL 抽滤瓶及直径 10cm 平底漏斗。

⑤ 加热回流装置：球形冷凝管及 1000mL 圆底烧瓶。

⑥ 净化柱：取一根 50mL 酸式滴定管，在下步塞入一小团玻璃棉，高度 0.5～1cm，架在滴定台上，加入 10mL 在水中浸泡并沉降的树脂，分别用 50mL 饱和氯化钠溶液和 50mL 水淋洗柱子，注意保持液面略高于树脂层，每个试样测定须使用一根新制备的柱子。

4. 测定步骤

（1）试样制备

将原始样品混匀，取可食用部分切碎，按四分法缩分出 500g，经组织匀浆机匀浆成均匀样品，分成两份，装入洁净的广口瓶中，密封，标记，作为实验室样品备用。对于不易均匀的菜类样品，先将缩分过的样品切碎精确称重，然后倒入组织匀浆机，按样品质量的 20%加入蒸馏水，匀浆，注意后面加入的水分不计质量。将试样保存在－18℃备用。

注：在抽样和制样过程中，必须防止样品受到污染或发生残留物含量变化。

（2）提取

称取谷物试样约 50.0g 或蔬菜试样约 200.0g（精确至 0.1g），置于 1000mL 圆底烧瓶中，根据试样的含水量加入适量的水和 9mol/L 硫酸溶液，使瓶内溶液总体积为 200～300mL，硫酸浓度约为 2.5mol/L。加入数粒小玻璃柱，连接回流冷凝管，加热至沸腾（如产生大量气泡，可加几滴正辛醇），并回流 5h 以上，取下烧瓶，冷却，加入 500mL 水。将提取液倒入已铺垫好双层快速滤纸（含油试样可多垫几层滤纸）的平底漏斗上，用抽滤装置过滤，用少量水分数次洗涤。对非油类试样，将滤液倒入 1000mL 烧杯中备用。对于含油试样，可将滤液倒入 1000mL 分液漏斗中，然后用 100mL 苯分三次萃取，收集水相于 1000mL 烧杯中。加 12.5mol/L 氢氧化钠溶液，体积相当于回流前所加 9mol/L 硫酸溶液的量，再加 5g EDTA，搅拌至完全溶解，加水至溶液总体积约 900mL，再用 10mol/L 氢氧化钠溶液调节 pH 值至 9，冷却至室温，将溶液全部倒入 1000mL 分液漏斗中备用。

（3）净化和洗脱

① 净化：将盛有提取液的分液漏斗固定在净化柱的上方（可用洁净的胶管连接），调节活塞，使溶液以 10～12mL/min 的速度过柱。过柱后移开分液漏斗，然后以 5mL/min 的速度依次用 50mL 水、50mL 2mol/L 盐酸溶液、50mL 水、50mL 稀氯化铵溶液淋洗柱子，弃去所有流出液。

② 洗脱：用饱和氯化铵溶液洗脱上述净化后的柱上的百草枯，洗脱速度为 0.5～1mL/min，收集 50mL 洗脱液于 50mL 容量瓶中。

注：洗脱时柱温（环境温度）不应低于 20℃。

（4）测定

① 测定波长的选择。吸取 10mL 含百草枯二氯化物为 1.0μg/mL 的百草枯标准工作液于 50mL 比色管中，加入 2mL 连二亚硫酸钠溶液，摇匀后立即倒入 5cm 比色皿中，置于紫外分光光度计中进行测定，设定波长从 410～380nm 进行吸光度扫描，选择最大吸收峰处为测定波长 λ_m，然后分别选择（$\lambda_m \pm 4$）nm 处为校正波长 λ_h 和 λ_1。

② 工作曲线的绘制。分别吸取百草枯标准储备液 0.00mL、0.05mL、0.10mL、0.25mL、0.50mL、0.75mL、1.00mL 和 1.50mL 于 8 个 100mL 容量瓶中，加入饱和氯化铵溶液至刻度，摇匀。此工作液浓度分别为 0.00μg/mL、0.05μg/mL、0.10μg/mL、

0.25μg/mL、0.50μg/mL、0.75μg/mL、1.00μg/mL 和 1.50μg/mL。分别吸取上述工作液 10mL 于 8 支 50mL 比色管中，加入 2mL 连二亚硫酸钠溶液，摇匀后立即用紫外分光光度计，在 λ_m 处以空白液对照测定各工作液的吸光度，以吸光度为纵坐标，相应浓度为横坐标绘制标准曲线。同时，于 λ_h 和 λ_1 处（与空白液对照）分别测定 1.00μg/mL 百草枯工作液的吸光度。

③ 样品测定吸取 10mL 洗脱液于 50mL 比色管中，加入 2mL 连二亚硫酸钠溶液，摇匀后立即用紫外分光光度计，在 λ_m、λ_h 和 λ_1 处以空白液对照分别测定吸光度。

④ 空白试验。除不称取试样外，其他按上述步骤进行。

5. 结果计算

试样中百草枯以百草枯二氯化物计残留量，按式（2-17）计算：

$$X=\frac{cV}{m} \tag{2-17}$$

式中 X——试样中百草枯二氯化物的残留量，mg/kg；

c——从标准曲线中以样品的校正吸光度（$A_{校}$）查出对应的百草枯二氯化物的浓度，μg/mL；

V——洗脱液最终定容体积，mL；

m——称取的试样质量，g。

试样的校正吸光度值按式（2-18）计算：

$$A_{校}=\frac{a_m}{2a_m-(a_h+a_1)}\times[2A_m-(A_h+A_1)] \tag{2-18}$$

式中 $A_{校}$——试样的校正吸光度；

a_m——λ_m 处百草枯二氯化物为 1.0μg/mL 时测得的吸光度；

a_h——λ_h 处百草枯二氯化物为 1.0μg/mL 时测得的吸光度；

a_1——λ_1 处百草枯二氯化物为 1.0μg/mL 时测得的吸光度；

A_m——λ_m 处测得试样的吸光度；

A_h——λ_h 处测得试样的吸光度；

A_1——λ_1 处测得试样的吸光度。

注：计算结果需扣除空白值。

十二、玉米中黄曲霉毒素 B_1 的测定

黄曲霉毒素，是黄曲霉、寄生曲霉及温特曲霉等产毒株的代谢产物，是一组结构类似的化合物。黄曲霉毒素是最强的化学致癌物质，也是剧毒物质，毒性比氰化钾还强。黄曲霉毒素主要污染粮油及其制品，如大米、玉米、花生、花生油、棉籽等，其中黄曲霉毒素 B_1 毒性和致癌性最强，各国都有严格规定其在食品中的允许量。

根据 GB/T 5009.22—2016《食品安全国家标准 食品中黄曲霉毒素 B 族和 G 族的测定》，本测定方法适用于粮食、花生及其制品、薯类、豆类、发酵食品及酒类等各种食品中黄曲霉毒素 B_1 的测定。

1. 原理

试样中黄曲霉毒素 B_1 经提取、浓缩、薄层分离后，在波长 365nm 紫外光下产生蓝紫色荧光，根据其在薄层上显示荧光的最低检出量来测定含量。

2. 试剂

① 三氯甲烷。

② 正己烷或石油醚（沸程 30～60℃或 60～90℃）。

③ 甲醇。

④ 苯。

⑤ 乙腈。

⑥ 无水乙醚或乙醚经无水硫酸钠脱水。

⑦ 丙酮。

注：以上试剂在试验时先进行一次试剂空白试验，如不干扰测定即可使用，否则需逐一进行重蒸。

⑧ 硅胶 G：薄层色谱用。

⑨ 三氟乙酸。

⑩ 无水硫酸钠。

⑪ 氯化钠。

⑫ 苯-乙腈混合液：98mL 苯、加 2mL 乙腈，混匀。

⑬ 甲醇水溶液（55＋45）。

⑭ 黄曲霉毒素 B_1 标准溶液：

a. 仪器校正。测定重铬酸钾溶液的摩尔消光系数，以求出使用仪器的校正因素。准确称取 25mg 经干燥的重铬酸钾（基准级），用硫酸（0.5＋1000）溶解后并准确稀释至 200mL，相当于 $c_{K_2Cr_2O_7}=0.0004mol/L$。再吸取 25mL 此稀释液于 50mL 容量瓶中，加硫酸（0.5＋1000）稀释到刻度，相当于 0.0002mol/L 溶液。再吸取 25mL 此稀释液于 50mL 容量瓶中，加硫酸（0.5＋1000）稀释到刻度，相当于 0.0001mol/L 溶液。用 1cm 石英比色皿，在最大吸收峰的波长（接近 350nm 处）用硫酸（0.5＋1000）作空白，测得以上三种不同浓度的溶液的吸光度，并按式（2-19）计算出以上三种浓度的摩尔消光系数的平均值。

$$E_1=\frac{A}{c} \tag{2-19}$$

式中 E_1——重铬酸钾溶液的摩尔消光系数；

A——测得重铬酸钾溶液的吸光度；

c——重铬酸钾溶液的物质的量浓度。

再以此平均值与重铬酸钾溶液的摩尔消光系数值 3160 比较，即求出使用仪器的校正因素，按式（2-20）进行计算：

$$f=\frac{3160}{E} \tag{2-20}$$

式中 f——使用仪器的校正因素；

E——测得的重铬酸钾溶液的摩尔消光系数平均值。

若 f 大于 0.95 或小于 1.05，则使用仪器的校正因素可略而不计。

b. 黄曲霉毒素 B_1 标准溶液的制备。准确称取 1～1.2mg 黄曲霉毒素 B_1 标准品，先加入 2mL 乙腈溶解后，再用苯稀释至 100mL，避光，置于 4℃冰箱保存。该标准溶液约为 10μg/mL。用紫外分光光度计测此标准溶液的最大吸收峰的波长及该波长处的吸光度值。

黄曲霉毒素 B_1 标准溶液的浓度按式（2-21）计算：

$$X = \frac{AM \times 1000f}{E_2} \tag{2-21}$$

式中　X——黄曲霉毒素 B_1 标准溶液的浓度，μg/mL；

A——测定的吸光度值；

f——使用仪器的校正因素；

M——黄曲霉毒素 B_1 的分子量；

E_2——黄曲霉毒素 B_1 在苯-乙腈中的摩尔消光系数，E_2＝19800。

根据计算，用苯-乙腈混合液调到标准溶液浓度恰为 10.0μg/mL，并用分光光度计核对其浓度。

c. 纯度的测定。取 5μL10μg/mL 黄曲霉毒素 B_1 标准溶液，滴加于涂层厚度 0.25mm 的硅胶 G 薄层板上，用甲醇-三氯甲烷（4＋96）与丙酮-三氯甲烷（8＋92）展开剂展开，在紫外光灯下观察荧光的产生，应符合以下条件：在展开后，只有单一的荧光点，无其他杂质荧光点；原点上没有任何残留的荧光物质。

⑮ 黄曲霉毒素 B_1 标准使用液：准确吸取 1mL 标准溶液（10.0μg/mL）于 10mL 容量瓶中，加苯-乙腈混合液至刻度，混匀，此溶液每毫升相当于 1.0μg 黄曲霉毒素 B_1。吸取 1.0mL 此稀释液，置于 5mL 容量瓶中，加苯-乙腈混合液至刻度，此溶液每毫升相当于 0.2μg 黄曲霉毒素 B_1。再吸取此稀释液 1.0mL，置于 5mL 容量瓶中，加苯-乙腈混合液至刻度，此溶液每毫升相当于 0.04μg 黄曲霉毒素 B_1。

⑯ 次氯酸钠溶液（消毒用）：取 100g 漂白粉，加入 500mL 水，搅拌均匀。另将 80g 工业用碳酸钠（$Na_2CO_3 \cdot 10H_2O$）溶于 500mL 温水中，再将两液混合、搅拌，澄清后过滤。此滤液含次氯酸浓度约为 25g/L。若用漂粉精制备，则碳酸钠的量可以加倍。所得溶液的浓度约为 50g/L。污染的玻璃仪器用 10g/L 次氯酸钠溶液浸泡半天或用 50g/L 次氯酸钠溶液浸泡片刻后，即可达到去毒效果。

3. 仪器

① 小型粉碎机。

② 样筛。

③ 电动振荡器。

④ 全玻璃浓缩器。

⑤ 玻璃板：5cm×20cm。

⑥ 薄层板涂布器。

⑦ 展开槽：内长 25cm、宽 6cm、高 4cm。

⑧ 紫外光灯：100～125W，带有波长 365nm 滤光片。

⑨ 微量注射器或血色素吸管。

4. 取样

试样中污染黄曲霉毒素高的霉粒一粒可以左右测定结果，而且有毒霉粒的比例小，同时分布不均匀。为避免取样带来的误差，应大量取样，并将该大量试样粉碎，混合均匀，才有可能得到确能代表一批试样的相对可靠的结果，因此采样应注意以下几点：

① 根据规定采取有代表性试样。

② 对局部发霉变质的试样检验时，应单独取样。

③ 每份分析测定用的试样应从大样经粗碎与连续多次用四分法缩减至 0.5～1kg，然后

全部粉碎。粮食试样全部通过20目筛，混匀。花生试样全部通过10目筛，混匀。或将好试样、坏试样分别测定，再计算其含量。花生油和花生酱试样不需制备，但取样时应搅拌均匀。必要时，每批试样可采取3份大样作试样制备及分析测定用，以观察所采试样是否具有一定的代表性。

5. 提取

玉米、大米、麦类、面粉、薯干、豆类、花生、花生酱等的提取有以下两种方法：

① 甲法：称取20.00g粉碎过筛试样（面粉、花生酱不需粉碎），置于250mL具塞锥形瓶中，加30mL正己烷或石油醚和100mL甲醇水溶液，在瓶塞上涂一层水，盖严防漏。振荡30min，静置片刻，以叠成折叠式的快速定性滤纸过滤于分液漏斗中，待下层甲醇水溶液分清后，放出甲醇水溶液于另一具塞锥形瓶内。取20mL甲醇水溶液（相当于4g试样）置于另一个125mL分液漏斗中，加20mL三氯甲烷，振荡2min，静置分层，如出现乳化现象可滴加甲醇促使分层。放出三氯甲烷层，经盛有约10g预先用三氯甲烷湿润的无水硫酸钠的定量慢速滤纸过滤于50mL蒸发皿中，再加5mL三氯甲烷于分液漏斗中，重复振摇提取，三氯甲烷层一并滤于蒸发皿中，最后用少量三氯甲烷洗过滤器，洗液并于蒸发皿中。将蒸发皿放在通风橱于65℃水浴上通风挥干，然后放在冰盒上冷却2～3min后，准确加入1mL苯-乙腈混合液（或将三氯甲烷用浓缩蒸馏器减压吹气蒸干后，准确加入1mL苯-乙腈混合液）。用带橡皮头的滴管的管尖将残渣充分混合，若有苯的结晶析出，将蒸发皿从冰盒上取出，继续溶解、混合，晶体即消失，再用此滴管吸取上清液转移于2mL具塞试管中。

② 乙法（限于玉米、大米、小麦及其制品）：称取20.00g粉碎过筛试样于250mL具塞锥形瓶中，用滴管滴加约6mL水，使试样湿润，准确加入60mL三氯甲烷，振荡30min，加12g无水硫酸钠，振摇后，静置30min，以叠成折叠式的快速定性滤纸过滤于100mL具塞锥形瓶中。取12mL滤液（相当于4g试样）于蒸发皿中，于65℃水浴上通风挥干，准确加入1mL苯-乙腈混合液。用带橡皮头的滴管的管尖将残渣充分混合，若有苯的结晶析出，将蒸发皿从冰盒上取出，继续溶解、混合，晶体即消失，再用此滴管吸取上清液转移于2mL具塞试管中。

6. 测定步骤

(1) 单向展开法

① 薄层板的制备：称取约3g硅胶G，加相当于硅胶量2～3倍左右的水，用力研磨1～2min至成糊状后立即倒于涂布器内，推成三块5cm×20cm，厚度约0.25mm的薄层板。在空气中干燥约15min后，在100℃活化2h，取出，放干燥器中保存。一般可保存2～3天，若放置时间较长，可再活化后使用。

② 点样：将薄层板边缘附着的吸附剂刮净，在距薄层板下端3cm的基线上用微量注射器或血色素吸管滴加样液，一块板可滴加四个点，第一点，10μL0.04μg/mL黄曲霉毒素B_1标准使用液；第二点，20μL样液；第三点，20μL样液+10μL0.04μg/mL黄曲霉毒素B_1标准使用液；第四点，20μL样液+10μL0.2μg/mL黄曲霉毒素B_1标准使用液。点距边缘和点间距约为1cm，点直径约为3mm。在同一快板上滴加点的大小应一致，滴加时可用吹风机冷风边吹边加。

③ 展开与观察。在展开槽内加10mL无水乙醚，预展12cm，取出挥干。再于另一展开槽内加10mL丙酮-三氯甲烷（8+92），展开10～12cm，取出。在紫外光下观察结果，方法为：由于样液点上加滴黄曲霉毒素B_1标准使用液，可使黄曲霉毒素B_1标准点与样液中的黄

曲霉毒素 B_1 荧光点重叠。如样液为阴性，薄层板上的第三点中黄曲霉毒素 B_1 为 0.0004μg，可用作检查样液内黄曲霉毒素 B_1 最低检出量是否正常出现；如为阳性，则起定性作用。薄层板上的第四点中黄曲霉毒素 B_1 为 0.002μg，主要起定位作用。若第二点在与黄曲霉毒素 B_1 标准点的相应位置上无紫色荧光点，表示试样中黄曲霉毒素 B_1 含量在 5μg/kg 以下；如在相应位置上有蓝紫色荧光点，则需进行确证试验。

④ 确证试验。为了证实薄层板上样液荧光是由黄曲霉毒素 B_1 产生的，加滴三氟乙酸，产生黄曲霉毒素 B_1 的衍生物，展开后此衍生物的比移值约在 0.1 左右。于薄层板左边依次滴加两个点。第一点：0.04μg/mL 黄曲霉毒素 B_1 标准使用液 10μL 左右。第二点：20μL 样液。于以上两点各加一小滴三氟乙酸盖于其上，反应 5min 后，用吹风机热风吹 2min 后，使热风吹到薄层板上的温度不高于 40℃，再于薄层板上滴加剩余两个点。第三点：0.04μg/mL 黄曲霉毒素 B_1 标准使用液 10μL。第四点：20μL 样液。然后再展开（如同③），在紫外光下观察样液是否产生与黄曲霉毒素 B_1 标准点相同的衍生物。未加三氟乙酸的三、四两点，可依次作为样液与标准的衍生物空白对照。

⑤ 稀释定量。样液中的黄曲霉毒素 B_1 荧光点的荧光强度如与黄曲霉毒素 B_1 标准点的最低检出量 0.0004μg 的荧光强度一致，则试样中黄曲霉毒素 B_1 含量即为 5μg/kg。如样液的荧光强度比最低检出量强，则根据其强度估计减少滴加的体积（以 μL 计）或将样液稀释后再滴加不同的体积（以 μL 计），直至永远点的荧光强度与最低检出量的荧光强度一致为止。滴加式样如下：第一点，10μL 黄曲霉毒素 B_1 标准使用液（0.04μg/mL）；第二点，根据情况滴加 10μL 样液；第三点，根据情况滴加 15μL 样液；第四点，根据情况滴加 20μL 样液。

⑥ 结果计算。试样中黄曲霉毒素 B_1 含量按式（2-22）计算

$$X = 0.0004 \times \frac{V_1 D}{V_2} \times \frac{1000}{m} \tag{2-22}$$

式中 X——试样中黄曲霉毒素 B_1 的含量，μg/kg；

V_1——加入苯-乙腈混合液的体积，mL；

V_2——出现最低荧光时滴加样液的体积，mL；

D——样液的总稀释倍数；

m——加入苯-乙腈混合液溶解时相当试样的质量，g；

0.0004——黄曲霉毒素 B_1 的最低检出量，μg。

结果保留到测定值的整数位。

（2）双向展开法

如果单向展开法展开后，薄层色谱由于杂质干扰掩盖了黄曲霉毒素 B_1 的荧光强度，需采用双向展开法。薄层板先用无水乙醚作横向展开，将干扰的杂质展至样液点的一边而黄曲霉毒素 B_1 不动，然后再用丙酮-三氯甲烷（8+92）作纵向展开，试样在黄曲霉毒素 B_1 相应处的杂质底色大量减少，因而提高了方法灵敏度。如用双向展开中滴加两点法展开仍有杂质干扰时，则可改用滴加一点法。

① 滴加两点法

a. 点样。取薄层板三块，在距下端 3cm 基线上滴加黄曲霉毒素 B_1 标准使用液与试样。即在三块板的距左边缘 0.8～1cm 处各滴加 10μL 黄曲霉毒素 B_1 标准使用液（0.04μg/mL），在距左边缘 2.8～3cm 处各滴加 20μL 样液，然后在第二块板的样液点上滴加 10μL 黄曲霉毒素 B_1 标准使用液（0.04μg/mL），在第三块板的样液点上滴加 10μL0.2μg/mL 黄曲霉毒

素 B_1 标准使用液。

b. 展开。横向展开：在展开槽内的长边置一玻璃支架，加 10mL 无水乙醇，将上述点好的薄层板靠标准点的长边置于展开槽内展开，展至板端后，取出挥干，或根据情况需要时可再重复展开 1～2 次。纵向展开：挥干的薄层板以丙酮-三氯甲烷（8＋92）展开至 10～12cm 为止，丙酮与三氯甲烷的比例可根据不同条件自行调节。

c. 观察及评定结果。在紫外光灯下观察第一、二板，若第二板的第二点在黄曲霉毒素 B_1 标准点的相应处出现最低检出量，而第一板在与第二板的相同位置上未出现荧光点，则试样中黄曲霉毒素 B_1 的含量在 5μg/kg 以下。若第一板在与第二板的相同位置上出现荧光点，则将第一板与第三板比较，看第三板上第二点与第一板上第二点的相同位置上的荧光点是否与黄曲霉毒素 B_1 标准点重叠，如果重叠，再进行确证试验。在具体测定中，第一、二、三板可以同时做，也可按照顺序做。如果按顺序做，当在第一板出现阴性时，在第三板可以省略，如第一板为阳性，则第二板可以省略，直接做第三板。

d. 确证试验。另取薄层板两块，于第四、五两板距左边缘 0.8～1cm 处各滴加 10μL 黄曲霉毒素 B_1 标准使用液（0.04μg/mL）及 1 小滴三氟乙酸；在距左边缘 2.8～3cm 处，于第四板上滴加 20μL 样液及 1 小滴三氟乙酸；于第五板上滴加 20μL 样液、10μL 黄曲霉毒素 B_1 标准使用液（0.04μg/mL）及 1 小滴三氟乙酸；反应 5min 后，用吹风机热风吹 2min 后，使热风吹到薄层板上的温度不高于 40℃，再用双向展开法展开后，观察样液是否产生与黄曲霉毒素 B_1 标准点重叠的衍生物。观察时，可将第一板作为样液的衍生物空白板。如样液黄曲霉毒素 B_1 含量高时，则将样液稀释后，按单向法作确证试验。

e. 稀释定量。如样液黄曲霉毒素 B_1 含量高时，按单向法作稀释定量操作。如黄曲霉毒素 B_1 含量低时，稀释倍数小，在定量的纵向展开板上仍有杂质干扰，影响结果判断，可将样液再做双向展开法测定，以确定含量。

f. 结果计算。试样黄曲霉毒素 B_1 含量按式（2-22）计算。

② 滴加一点法

a. 点样取薄层板三块，在距下端 3cm 基线上滴加黄曲霉毒素 B_1 标准使用液与样液。即在三块板的距左边缘 0.8～1cm 处各滴加 20μL 样液，然后在第二块板的点上滴加 10μL 黄曲霉毒素 B_1 标准使用液（0.04μg/mL），在第三块板的点上滴加 10μL0.2μg/mL 黄曲霉毒素 B_1 标准溶液。

b. 展开。同滴加两点法的横向展开和纵向展开。

c. 观察及评定结果。在紫外光灯下观察第一、二板，若第二板出现最低检出量的黄曲霉毒素 B_1 标准点，而第一板在与其相同位置上未出现荧光点，则试样中黄曲霉毒素 B_1 含量在 5μg/kg 以下。若第一板在与第二板的相同位置上出现荧光点，则将第一板与第三板比较，看第三板上与第一板相同位置上的荧光点是否与黄曲霉毒素 B_1 标准点重叠，如果重叠再进行以下确证试验。

d. 确证试验。另取薄层板两块，于距左边缘 0.8～1cm 处，第四板滴加 20μL 样液及 1 滴三氟乙酸；第五板滴加 20μL 样液、10μL 黄曲霉毒素 B_1 标准使用液（0.04μg/mL）及 1 滴三氟乙酸；产生衍生物及展开方法同滴加两点法。再将以上两板在紫外光灯下观察，以确定样液点是否产生与黄曲霉毒素 B_1 标准点重叠的衍生物。观察时，可将第一板作为样液的衍生物空白板。经过以上确证试验定为阳性后，再进行稀释定量，如黄曲霉毒素 B_1 含量低，不需稀释或稀释倍数小，杂质荧光仍有严重干扰，可根据样液中黄曲霉毒素 B_1 荧光的强弱，直接用双向展开法定量。

e. 结果计算。试样黄曲霉毒素 B_1 含量按式（2-22）计算。

本章小结

本章主要阐述了谷物检验基础知识和谷物检验技术两方面内容，其中谷物检验基础知识包括：谷物的概念和用途；主要谷物种类；谷物检验的依据。谷物的检验技术包括粮食油料扦样、分样法；谷物的类型及互混检验法；谷物含水量检验；面粉中含砂量的测定；粮食中粗纤维素的测定；粮食中粗脂肪含量的测定；谷物中镉的测定；谷物中总汞的测定；谷物中甲胺磷、乙酰甲胺磷农药残留量的测定；谷物中六六六、滴滴涕等有机氯残留量检验；谷物中百草枯残留量的测定；玉米中黄曲霉毒素 B_1 的测定。

1. 谷物检验基础知识

谷物通常是禾本农作物所生产的籽粒。简单介绍稻谷、小麦、玉米、高粱等的概念、形态、结构及分类。谷物检验主要依据粮油、食品国家标准，粮食卫生标准，绿色食品标准，无公害农产品标准及有机食品标准。

2. 谷物检验技术

① 粮油扦样分样法包括：三种扦样工具，扦样器、取样铲及容器；六种扦样方法，单位代表数量，散装扦样法、包装扦样法、流动粮食扦样法、零星收付粮油扦样法及特殊目的取样；两种分样方法，四分法及分样器法。

② 谷物类型及互混检验法：同种类粮食、油料间不同粒型、粒质、粒色的互混检验，以及不同种类粮食、油料间的互混检验。

③ 谷物含水量检验三种方法：直接干燥法、定时定温烘干法、两次烘干法。

④ 面粉中含砂量的测定：利用粉类粮食悬浮于四氯化碳表层，砂尘沉于四氯化碳底层，从而将粉类粮食与砂尘分开。除能与砂尘共沉淀的芝麻粉等以外的粉类粮食均用此法测定含砂量。

⑤ 粮食中粗纤维素的测定：谷物粮食在经过酸液、碱液及溶剂处理后，烘干灼烧恒重后计算粮食中粗纤维素含量。

⑥ 粮食中粗脂肪含量的测定：将粉碎、分散且干燥的试样用于有机溶剂回流提取，使试样中的脂肪被溶剂抽提出来，回收溶剂后所得到的残留物，即为粗脂肪。

⑦ 谷物中镉的测定：试样经灰化或酸消解后，注入一定量样品消化液于原子吸收分光光度计石墨炉中，电热原子化后吸收 228.8nm 共振线，在一定浓度范围内，其吸光度值与镉含量成正比，采用标准曲线法定量。

⑧ 谷物中总汞的测定：采用原子荧光光谱分析法和冷原子吸收光谱法两种方法测定谷物中的总汞量。

⑨ 谷物中甲胺磷、乙酰甲胺磷农药残留量的测定：利用气相色谱仪含有机磷的试样在富氢焰上燃烧，放射出波长 526nm 的特征光，通过滤光片选择后，由光电倍增管接收，转换成电信号，经微电流放大器放大后，被记录下来，试样的峰高与标准品的峰高相比，计算出试样相当的含量。

⑩ 谷物中六六六、滴滴涕等有机氯农药残留量测定：试样经提取、净化后用气相色

谱法测定，与标准比较定量。电子捕获检测器对于负电极强的化合物具有极高的灵敏度，可分别测出痕量的六六六、滴滴涕。不同异构体和代谢物可同时分别测定。

⑪ 谷物中百草枯残留量的测定：百草枯是有机杂环除草剂，用硫酸溶液煮沸回流加以提取，经阳离子交换树脂柱净化，以饱和氯化铵溶液洗脱，加入连二亚硫酸钠溶液，百草枯被还原为蓝色化合物，用紫外-可见分光光度计进行定量。

⑫ 玉米中黄曲霉毒素 B_1 的测定：黄曲霉毒素是最强的化学致癌物质，也是剧毒物质，毒性比氰化钾还强。黄曲霉毒素 B_1 经提取、浓缩、薄层分离后，在波长 365nm 紫外光下产生蓝紫色荧光，根据其在薄层上显示荧光的最低检出量来测定含量。

复习思考题

1. 谷物的概念和主要品种有哪些？
2. 谷物检验依据的国家标准有哪些？
3. 概括一下粮食样品扦样的技术规范和技术操作过程。
4. 简述粮油分样方法及过程。
5. 谷类互混检验的意义有哪些？
6. 粮食的不完善粒有哪些？
7. 简述次氯酸钠消毒的原理。
8. 什么是恒重？过程如何？
9. 测灰分时，炭化好的试样一般应是变成什么颜色？
10. 测定粮油产品中镉含量时，如何对试样进行预处理？
11. 简述冷原子吸收法测定谷物中总汞量的操作要点。
12. 有机磷农药包括哪些？残留物对食物有哪些危害？
13. 简述六六六、滴滴涕测定的气相色谱条件。
14. 试述谷物、蔬菜中百草枯残留量检验的原理。
15. 用薄层色谱法分析，点样时如果两个试样距离太近或点样量太多，展开后会出现什么现象？

第三章　豆类与油料作物检验

豆类泛指所有能产生豆荚的豆科植物，同时，也常用来称呼豆科的蝶形花亚科中的作为食用和饲料用的豆类作物。豆类的经济价值较高，多数种类的种子含有丰富的蛋白质，是人类和牲畜蛋白质营养的重要来源。有些豆类还含有大量可食用的油脂。油料作物是植物油脂不可或缺的来源，植物油脂就广义来说包括一般食用油脂、工业油脂和方向油（或挥发油）。而狭义的植物油脂通常只指食用油脂和工业油脂。

第一节　豆类与油料作物检验基础知识

豆类和油料作物的主要成分是蛋白质、脂肪、糖类化合物、矿物质、维生素和酶，是人类获取蛋白质、脂肪等营养物质的主要来源。五大主要油料作物的蛋白质和脂肪含量见表3-1。

表 3-1　五大主要油料作物的蛋白质和脂肪含量

种类	大豆	油菜籽	花生	芝麻	向日葵
蛋白质含量/(g/100g 食物)	35.1	1.8	21.9	19.1	23.9
脂肪含量/(g/100g 食物)	16.0	0.50	48.0	46.1	49.9

豆类与油料作物的成分复杂，对这些成分的检测是豆类和油料作物检验的基础，蛋白质与脂肪是检测的主要内容。

一、豆类与油料作物的概念

豆类作物是指豆科中的一类栽培作物。豆类作物种类很多，主要有大豆、蚕豆、豌豆、绿豆、赤豆、菜豆、豇豆、刀豆、扁豆等。豆类作物的种子含有大量的淀粉、蛋白质和脂肪，是营养丰富的食料。其中大豆含油率较高，又属油料作物。油料作物是以榨取油脂为主要用途的一类作物。这类作物主要有油菜、大豆、花生、芝麻、向日葵、棉籽、蓖麻、苏子、油用亚麻和大麻等。世界四大主要油料作物为大豆、油菜、花生、向日葵。我国五大主要油料作物为大豆、油菜、花生、芝麻、向日葵。

二、主要油料作物种类介绍

1. 大豆

我国是大豆的故乡，早在5000年前，大豆就扎根于华夏沃土，中世纪以后，大豆经阿拉伯传入西方。美国大面积种植大豆只有70余年的历史，却一跃成为世界头号大豆生产国，而中国却成为世界第一大豆进口国。大豆既是粮食作物，又是油料作物，同时也是副食品的重要原料，营养价值高，因而大豆在农业中具有特殊的地位。

大豆是主要的油料作物之一，大豆油约占植物油总产量的1/6，是一种优质食用油。多少年来，北方一带，如我国的东北、华北地区大豆油是主要的食用油。大豆油在食品工业中也具有广泛的用途，如制作糕点、人造黄油等。大豆榨油后的残渣，在商品术语上叫大豆饼、大豆粕，富含蛋白质和糖类化合物，是优质精饲料，可作牲畜饲料添加剂。大豆是重要的工业原料，具有广泛的用途，可作涂料、油墨、甘油、塑料、电木以及人造羊毛、人造纤维、照相胶片、脂肪酸、卵磷脂、维生素、鞣酸蛋白的原料。在食品工业中，可作代乳粉、人造黄油等，大豆作为一种重要的植物蛋白资源，对世界食品工业有重要作用。

2. 花生

在各种油料作物中，花生的单产高，含油率高，是喜温耐瘠作物，对土壤要求不严，中国各地均有种植，主要分布于辽宁、山东、河北、河南、江苏、福建、广东、广西、四川、吉林等地。其中以山东省种植面积最大，产量最多。

花生的出油率远高于其他油料作物，出油率高达45%～50%，其中油酸的相对含量高达50%以上，油酸对人体心血管有益，对人体的高血脂、有害胆固醇有降低作用，而不影响或相对提高有益胆固醇。但花生米很容易受潮变霉，产生致癌性很强的黄曲霉毒素。黄曲霉毒素可引起中毒性肝炎、肝硬化、肝癌。这种毒素耐高温，煎、炒、煮、炸等烹调方法都分解不了它。所以一定要注意不可吃发霉的花生米。中国是世界上花生油的最大消费国。中国花生油大多是经物理压榨工艺制取的，能够保证花生油的天然品质和花生油特有的浓香味，完全符合中国人对食品的天然、绿色品质的崇尚消费心理。花生油在纺织工业上用作润滑剂，在机械制造工业上用作淬火剂。

3. 油菜

油菜是我国播种面积最大，地区分布最广的油料作物。我国是世界上生产油菜籽最多的国家。油菜主要分布在安徽、河南、四川等地。油菜营养丰富，其中维生素C含量很高。油菜一般生长在气候相对湿润的地方，譬如中国的南方。油菜也有许多用处，比如油菜花在含苞未放的时候可以食用；油菜花盛开时也是一道亮丽的风景线；花朵凋谢后，油菜籽可以榨油。

常规的菜籽油富含芥酸，而亚油酸和油酸等人体必需脂肪酸含量较低，导致高芥酸菜籽油的营养价值低于大豆油等植物油。但菜籽油在人体中的消化率平均能达99%，为所有植物油中最高者。菜籽油中含有多种维生素，如维生素A、维生素D和维生素E，是人体脂溶性维生素的重要来源。菜籽油中维生素E含量丰富，达60mg/100g油，尤其是甲型维生素E含量高达13.2mg/100g油，为大豆油的2.58倍，而且在长期储存和加热后减少得不多，可作为食品中维生素E的来源。菜籽油中的植物甾醇含量也较豆油等常见植物油高，且种类繁多，有些甾醇还具有特殊的生理功能。菜籽油除食用外，随着石油产品的短缺和发达国家农产品的过剩，菜籽油的工业利用更加受到重视。过去工业上利用菜籽油，主要是依据其高含芥酸这一特性，由于生物技术的长足进步，已可从遗传上操纵菜籽油的化学组成，使得菜籽油更加符合工业应用的需要，如美国正在种植的高月桂酸油菜就是为了获得高月桂酸菜籽油用于洗涤剂生产。

4. 葵花籽

葵花籽是向日葵的果实。向日葵属于菊科向日葵属，为一年生草本植物，别名葵花，我国古籍上又叫西番莲、丈菊、迎阳花等，在欧洲叫太阳花，还有些国家叫太阳草、转日莲、朝阳花等。我国栽培向日葵至少已有近 400 年的历史。近 20 年来，葵花籽生产发展很快，在世界上，葵花籽已成为产量仅次于大豆的重要油料，在我国栽培也较广。

葵花籽富含不饱和脂肪酸、多种维生素和微量元素，其味道可口，是一种十分受欢迎的休闲零食和食用油源。葵花籽含脂肪可达 50%左右，其中主要为不饱和脂肪，而且不含胆固醇；亚油酸含量可达 70%，有助于降低人体的血液胆固醇水平，有益于保护心血管健康。葵花籽的蛋白质含量为 30%，可与大豆、瘦肉、鸡蛋、牛奶相比；各类糖的含量为 12%；钾、钙、磷、铁、镁也十分丰富，尤其是钾的含量较高，每 100g 葵花籽含钾量达 920mg；还含有维生素 A、维生素 B_1、维生素 B_2；每 15g 就含维生素 E 31mg；最贵重的是葵花籽中的油，种仁含油率为 50%～55%，已成为含油率仅次于大豆位居第二的油料作物。

第二节　豆类与油料作物检验技术

一、大豆蛋白质含量的测定（GB 5009.5—2016）

凯氏法一直被作为蛋白质定量的标准方法。该法是 1883 年由丹麦化学家凯道尔（Johan' Kiedahl）创立的，它可用于所有动物性食品、植物性食品的蛋白质含量测定，但因样品中常含有核酸、生物碱、含氮类脂、卟啉以及含氮色素等非蛋白质的含氮化合物，故通常将测定结果称为粗蛋白质含量。该法具有很高的准确度和精密度，因此在食品分析、饲料分析、粮食品质分析及种子品质鉴定和生化研究工作中得到广泛应用。

1. 适用范围

适用于油料粗蛋白质的测定，也是各种农产品与食品样品蛋白质定量分析的标准方法。

2. 测定原理

食品中的蛋白质在催化加热条件下被分解，产生的氨与硫酸结合生成硫酸铵。碱化蒸馏使氨游离，用硼酸吸收后以硫酸或盐酸标准滴定溶液滴定，根据酸的消耗量计算氮含量，再乘以换算系数，即为蛋白质的含量。

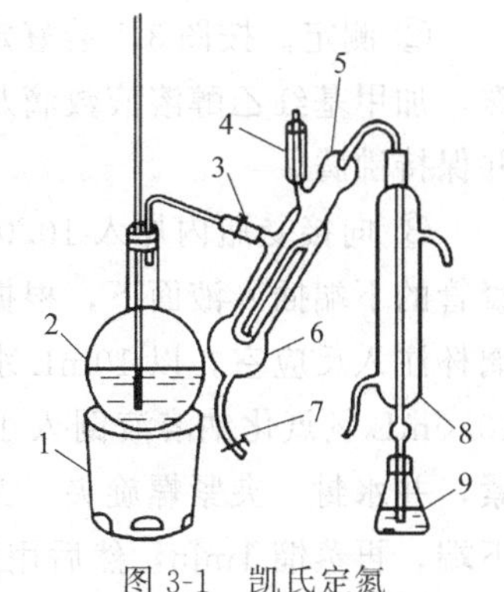

图 3-1　凯氏定氮消化与蒸馏装置

1—电炉；2—水蒸气发生器；3—螺旋夹；4—小玻璃杯及棒状玻璃塞；5—反应室；6—反应室外层；7—橡皮管及螺旋夹；8—冷凝管；9—蒸馏液接收瓶

3. 仪器和设备

凯氏定氮消化与蒸馏装置见图 3-1，自动凯氏定氮仪、天平感量为 1mg。

4. 试剂与配制

(1) 试剂

硫酸铜；硫酸钾；硫酸；硼酸；甲基红指示剂；溴甲酚绿指示剂；亚甲基蓝指示剂；氢氧化钠；乙醇。

(2) 试剂配制

硼酸溶液（20g/L）：称取 20g 硼酸，加水溶解并稀释至 1000mL。

氢氧化钠溶液（400g/L）：称取 40g 氢氧化钠加水溶解后，放冷，稀释至 100mL。

硫酸标准滴定溶液 $c(1/2H_2SO_4)$ = 0.0500mol/L 或盐酸标准滴定溶液 $c(HCl)$ = 0.0500mol/L。

甲基红乙醇溶液（1g/L）：称取 0.1g 甲基红，溶于 95% 乙醇，用 95% 乙醇稀释至 100mL。

亚甲基蓝乙醇溶液（1g/L）：称取 0.1g 亚甲基蓝，溶于 95% 乙醇，用 95% 乙醇稀释至 100mL。

溴甲酚绿乙醇溶液（1g/L）：称取 0.1g 溴甲酚绿，溶于 95% 乙醇，用 95% 乙醇稀释至 100mL。

A 混合指示液：2 份甲基红乙醇溶液与 1 份亚甲基蓝乙醇溶液临用时混合。

B 混合指示液：1 份甲基红乙醇溶液与 5 份溴甲酚绿乙醇溶液临用时混合。

5. 操作步骤

(1) 凯氏定氮法

① 试样处理。称取充分混匀的固体试样 0.2～2g、半固体试样 2～5g 或液体试样 10～25g（约相当于 30～40mg 氮），精确至 0.001g，移入干燥的 100mL、250mL 或 500mL 定氮瓶中，加入 0.4g 硫酸铜、6g 硫酸钾及 20mL 硫酸，轻摇后于瓶口放一小漏斗，将瓶以 45℃ 角斜支于有小孔的石棉网上。小心加热，待内容物全部炭化，泡沫完全停止后，加强火力，并保持瓶内液体微沸，至液体呈蓝绿色并澄清透明后，再继续加热 0.5～1h。取下放冷，小心加入 20mL 水，放冷后，移入 100mL 容量瓶中，并用少量水洗定氮瓶，洗液并入容量瓶中，再加水至刻度，混匀备用。同时做试剂空白试验。

② 测定。按图 3-1 装好定氮蒸馏装置，向水蒸气发生器内装水至 2/3 处，加入数粒玻璃珠，加甲基红乙醇溶液数滴及数毫升硫酸，以保持水呈酸性，加热煮沸水蒸气发生器内的水并保持沸腾。

③ 向接受瓶内加入 10.0mL 硼酸溶液，1～2 滴 A 混合指示剂或 B 混合指示剂，并使冷凝管的下端插入液面下，根据试样中氮含量，准确吸取 2.0～10.0mL 试样处理液，由小玻璃杯注入反应室，以 10mL 水洗涤小玻璃杯并使之流入反应室内，随后塞紧棒状玻璃塞。将 10.0mL 氢氧化钠溶液倒入小玻璃杯，提起玻璃塞使其缓缓流入反应室，立即将玻璃塞盖紧，并水封。夹紧螺旋夹，开始蒸馏。蒸馏 10min 后移动蒸馏液接收瓶，液面离开冷凝管下端，再蒸馏 1min，然后用少量水冲洗冷凝管下端外部，取下蒸馏液接收瓶。尽快以硫酸或盐酸标准滴定溶液滴定至终点，如用 A 混合指示液，终点颜色为灰蓝色；如用 B 混合指示液，终点颜色为浅灰红色。同时做试剂空白。

(2) 自动凯氏定氮仪法

称取充分混匀的固体试样 0.2～2g、半固体试样 2～5g 或液体试样 10～25g（约相当于 30～40mg 氮），精确至 0.001g，置于消化管中，再加入 0.4g 硫酸铜、6g 硫酸钾及 20mL 硫酸于消化炉进行消化。当消化炉温度达到420℃之后，继续消化1h，此时消化管中的液体呈绿色透明状，取出冷却后加50mL水，于自动凯氏定氮仪（使用前加入氢氧化钠溶液，盐酸或硫酸标准溶液以及含有混合指示剂A或B的硼酸溶液）上实现自动加液、蒸馏、滴定和记录滴定数据的过程。

6. 结果计算

试样中蛋白质的含量按式（3-1）计算：

$$X=\frac{(V_1-V_2)c\times 0.0140}{mV_3/100}\times F\times 100 \tag{3-1}$$

式中 X——试样中蛋白质的含量，g/100g；

V_1——试液消耗硫酸或盐酸标准滴定液的体积，mL；

V_2——试剂空白消耗硫酸或盐酸标准滴定液的体积，mL；

c——硫酸或盐酸标准滴定溶液浓度，mol/L；

0.0140——1.0mL硫酸[$c(1/2H_2SO_4)=1.000$mol/L]或盐酸[$c(HCl)=1.000$mol/L]标准滴定溶液相当的氮的质量，g；

m——试样的质量，g；

V_3——吸取消化液的体积，mL；

F——氮换算为蛋白质的系数，大豆为5.71；

100——换算系数。

蛋白质含量≥1g/100g时，结果保留三位有效数字；蛋白质含量<1g/100g时，结果保留两位有效数字。

注：当只检测氮含量时，不需要乘蛋白质换算系数F。

7. 注意事项

① 蒸馏前给水蒸气发生器内装水至2/3体积处，加甲基橙指示剂数滴及硫酸数毫升以使其始终保持酸性，这样可以避免水中的氨被蒸出而影响测定结果。

② 20g/L硼酸吸收液每次用量25mL，用前加入甲基红-溴甲酚绿混合指示剂2滴。

③ 在蒸馏时，蒸汽发生要均匀充足。蒸馏过程中不得停火断汽，否则将发生倒吸。

④ 加碱要足量，操作要迅速；漏斗应采用水封措施，以免氨由此逸出损失。

二、蛋白质的快速测定法

双缩脲法是测定蛋白质含量常用方法之一。此法简单、快速，有较好的精密度，分析对象也比较广泛，适于快速分析。双缩脲法是一种比色测定方法，测定中需要有与被测样品成分相似或同类物质做标准样，标准样品的蛋白质含量也需要通过凯氏定氮法确定。

双缩脲法受蛋白质特异性的影响较小，除组氨酸以外，其他的游离氨基酸和二肽化合物均不显色；除双缩脲、一亚氨基双缩脲、二亚氨基双缩脲、氨基酰胺、丙二酸胺等少数化合物以外，非蛋白质均不显色。所以，双缩脲反应基本上可看作是蛋白质的特有反应。

双缩脲试剂经改进后，对于富含淀粉的粮食样品，可不预先提取蛋白质双缩脲而直接进行测定。若将反应温度提高到60℃，则反应时间可缩短到5min左右。但该法灵敏度不高，样品用量大。而且事先要用凯氏法测蛋白质含量，绘制出标准曲线或计算回归方程，比较麻烦。

1. 适用范围

双缩脲法适用于生物化学领域中测定蛋白质含量，也适用于豆类、油料、米谷类等作物种子及肉类等样品的测定。

2. 测定原理

当脲加热至150～160℃时，可由两个分子间脱去一个氨分子而生成二缩脲（也叫双缩脲），双缩脲与碱及少量硫酸铜溶液作用生成紫红色的配合物，蛋白质分子中含有肽键（—CO—NH—），与双缩脲结构相似，故也能呈现此反应而生成紫红色配合物，在一定条件下其颜色深浅与蛋白质含量成正比，该配合物的最大吸收波长为560nm。

本法灵敏度较低，但操作简单快速，故常作为粮食作物的例行分析方法。

3. 仪器与设备

① 紫外-可见分光光度计。

② 离心机（4000r/min）。

③ 恒温水浴锅。

④ 500mL容量瓶。

⑤ 50mL、100mL量筒。

4. 试剂与配制

① 碱性硫酸铜溶液

a. 以甘油为稳定剂将10mL 10mol/L氢氧化钾和3.0mL甘油加到937mL蒸馏水中，剧烈搅拌，同时慢慢加入50mL 40g/L硫酸铜溶液。

b. 以酒石酸钾钠作稳定剂将10mL 10mol/L氢氧化钾和20mL 250g/L酒石酸钾钠溶液加到930mL蒸馏水中，同时慢慢加入40mL 40g/L硫酸铜溶液，必须剧烈搅拌，否则将生成氢氧化铜沉淀。

② 四氯化碳。

5. 操作步骤

① 标准曲线的绘制。以凯氏定氮法测出标准样品的蛋白质含量，并按不同蛋白质含量称取标准蛋白质样品。分别置于数支50mL比色管中，然后加入1.00mL四氯化碳进行脱脂，再用碱性硫酸铜溶液稀释至50mL，振摇10min，静置1h，取上层清液离心10min，取离心后的透明液于比色皿中，选择在560nm处，以试剂溶液做空白试验测定各标准样液的吸光度（A）。以蛋白质含量为横坐标，吸光度（A）为纵坐标绘制标准曲线。

② 样品的测定。准确称取样品（使得蛋白质含量在40～100mg之间）于50mL比色管中，同样加1.00mL四氯化碳，按上述步骤①在相同条件下进行显色，测定吸光A。用测得的A值在标准曲线上即可查得蛋白质的质量，由此求得蛋白质含量。

6. 结果计算

按式（3-2）计算测定结果：

$$蛋白质含量(mg/100g)=\frac{m_1}{m}\times 100 \tag{3-2}$$

式中　m_1——由标准曲线上查得的蛋白质的质量，mg；

m——样品质量，g。

7. 注意事项

① 蛋白质的种类不同，对发色程度的影响不大。

② 标准曲线作完整之后，无需每次再作标准曲线。

③ 脂肪含量高的样品应预先用醚抽出弃去。

④ 样品中有不溶性成分存在时，可预先将蛋白质抽出后再测定。

⑤ 当肽链中含有脯氨酸时，若有大量糖类共存，则显色不好，会使测定值偏低。

⑥ 本法操作简便，但相应的样品应具有一定的溶解度，或选择适当的溶剂或介质增加其溶解度，以减少因散射造成的影响。

⑦ 对浑浊样液除进行离心处理外，也可与系列浓度的类似样品显色液进行目视比色测定。

三、花生脂肪含量的测定（GB 5009.6—2016）

（一）索氏抽提法

1. 适用范围

索氏抽提法适用于脂类含量较高，结合态的脂类含量较少，能烘干磨细，不易吸湿结块的样品的测定。水果、蔬菜及其制品、粮食及粮食制品、肉及肉制品、蛋及蛋制品、水产及其制品、焙烤食品、糖果等食品中游离态脂肪含量可用本法测定。

2. 测定原理

脂肪易溶于有机溶剂。试样直接用无水乙醚或石油醚等溶剂抽提后，蒸发除去溶剂，干燥，得到游离态脂肪的含量。

3. 试剂和材料

（1）试剂

无水乙醚（$C_4H_{10}O$）；石油醚（C_nH_{2n+2}）（石油醚沸程为30～60℃）。

（2）材料

石英砂；脱脂棉。

4. 仪器和设备

① 索氏抽提器。

② 恒温水浴锅。

③ 分析天平：感量0.001g和0.0001g。

④ 电热鼓风干燥箱。

⑤ 干燥器：内装有效干燥剂，如硅胶。

⑥ 滤纸筒。

⑦ 蒸发皿。

5. 操作步骤

（1）试样处理

固体试样：称取充分混匀后的试样2～5g，准确至0.001g，全部移入滤纸筒内。

液体或半固体试样：称取混匀后的试样5～10g，准确至0.001g，置于蒸发皿中，加入约20g石英砂，于沸水浴上蒸干后，在电热鼓风干燥箱中于（100±5）℃干燥30min后，取出，研细，全部移入滤纸筒内。蒸发皿及粘有试样的玻璃棒，均用沾有乙醚的脱脂棉擦净，并将棉花放入滤纸筒内。

（2）抽提

将滤纸筒放入索氏抽提器的抽提筒内，连接已干燥至恒重的接收瓶，由抽提器冷凝管上端加入无水乙醚或石油醚至瓶内容积的2/3处，于水浴上加热，使无水乙醚或石油醚不断回流抽提（6～8次/h），一般抽提6～10h。提取结束时，用磨砂玻璃棒接取1滴提取液，磨砂玻璃棒上无油斑表明提取完毕。

(3) 称量

取下接收瓶，回收无水乙醚或石油醚，待接收瓶内溶剂剩余1～2mL时在水浴上蒸干，再于（100±5)℃干燥1h，放干燥器内冷却0.5h后称量。重复以上操作直至恒重（直至两次称量的差不超过2mg)。

6. 分析结果的计算

试样中脂肪的含量按式（3-3）计算：

$$X=\frac{m_1-m_0}{m_2}\times 100 \tag{3-3}$$

式中 X——试样中脂肪的含量，g/100g；

m_1——恒重后接收瓶和脂肪的含量，g；

m_0——接收瓶的质量，g；

m_2——试样的质量，g；

100——换算系数。

计算结果保留小数点后一位。

7. 注意事项

① 样品应干燥后研细，样品含水分会影响溶剂提取效果，而且溶剂会吸收样品中的水分，造成非脂成分溶出。装样品的滤纸筒一定要严密，不能往外漏样品，但也不要包得太紧，影响溶剂渗透。放入滤纸筒时高度不要超过回流弯管，否则超过弯管样品中的脂肪不能抽提，造成误差。

② 对含大量糖及糊精的样品，要先用冷水使糖及糊精溶解，经过滤除去，将残渣连同滤纸一起烘干，放入抽提管中。

③ 抽提用的乙醚或石油醚要求无水、无醇、无过氧化物，挥发残渣含量低。

④ 过氧化物的检查方法：取6mL乙醚，加2mL 10%碘化钾溶液，用力振摇，放置1min后，若出现黄色，则证明有过氧化物存在，应另选乙醚或处理后再用。

⑤ 提取时水浴温度不可过高，以每分钟从冷凝管滴下80滴左右，每小时回流6～12次为宜，提取过程应注意防火。

(二) 酸水解法

1. 适用范围

酸水解法适用于各类食品中脂肪的测定，对固体、半固体、黏稠液体或液体食品，特别是加工后的混合食品，容易吸湿、结块，不易烘干的食品，不能采用索氏提取法时，用此法效果较好。水果、蔬菜及其制品、粮食及粮食制品、肉及肉制品、蛋及蛋制品、水产及其制品、焙烤食品、糖果等食品中游离态脂肪及结合态脂肪总量可用本法测定。

2. 测定原理

食品中的结合态脂肪必须用强酸使其游离出来，游离出的脂肪易溶于有机溶剂。试样经盐酸水解后用无水乙醚或石油醚提取，除去溶剂即得游离态和结合态脂肪的总含量。

3. 试剂与配制

(1) 试剂

盐酸；乙醇；无水乙醚；石油醚（沸程为30～60℃)；碘；碘化钾。

（2）试剂的配制

盐酸溶液（2mol/L）：量取50mL盐酸，加入到250mL水中，混匀。

碘液（0.05mol/L）：称取6.5g碘和25g碘化钾于少量水中溶解，稀释至1L。

4. 材料

蓝色石蕊试纸；脱脂棉；滤纸（中速）。

5. 仪器和设备

① 恒温水浴锅。

② 电热板：满足200℃高温。

③ 锥形瓶。

④ 分析天平：感量为0.1g和0.001g。

⑤ 电热鼓风干燥箱。

6. 操作步骤

（1）试样水解

固体试样：称取约2～5g，准确至0.001g，置于50mL试管内，加入8mL水，混匀后再加10mL盐酸。将试管放入70～80℃水浴中，每隔5～10min以玻璃棒搅拌1次，至试样消化完全为止，约40～50min。

液体试样：称取约10g，准确至0.001g，置于50mL试管内，加10mL盐酸。将试管放入70～80℃水浴中，每隔5～10min以玻璃棒搅拌1次，至试样消化完全为止，约40～50min。

（2）抽提

取出试管，加入10mL乙醇，混合。冷却后将混合物移入100mL具塞量筒中，以25mL无水乙醚分数次淋洗试管，一并倒入量筒中。待无水乙醚全部倒入量筒后，加塞振摇1min，小心开塞，放出气体，再塞好，静置12min，小心开塞，并用乙醚冲洗塞及量筒口附着的脂肪。静置10～20min，待上部液体清晰，吸出上清液于已恒重的锥形瓶内，再加5mL无水乙醚于具塞量筒内，振摇，静置后，仍将上层乙醚吸出，放入原锥形瓶内。

（3）称量

取下接收瓶，回收无水乙醚或石油醚，待接收瓶内溶剂剩余1～2mL时在水浴上蒸干，再于（100±5）℃干燥1h，放入干燥器内冷却0.5h后称量。重复以上操作直至恒重（直至两次称量的差不超过2mg）。

7. 结果计算

试样中脂肪的含量按式（3-4）计算：

$$X=\frac{m_1-m_0}{m_2}\times 100 \tag{3-4}$$

式中 X——试样中脂肪的含量，g/100g；

m_1——恒重后接收瓶和脂肪的含量，g；

m_0——接收瓶的质量，g；

m_2——试样的质量，g；

100——换算系数。

计算结果保留小数点后一位。

8. **注意事项**

① 测定的样品需充分磨细，液体样品需充分混合均匀，以使消化完全。

② 水解后加的乙醇可使蛋白质沉淀，促进脂肪球聚合，同时溶解一些碳水化合物、有机酸等。后面用乙迷提取，因乙醇可溶于乙醚，故需加入石油醚，降低乙醇在醚中的溶解度，使乙醇溶解物残留在水层，并使分层清晰。

③ 挥干溶剂后，残留物中若有黑色焦油状杂质，是分解物与水一同混入所致，会使测定值增大，造成误差，可用等量的乙迷及石油醚溶解后过滤，再次进行挥干溶剂的操作。

④ 因磷脂在酸水解条件下分解为脂肪酸和碱，故本法不宜用于测定含有大量磷脂的食品如鱼类、贝类和蛋品。此法也不适于含糖高的食品，因糖类遇强酸易碳化而影响测定结果。

四、花生中黄曲霉毒素的测定（GB 5009.22—2016）

黄曲霉毒素（AFT）是一类化学结构类似的化合物，均为二氢呋喃香豆素的衍生物，是黄曲霉菌、寄生曲霉菌产生的代谢产物。黄曲霉毒素有剧毒，同时还有致癌、致畸、致突变的作用，主要引起肝癌，还可以诱发骨癌、肾癌、直肠癌、乳腺癌、卵巢癌等。黄曲霉毒素是目前发现的化学致癌物中最强的物质之一，主要存在于被黄曲霉污染过的粮食、油及其制品中，例如黄曲霉污染的花生、花生油、玉米、大米、棉籽中最为常见，在干果类食品如胡桃、杏仁、榛子中，在动物性食品如肝、咸鱼中以及在乳和乳制品中也曾发现过黄曲霉毒素。黄曲霉毒素在紫外线照射下能产生荧光，根据荧光颜色不同，将其分为B族和G族两大类及其衍生物。

1. **适用范围**

本测定方法为高效液相色谱-柱前衍生法，适用于谷物及其制品、豆类及其制品、坚果及籽类、油脂及其制品、调味品、婴幼儿配方食品和婴幼儿辅助食品中$AFTB_1$、$AFTB_2$、$AFTG_1$和$AFTG_2$的测定。

2. **测定原理**

试样中的黄曲霉毒素B_1、黄曲霉毒素B_2、黄曲霉毒素G_1、黄曲霉毒素G_2，用乙腈-水溶液或甲醇-水溶液的混合溶液提取，提取液经黄曲霉毒素固相净化柱净化去除脂肪、蛋白质、色素及糖类化合物等干扰物质，净化液用三氟乙酸柱前衍生，液相色谱分离，荧光检测器检测，外标法定量。

3. **试剂和材料**

（1）试剂

甲醇（CH_3OH）：色谱纯。

乙腈（CH_3CN）：色谱纯。

正己烷（C_6H_{14}）：色谱纯。

三氟乙酸（CF_3COOH）。

（2）试剂配制

乙腈-水溶液（84＋16）：取840mL乙腈加入160mL水。

甲醇-水溶液（70＋30）：取700mL甲醇加入300mL水。

乙腈-水溶液（50＋50）：取500mL乙腈加入500mL水。

乙腈-甲醇溶液（50＋50）：取500mL乙腈加入500mL甲醇。

（3）标准品

$AFTB_1$标准品（$C_{17}H_{12}O_6$，CAS号：1162-65-8）：纯度≥98%，或经国家认证并授予标准物质证书的标准物质。

$AFTB_2$标准品（$C_{17}H_{14}O_6$，CAS号：7220-81-7）：纯度≥98%，或经国家认证并授予标准物质证书的标准物质。

$AFTG_1$标准品（$C_{17}H_{12}O_7$，CAS号：1165-39-5）：纯度≥98%，或经国家认证并授予标准物质证书的标准物质。

$AFTG_2$标准品（$C_{17}H_{14}O_7$，CA号：7241-98-7）：纯度≥98%，或经国家认证并授予标准物质证书的标准物质。

注：标准物质可以使用满足溯源要求的商品化标准溶液。

（4）标准溶液配制

标准储备溶液（10μg/mL）：分别称取$AFTB_1$、$AFTB_2$、$AFTG_1$和$AFTG_2$ 1mg（精确至0.01mg），用乙腈溶解并定容至100mL。此溶液浓度约为10μg/mL。溶液转移至试剂瓶中后，在−20℃下避光保存，备用。

混合标准工作液（$AFTB_1$和$AFTG_1$：100ng/mL；$AFTB_2$和$AFTG_2$：30ng/mL）：准确移取$AFTB_1$和$AFTG_1$标准储备溶液各1mL，$AFTB_2$和$AFTG_2$标准储备溶液各300μL至100mL容量瓶中，乙腈定容。密封后避光−20℃下保存，三个月内有效。

标准系列工作溶液：分别准确移取混合标准工作液10μL、50μL、200μL、500μL、1000μL、2000μL、4000μL至10mL容量瓶中，用初始流动相定容至刻度（$AFTB_1$和$AFTG_1$浓度为0.1ng/mL、0.5ng/mL、2.0ng/mL、5.0ng/mL、10.0ng/mL、20.0ng/mL、40.0ng/mL；$AFTB_2$和$AFTG_2$浓度为0.03ng/mL、0.15ng/mL、0.6ng/mL、1.5ng/mL、3.0ng/mL、6.0ng/mL、12.0ng/mL的系列标准溶液）。

4. 仪器和设备

① 匀浆机。

② 高速粉碎机。

③ 组织捣碎机。

④ 超声波/涡旋振荡器或摇床。

⑤ 天平：感量0.01g和0.00001g。

⑥ 涡旋混合器。

⑦ 高速均质器：转速6500～24000r/min。

⑧ 离心机：转速≥6000r/min。

⑨ 玻璃纤维滤纸：快速、高载量、液体中颗粒保留1.6μm。

⑩ 氮吹仪。

⑪ 液相色谱仪：配荧光检测器。

⑫ 色谱分离柱。

⑬ 黄曲霉毒素专用型固相萃取净化柱（以下简称净化柱）或相当者。

⑭ 一次性微孔滤头：带0.22μm微孔滤膜使用。

⑮ 筛网：1～2mm试验筛孔径。

⑯ 恒温箱。

⑰ pH计。

5. 操作步骤

（1）样品制备

采样量需大于 1kg，用高速粉碎机将其粉碎，过筛，使其粒径小于 2mm 孔径试验筛，混合均匀后缩分至 100g，储存于样品瓶中，密封保存，供检测用。

（2）样品提取

称取 5g 试样（精确至 0.01g）于 50mL 离心管中，加入 20.0mL 乙腈-水溶液（84+16）或甲醇-水溶液（70+30），涡旋混匀，置于超声波/涡旋振荡器或摇床中振荡 20min（或用均质器均质 3min），在 6000r/min 下离心 10min（或均质后用玻璃纤维滤纸过滤），取上清液备用。

（3）样品黄曲霉毒素固相净化柱净化

移取适量上清液，按净化柱操作说明进行净化，收集全部净化液。

（4）衍生

用移液管准确吸取 4.0mL 净化液于 10mL 离心管后在 50℃ 下用氮气缓缓地吹至近干，分别加入 200μL 正己烷和 100μL 三氟乙酸，涡旋 30s，在（40±1）℃ 的恒温箱中衍生 15min，衍生结束后，在 50℃ 下用氮气缓缓地将衍生液吹至近干，用初始流动相定容至 1.0mL，涡旋 30s 溶解残留物，过 0.22μm 滤膜，收集滤液于进样瓶中以备进样。

（5）色谱参考条件

色谱参考条件列出如下：

① 流动相：A 相，水；B 相，乙腈-甲醇溶液（50+50）。

② 梯度洗脱：24% B（0～6min），35% B（8.0～10.0min），100% B（10.2～11.2min），24% B（11.5～13.0min）。

③ 色谱柱：C_{18} 柱（柱长 150mm 或 250mm，柱内径 4.6mm，填料粒径 5.0μm），或相当者。

④ 流速：1.0mL/min。

⑤ 柱温：40℃。

⑥ 进样体积：50μL。

⑦ 检测波长：激发波长 360nm；发射波长 440nm。

⑧ 液相色谱图见图 3-2。

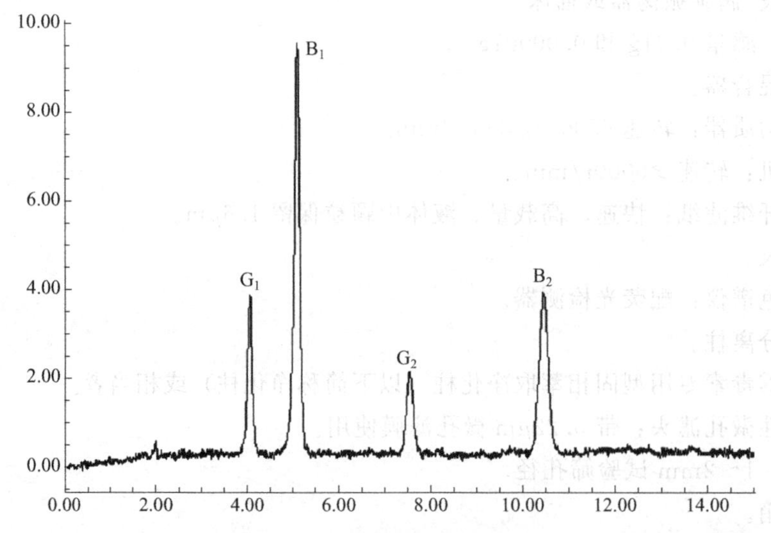

图 3-2　四种黄曲霉毒素 FAT 柱前衍生液相色谱图（0.5ng/mL 标准溶液）

(6) 样品测定

① 标准曲线的制作。系列标准工作溶液由低浓度到高浓度依次进样检测，以峰面积为纵坐标，以浓度为横坐标作图，得到标准曲线回归方程。

② 试样溶液的测定。待测样液中待测化合物的响应值应在标准曲线线性范围内，浓度超过线性范围的样品则应稀释后重新进样分析。

③ 空白试验。不称取试样，按操作步骤中（2）～（4）的步骤做空白实验。应确认不含有干扰待测组分的物质。

6. 结果计算

试样中 $AFTB_1$、$AFTB_2$、$AFTG_1$和 $AFTG_2$的残留量按式（3-5）计算：

$$X=\frac{\rho V_1 V_3\times 1000}{V_2 m\times 1000} \tag{3-5}$$

式中 X——试样中 $AFTB_1$、$AFTB_2$、$AFTG_1$或 $AFTG_2$的含量，μg/kg；

ρ——进样溶液中 $AFTB_1$、$AFTB_2$、$AFTG_1$或 $AFTG_2$按照外标法在标准曲线中对应的浓度，ng/mL；

V_1——试样提取液体积（植物油脂、固体、半固体按加入的提取液体积，酱油、醋按定容总体积），mL；

V_3——净化液的最终定容体积，mL；

1000——换算系数；

V_2——净化柱净化后的取样液体积，mL；

m——试样的称样量，g。

计算结果保留三位有效数字。

五、植物油脂检验——扦样、分样法（GB/T 5524—2008）

1. 适用范围

适用于液态油脂、固态油脂扦样。

2. 原理

扦样和制备样品的目的是从一批样品中获得便于处理的油脂量。样品的特性应尽可能地接近其所代表的油脂的特性。

3. 扦样工具

(1) 扦样管

扦样管是不锈钢装置，由两个长度相同且紧密靠在一起的同心圆管组成，其中一个管可在另一个管中转动。每个管上都有纵向开口。在某一位置，管开启使油流入，通过转动内管而使管封闭。内管直径为 20～40mm，整个长度上直径相同。当排空扦样管时，因两管上都分布有小孔，所以当纵向开口关闭时，管中的油能够从小孔排出。

该扦样管适用于圆筒中不同深度的扦样，扦样时，可以按住管顶直到指定深度。

(2) 带底阀的扦样筒

带底阀的扦样筒分为上下两部分，上部顶端敞口，下部在筒体外侧装有较重的螺旋机构，其底端固定一轻型自重阀，以确保扦样装置自底部到顶部的稳固。当扦样筒在液体油脂中下落时，油脂对阀的压力使阀底一直处于打开状态，以确保油脂均匀地流入筒体。当停止下落时，底阀关闭，油脂从扦样筒所达的深度被抽出。

（3）扦样铲

扦样铲用于硬脂的扦样，由不锈钢制成，具有半圆形或C形的横截面。将其扭转插入油脂中，便取得一份油样。

4. 扦样方法

从包装的产品中（包括消费者购买的小包装产品）扦样，对于不同规格的包装，采样数可按表3-2的推荐值。

表3-2　不同规格包装采样数的推荐值

包装规格	商品批的包装数	扦样包装数
≥20kg，最大为5t	1～5	全部
	6～50	6
	51～75	8
	76～100	10
	101～250	15
	251～500	20
	501～100	25
	＞1000	30
≥5kg且≤20kg	1～20	全部
	21～200	20
	201～800	25
	801～1600	35
	1601～3200	45
	3201～8000	60
	8001～16000	72
	16001～24000	84
	24001～32000	96
	＞32000	108
≤5kg	1～20	全部
	21～1500	20
	1501～5000	25
	5001～15000	35
	15001～35000	45
	35001～60000	60
	60001～90000	72
	90001～130000	84
	130001～170000	96
	＞170000	108

包装液态油脂的扦样步骤：转动并翻转装满液态油脂的桶或罐，采用手工或机械的方式，用桨叶或搅拌器将油脂搅匀，从桶的封塞孔或其他容器的方便开口插入适当的扦样装置，从被扦样的每一容器中采集一份检样，从尽可能多的内容物部位采样；按等同分量充分混合这些检样样品形成原始样品。

5. 试样制备

当需要进行污染物分析时，试样要从每罐中采集。也可以按照有关各方的协议从原始样品中制备试样，具体方式如下：

① 从原始样品中制备称量过的平均样品。

② 从每份原始样品中制备。

无论采用①或是②，分割制备的原始样品以获得至少 4 份试样，每份至少 250g（当有特殊要求时，也可制备 500g 以上的试样）。不断地搅动以避免沉淀物的沉积。

六、植物油脂检验——水分及挥发物测定法（GB 5009.236—2016）

（一）沙浴（电热板）法

1. 适用范围

本测定方法适用于所有的动植物油脂。

2. 原理

在（103±2)℃的条件下，对测试样品进行加热至水分及挥发物完全散尽，测定样品损失的质量。

3. 仪器和设备

① 分析天平：感量 0.001g。

② 碟子：陶瓷或玻璃的平底碟，直径 80～90mm，深约 30mm。

③ 温度计：刻度范围至少为 80～110℃，长约 100mm，水银球加固，上端具有膨胀室。

④ 沙浴或电热板（室温约 150℃）。

⑤ 干燥器：内含有效的干燥剂。

4. 分析步骤

（1）试样制备

在预先干燥并与温度计一起称量的碟子中，称取试样约 20g，精确至 0.001g。

液体样品：对于澄清无沉淀物的液体样品，在密闭的容器中摇动，使其均匀；对于有浑浊或有沉淀物的液体样品，在密闭的容器中摇动，直至沉淀物完全与容器壁分离，并均匀地分布在油体中。检查是否有沉淀物吸附在容器壁上，如有吸附，应完全清除（必要时打开容器），使它们完全与油混合。

固体样品：将样品加热至刚变为液体，按液体试样操作，使其充分混匀。

（2）试样测定

将装有测试样品的碟子在沙浴或电热板上加热至 90℃，升温速率控制在 10℃/min 左右，边加热边用温度计搅拌。

降低加热速率观察碟子底部气泡的上升，控制温度升高至（103±2)℃，确保不超过 105℃。继续搅拌至碟子底部无气泡放出。

为确保水分完全散尽，重复数次加热至（103±2）℃、冷却至90℃的步骤，将碟子和温度计置于干燥器中，冷却至室温，称量，精确至0.001g。重复上述操作，直至连续两次结果不超过2mg。

5. 结果计算

水分及挥发物含量（X）以质量分数表示，按式（3-6）计算：

$$X=\frac{m_1-m_2}{m_1-m_0}\times 100 \tag{3-6}$$

式中 X——水分及挥发物含量，%；

m_1——加热前碟子、温度计和测试样品的质量，g；

m_2——加热后碟子、温度计和测试样品的质量，g；

m_0——碟子和温度计的质量，g；

100——单位换算。

计算结果保留小数点后两位。

（二）电热干燥箱法

1. 适用范围

本测定方法适用于酸价低于4mg/g的非干性油脂，不适用于月桂酸型的油（棕榈仁油和椰子油）。

2. 原理

在（103±2）℃的条件下，对测试样品进行加热至水分及挥发物完全散尽，测定样品损失的质量。

3. 仪器和设备

① 分析天平：感量0.001g。

② 玻璃容器：平底，直径约50m，高约30mm。

③ 电热干燥箱：主控温度（103±2）℃。

④ 干燥器：内含有效的干燥剂。

4. 分析步骤

（1）试样准备

在预先干燥并称量的玻璃容器中，根据试样预计水分及挥发物含量，称取5g或10g试样，精确至0.001g。

（2）试样测定

将含有试样的玻璃容器置于（103±2）℃的电热干燥箱中1h，再移入干燥器中，冷却至室温，称量，准确至0.001g。重复加热、冷却及称量的步骤，每次复烘时间为30min，直到连续两次称量的差值根据测试样品质量的不同，分别不超过2mg（5g样品时）或4mg（10g样品时）。

注：重复加热多次后，若油脂样品发生自动氧化导致质量增加，可取前几次测定的最小值计算结果。

5. 结果计算

同沙浴法。

七、大豆油脂中磷脂的测定（GB/T 5537—2008）

1. 适用范围

磷脂是由甘油、脂肪酸、磷酸、氨基醇和环醇等构成的化合物。本测定方法适用于植物原油、脱胶油及成品油。

2. 原理

植物油中的磷脂经灼烧成为五氧化二磷，被热盐酸变成磷酸，遇钼酸钠生成磷钼酸钠，用硫酸联氨还原成钼蓝，用分光光度计在波长650nm测定钼蓝的吸光度，与标准曲线比较，计算其含量。

3. 仪器和用具

① 分光光度计：具1cm比色皿。

② 分析天平：分度值0.0001g。

③ 马弗炉：可控制温度，主要使用温度在550～600℃。

④ 封闭电炉：可调温。

⑤ 沸水浴。

⑥ 瓷坩埚或石英坩埚：50mL、100mL能承受的最低温度为600℃。

⑦ 容量瓶：100mL、500mL、1000mL。

⑧ 移液管：1mL、2mL、5mL、10mL。

⑨ 比色管：50mL。

4. 试剂和溶液

① 盐酸：1.19g/mL。

② 氧化锌。

③ 氢氧化钾。

④ 浓硫酸：1.84g/mL。

⑤ 钼酸钠。

⑥ 硫酸联氨。

⑦ 磷酸二氢钾：使用前在101℃下干燥2h。

⑧ 2.5%钼酸钠稀硫酸溶液：量取140mL浓硫酸，注入300mL水中，冷却至室温，加入12.5g钼酸钠，溶解后用水定容至500mL，充分摇匀，静置24h备用。

⑨ 0.015%硫酸联氨溶液：将0.15g硫酸联氨溶解在1L水中。

⑩ 50%氢氧化钾溶液：将50g氢氧化钾溶解在50mL水中。

⑪ 1∶1盐酸溶液：将盐酸溶解在等体积的水中。

⑫ 磷酸盐标准储备液：称取干燥的磷酸二氢钾0.4387g，用水溶解并稀释定容至1000mL，此溶液含磷0.1mg/mL。

⑬ 标准曲线用磷酸盐标准溶液：用移液管吸取磷酸盐标准储备液10mL至100mL容量瓶中，加水稀释并定容，此溶液含磷0.01mg/mL。

5. 操作步骤

(1) 扦样

按GB/T 5524—2008中的规定执行。

(2) 试样的制备

将装有实验室样品的容器置于50℃的干燥箱内，当样品温度达到50℃后，振摇使样品尽可能均匀。如果加热混合后样品没有完全澄清，可在50℃恒温干燥箱内将油脂过滤或用热过滤漏斗过滤。为避免脂肪物质因氧化或聚合而发生变化，样品在干燥箱内放置的时间不宜太长。过滤后的样品应完全澄清。

(3) 绘制标准曲线

取六支比色管，按顺序分别注入磷酸盐标准溶液0mL、1mL、2mL、4mL、6mL、8mL，再按顺序分别加水10mL、9mL、8mL、6mL、4mL、2mL。接着向六支比色管中分别加入0.015%硫酸联氨溶液8mL，2.5%钼酸钠稀硫酸溶液2mL。加塞，振摇3～4次，去塞，将比色管放入沸水浴中加热10min，取出，冷却至室温。用水稀释至刻度，充分摇匀，静置10min。移取该溶液至干燥、洁净的比色皿中，用分光光度计在650nm处，用试剂空白调整零点，分别测定吸光度。以吸光度为纵坐标，含磷量（0.01mg、0.02mg、0.04mg、0.06mg、0.08mg）为横坐标绘制标准曲线。

(4) 制备试液

根据试样的磷脂含量，用坩埚称取制备好的试样，成品油试样称量10g，原油及脱胶油称量3.0～3.2g（精确至0.001g）。加氧化锌0.5g，先在电炉上缓慢加热至样品变稠，逐渐加热至全部炭化，将坩埚送至550～600℃的马弗炉中灼烧至完全灰化（白色），时间约2h。取出坩埚冷却至室温，用10mL 1∶1盐酸溶液溶解灰分并加热至微沸，5min后停止加热，待溶解液温度降至室温，将溶解液过滤注入100mL容量瓶中，每次用大约5mL热水冲洗坩埚和滤纸共3～4次，待滤液冷却到室温后，用50%氢氧化钾溶液中和至出现混浊，缓慢滴加1∶1盐酸溶液使氧化锌沉淀全部溶解，加2滴。最后用水稀释定容至刻度，摇匀。制备被测液时同时制备一份样品空白。

(5) 比色

用移液管吸取上述制备的被测液10mL，注入50mL比色管中。加入0.015%硫酸联氨溶液8mL，2.5%钼酸钠稀硫酸溶液2mL。加塞，振摇3～4次，去塞，将比色管放入沸水浴中加热10min，取出，冷却至室温。用水稀释至刻度，充分摇匀，静置10min。移取该溶液至干燥、洁净的比色皿中，用分光光度计在650nm下，用试样空白调整零点，测定其吸光度。

6. 结果计算

试样中磷脂含量按式（3-7）计算：

$$X=\frac{P}{m}\times\frac{V_1}{V_2}\times 26.31 \tag{3-7}$$

式中 X——磷脂含量，mg/g；

P——标准曲线查得的被测液的含磷量，mg；

m——试样质量，g；

V_1——样品灰化后稀释的体积，mL；

V_2——比色时所取的被测液的体积，mL；

26.31——每毫克磷相当于磷脂的毫克数。

当被测液的吸光度值大于0.8时，需适当减少吸取被测液的体积，以保证被测液的吸光度值在0.8以下。

每份样品应平行测试两次，平行试样测定的结果符合精密度要求时，取其平均值作为结果，计算结果保留小数点后三位。

八、植物油脂肪酸含量的测定（GB 5009.168—2016）

1. 适用范围

本测定方法适用于毛细管柱气相色谱内标法测定食品中总脂肪、饱和脂肪酸、不饱和脂肪酸。

水解-提取法适用于食品中脂肪酸含量的测定；酯交换法适用于游离脂肪酸含量不大2%的油脂样品的脂肪酸含量测定。

2. 原理

（1）水解-提取法

加入内标物的试样经水解，乙醚溶液提取其中的脂肪后，在碱性条件下皂化和甲酯化，生成脂肪酸甲酯，经毛细管柱气相色谱分析，内标法定量测定脂肪酸甲酯含量。依据各种脂肪酸甲酯含量和转换系数计算出总脂肪、饱和脂肪酸、单不饱和脂肪酸、多不饱和脂肪酸含量。动植物油脂试样不经脂肪提取，加入内标物后直接进行皂化和脂肪酸甲酯化。

（2）酯交换法

将油脂溶解在异辛烷中，加入内标物后，加入氢氧化钾甲醇溶液通过酯交换甲酯化，反应完全后，用硫酸氢钠中和剩余的氢氧化钾，以避免甲酯皂化。

3. 试剂和材料

（1）试剂

① 盐酸（HCl）。

② 氨水（$NH_3 \cdot H_2O$）。

③ 焦性没食子酸（$C_6H_6O_3$）。

④ 乙醚（$C_4H_{10}O$）。

⑤ 石油醚：沸程3.0～60℃。

⑥ 乙醇（C_2H_6O）（95%）。

⑦ 甲醇（CH_3OH）：色谱纯。

⑧ 氢氧化钠（NaOH）。

⑨ 正庚烷［$CH_3(CH_2)_5CH_3$］：色谱纯。

⑩ 三氟化硼甲醇溶液，浓度为15%。

⑪ 无水硫酸钠（Na_2SO_4）。

⑫ 氯化钠（NaCl）。

⑬ 异辛烷［$(CH_3)_2CHCH_2C(CH_3)_3$］：色谱纯。

⑭ 硫酸氢钠（$NaHSO_4$）。

⑮ 氢氧化钾（KOH）。

（2）试剂配制

① 盐酸溶液（8.3mol/L）：量取250mL盐酸，用110mL水稀释，混匀，室温下可放置2个月。

② 乙醚-石油醚混合液（1+1）：取等体积的乙醚和石油醚，混匀备用。

③ 氢氧化钠甲醇溶液（2%）：取2g氢氧化钠溶解在100mL甲醇中，混匀。

④ 饱和氯化钠溶液：称取 360g 氯化钠溶解于 1.0L 水中，搅拌溶解，澄清备用。

⑤ 氢氧化钾甲醇溶液（2mol/L）：将 13.1g 氢氧化钾溶于 100mL 无水甲醇中，可轻微加热，加入无水硫酸钠干燥，过滤，即得澄清溶液。

（3）标准品

① 十一碳酸甘油三酯（$C_{36}H_{68}O_6$；CAS 号：13552-80-2）。

② 混合脂肪酸甲酯标准品。

③ 单脂肪酸甲酯标准品。

（4）标准溶液配制

① 十一碳酸甘油三酯内标溶液（5.00mg/mL）：准确称取 2.5g（精确至 0.1mg）十一碳酸甘油三酯至烧杯中，加入甲醇溶解，移入 500mL 容量瓶后用甲醇定容，在冰箱中冷藏可保存 1 个月。

② 混合脂肪酸甲酯标准溶液：取出适量脂肪酸甲酯混合标准移至到 10mL 容量瓶中，用正庚烷稀释定容，储存于−10℃以下冰箱，有效期 3 个月。

③ 单脂肪酸甲酯标准溶液：将单脂肪酸甲酯分别从安瓿瓶中取出转移到 10mL 容量瓶中，用正庚烷冲洗安瓿瓶，再用正庚烷定容，分别得到不同脂肪酸甲酯的单标溶液，储存于−10℃以下冰箱，有效期 3 个月。

4. 仪器设备

① 匀浆机或实验室用组织粉碎机或研磨机。

② 气相色谱仪：具有氢火焰离子检测器（FID）。

③ 毛细管色谱柱：聚二氰丙基硅氧烷强极性固定相，柱长 100m，内径 0.25mm，膜厚 0.2μm。

④ 恒温水浴：控温范围 40～100℃，控温±1℃。

⑤ 分析天平：感量 0.1mg。

⑥ 旋转蒸发仪。

5. 分析步骤

（1）试样的制备

在采样和制备过程中，应避免试样污染。固体或半固体试样使用组织粉碎机或研磨机粉碎，液体试样用匀浆机打成匀浆于−18℃以下冷冻保存，分析用时将其解冻后使用。

（2）试样前处理

① 水解-提取法。称取均匀试样 0.1～10g（精确至 0.1mg，约含脂肪 100～200mg）移入到 250mL 平底烧瓶中，准确加入 2.0mL 十一碳酸甘油三酯内标溶液。加入约 100mg 焦性没食子酸，加入几粒沸石，再加入 2mL 95%乙醇和 4mL 水，混匀。

在脂肪提取物中加入 2%氢氧化钠甲醇溶液 8mL，连接回流冷凝器，(80±1)℃水浴上回流，直至油滴消失。从回流冷凝器上端加入 7mL 15%三氟化硼甲醇溶液，在（80±1)℃水浴中继续回流 2min。用少量水冲洗回流冷凝器。停止加热，从水浴上取下烧瓶，迅速冷却至室温。

准确加入 10～30mL 正庚烷，振摇 2min，再加入饱和氯化钠水溶液，静置分层。吸取上层正庚烷提取液大约 5mL，至 25mL 试管中，加入大约 3～5g 无水硫酸钠，振摇 1min，静置 5min，吸取上层溶液到进样瓶中待测定。

② 酯交换法。适用于游离脂肪酸含量不大于 2%的油脂样品。

a. 试样称取。称取试样 60.0mg 至具塞试管中，精确至 0.1mg，准确加入 2.0mL 内标溶液。

b. 甲酯制备。加入 4mL 异辛烷溶解试样，必要时可以微热，试样溶解后加入 200μL 氢氧化钾甲醇溶液，盖上玻璃塞猛烈振摇 30s 后静置至澄清。加入约 1g 硫酸氢钠，猛烈振摇，中和氢氧化钾。待盐沉淀后，将上层溶液移至上机瓶中，待测。

(3) 测定

① 色谱参考条件。取单脂肪酸甲酯标准溶液和脂肪酸甲酯混合标准溶液分别注入气相色谱仪，对色谱峰进行定性。

a. 毛细管色谱柱：聚二氰丙基硅氧烷强极性固定相，柱长 100m，内径 0.25mm，膜厚 0.2μm。

b. 进样器温度：270℃。

c. 检测器温度：280℃。

d. 程序升温：初始温度 100℃，持续 13min；100～180℃，升温速率 10℃/min，保持 6min；180～200℃，升温速率 1℃/min，保持 20min；200～230℃，升温速率 4℃/min，保持 10.5min。

e. 载气：氮气。

f. 分流比：100∶1。

g. 进样体积：1.0μL。

h. 检测条件应满足理论塔板数（n）至少 2000/m，分离度（R）至少 1.25。

② 试样测定。在上述色谱条件下将脂肪酸标准测定液及试样测定液分别注入气相色谱仪，以色谱峰峰面积定量。

6. 结果计算

(1) 试样中单脂肪酸甲酯含量

试样中单脂肪酸甲酯含量按式（3-8）计算：

$$X_i = F_i \times \frac{A_i}{A_{C_{11}}} \times \frac{\rho_{C_{11}} V_{C_{11}} \times 1.0067}{m} \times 100 \tag{3-8}$$

式中 X_i——试样中脂肪酸甲酯 i 含量，g/100g；

F_i——脂肪酸甲酯 i 的响应因子；

A_i——试样中脂肪酸甲酯 i 的峰面积；

$A_{C_{11}}$——试样中加入的内标物十一碳酸甲酯峰面积；

$\rho_{C_{11}}$——十一碳酸甘油三酯浓度，mg/mL；

$V_{C_{11}}$——试样中加入十一碳酸甘油三酯体积，mL；

1.0067——十一碳酸甘油三酯转化成十一碳酸甲酯的转换系数；

m——试样的质量，mg；

100——将含量转换为每 100g 试样中含量的系数。

脂肪酸甲酯 i 的响应因子 F_i 按式（3-9）计算：

$$F_i = \frac{\rho_{si} A_{11}}{A_{si} \rho_{11}} \tag{3-9}$$

式中 F_i——脂肪酸甲酯 i 的响应因子；

ρ_{si}——混标中各脂肪酸甲酯 i 的浓度，mg/mL；

A_{11}——十一碳酸甲酯峰面积；

A_{si}——脂肪酸甲酯 i 的峰面积；

ρ_{11}——混标中十一碳酸甲酯浓度，mg/mL。

(2) 试样中饱和脂肪酸含量

试样中饱和脂肪酸含量按式(3-10)计算，试样中单饱和脂肪酸含量按式(3-11)计算：

$$X_{\text{Saturated Fat}} = \sum X_{\text{SFAi}} \tag{3-10}$$

$$X_{\text{SFAi}} = X_{\text{FAMEi}} F_{\text{FAMEi-FAi}} \tag{3-11}$$

式中 $X_{\text{Saturated Fat}}$——饱和脂肪酸含量，g/100g；

X_{SFAi}——单饱和脂肪酸含量，g/100g；

$X_{\text{FAME i}}$——单饱和脂肪酸甲酯含量，g/100g；

$F_{\text{FAMEi-FAi}}$——脂肪酸甲酯转化成脂肪酸的系数。

(3) 试样中单不饱和脂肪酸含量

试样中单不饱和脂肪酸含量（$X_{\text{Mono-UnsaturatedFat}}$）按式(3-12)计算，试样中每种单不饱和脂肪酸甲酯含量按式(3-13)计算：

$$X_{\text{Mono-UnsaturatedFat}} = \sum X_{\text{MUFAi}} \tag{3-12}$$

$$X_{\text{MUFAi}} = X_{\text{FAMEi}} F_{\text{FAMEi-Fai}} \tag{3-13}$$

式中 $X_{\text{Mono-UnsaturatedFat}}$——试样中单不饱和脂肪酸含量，g/100g；

X_{MUFAi}——试样中每种单不饱和脂肪酸含量，g/100g；

X_{FAMEi}——每种单不饱和脂肪酸甲酯含量，g/100g；

$F_{\text{FAMEi-FAi}}$——脂肪酸甲酯 i 转化成脂肪酸的系数。

(4) 试样中多不饱和脂肪酸含量

试样中多不饱和脂肪酸含量（$X_{\text{Poly-UnsaturatedFat}}$）按式(3-14)计算，每种多不饱和脂肪酸含量按式(3-15)计算：

$$X_{\text{Poly-UnsaturatedFat}} = \sum X_{\text{PUFAi}} \tag{3-14}$$

$$X_{\text{PUFAi}} = X_{\text{FAMEi}} F_{\text{FAMEi - FAi}} \tag{3-15}$$

式中 $X_{\text{Poly-UnsaturatedFat}}$——试样中多不饱和脂肪酸含量，g/100g；

X_{PUFAi}——试样中每种多不饱和脂肪酸含量，g/100g；

X_{FAMEi}——每种多不饱和脂肪酸甲酯含量，g/100g；

$F_{\text{FAMEi-FAi}}$——脂肪酸甲酯转化成脂肪酸的系数。

(5) 试样中总脂肪含量

试样中总脂肪含量按式(3-16)计算：

$$X_{\text{TotalFat}} = \sum X_{\text{i}} F_{\text{FAMEi-TGi}} \tag{3-16}$$

式中 X_{TotalFat}——试样中总脂肪含量，g/100g；

X_{i}——试样中每种脂肪酸甲酯 i 含量，g/100g；

$F_{\text{FAMEi-TGi}}$——脂肪酸甲酯 i 转化成甘油三酯的系数。

结果保留三位有效数字。

本章小结

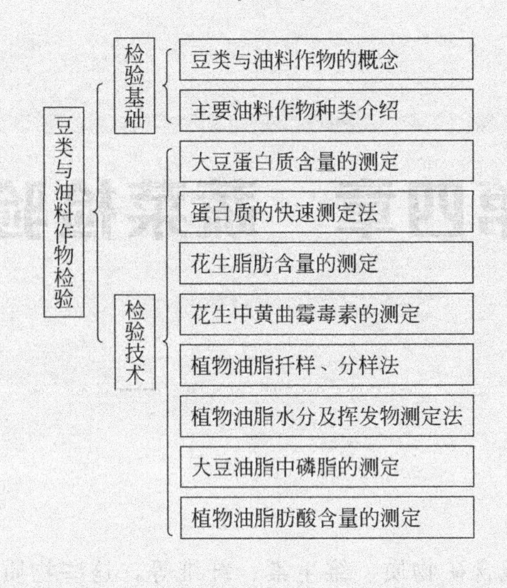

复习思考题

1. 脂类测定最常用哪些提取剂？各有什么优缺点？
2. 试述索氏提取法测定脂肪的原理、方法要点，测定时应注意哪些事项？
3. 为什么凯氏定氮法测定出的食品中蛋白质含量为粗蛋白含量？
4. 蛋白质蒸馏装置的水蒸气发生器中的水为何要用硫酸调成酸性？
5. 当选择蛋白质测定方法时，哪些因素是必须考虑的？
6. 用什么方法可对油料作物中的蛋白质含量进行快速分析？
7. 在消化过程中加入硫酸铜试剂有哪些作用？
8. 植物油脂取样时应该注意哪些问题？
9. 测定植物油脂中的挥发物用到哪些仪器？
10. 什么是油脂的相对密度？
11. 测定油脂杂质有何意义？
12. 油脂中含有哪些杂质？
13. 为什么要对油脂进行加热实验的测定？
14. 什么是油脂酸败？
15. 酸值的定义是什么？

第四章　蔬菜检验

蔬菜的营养物质主要包含矿物质、维生素、纤维等，这些物质的含量越高，蔬菜的营养价值也越高。此外，蔬菜中的水分和膳食纤维的含量也是重要的营养品质指标。通常，水分含量高、膳食纤维少的蔬菜鲜嫩度较好，其食用价值也较高。但从保健的角度来看，膳食纤维也是一种必不可少的营养素。蔬菜的营养素不可低估，1990 年国际粮农组织统计人体必需的维生素 C 的 90%、维生素 A 的 60%均来自蔬菜，可见蔬菜对人类健康的贡献是巨大的。此外，蔬菜中还有多种植物化学物质是被公认的对人体健康有益的成分，如类胡萝卜素、二丙烯化合物、甲基硫化合物等，许多蔬菜还含有独特的微量元素，对人体具有特殊的保健功效。但同时，农业产业化的发展使农产品的生产越来越依赖于农药等农业投入品。我国农产品的农药用量居高不下，而这些物质的不合理使用必将导致农产品中的农药残留超标，影响消费者食用安全。农药残留超标也会影响农产品的贸易，世界各国对农药残留问题高度重视，对各种农副产品中农药残留都有了越来越严格的限量标准，使中国农产品出口面临严峻的挑战。因此，近年来，农产品质量安全检测越来越受到政府重视和民众关注，成为重要的民生实事。

第一节　蔬菜检验基础知识

蔬菜检验主要包括营养成分检测和有毒有害残留物检测。蔬菜中的主要营养成分包括纤维、维生素和矿物质，不同蔬菜的营养成分也不同。蔬菜中有毒有害残留物检测主要是农药残留的检测。农药残留分析是在复杂的基质中对目标化合物进行鉴别和定量。农药残留的一般分析过程为提取→净化→检测。经典的农药残留分析步骤通常是：水溶性溶剂提取→液液再分配→固相吸附柱净化→气相或液相类色谱检测。其中提取和净化是前处理部分，样品前处理不仅要求尽可能完全提取其中的待测组分，还要尽可能除去与目标物同时存在的杂质，避免对色谱柱和检测器产生污染，减少对检测结果的干扰，提高检测的灵敏度和准确性。因此，提取、净化是农药残留分析过程中一个十分重要的前处理步骤，其好坏直接影响到分析结果的正确性和可靠性。

一、蔬菜概念

蔬菜是指可以直接食用或烹饪成为食品的一类植物或菌类，蔬菜是人们日常饮食中必不可少的食物之一。蔬菜可提供人体所必需的多种维生素和矿物质等营养物质。

二、主要蔬菜种类

蔬菜种类常见分类包括“植物学分类法”“食用（产品）器官分类法”“农业生物学分类法”。

1. 植物学分类

我国普遍栽培的蔬菜虽约有 20 多个科，但常见的一些种类或变种主要集中在 8 大科。

① 十字花科：包括萝卜、芜菁、白菜（含大白菜、白菜亚种）、甘蓝（含结球甘蓝、苤蓝、花椰菜、青花菜等变种）、芥菜（含根介菜、雪里蕻变种）等。

② 伞形科：包括芹菜、胡萝卜、小茴香、芫等。

③ 茄科：包括番茄、茄子、辣椒（含甜椒变种）。

④ 葫芦科：包括黄瓜、西葫芦、南瓜、笋瓜、冬瓜、丝瓜、瓠瓜、苦瓜、佛手瓜以及西瓜、甜瓜等。

⑤ 豆科：包括菜豆（含矮生菜豆、蔓生菜豆变种）、豇豆、豌豆、蚕豆、毛豆（即大豆）、扁豆、刀豆等。

⑥ 百合科：包括韭菜、大葱、洋葱、大蒜、韭葱、金针菜（即黄花菜）、石刁柏（芦笋）、百合等。

⑦ 菊科：包括莴苣（含结球莴苣、皱叶莴苣变种）、莴笋、茼蒿、牛蒡、菊芋、朝鲜蓟等。

⑧ 藜科：包括菠菜、甜菜（含根甜菜、叶甜菜变种）等。

2. 食用（产品）器官分类

(1) 根菜类（以肥大的根部为产品器官的蔬菜）

① 肉质根。以种子胚根生长肥大的主根为产品，如萝卜、胡萝卜、根用芥菜、芜菁甘蓝、芜菁、辣根、美洲防风等。

② 块根类。以肥大的侧根或营养芽为产品，如牛蒡、豆薯、甘薯、葛等。

(2) 茎菜类（以肥大的茎部为产品的蔬菜）

① 肉质茎类。以肥大的地上茎为产品，有莴笋、茭白、茎用芥菜、球茎甘蓝（苤蓝）等。

② 嫩茎类。以萌发的嫩芽为产品，如石刁柏、竹笋、香椿等。

③ 块茎类。以肥大的块茎为产品，如马铃薯、菊芋、草石蚕、银条菜等。

④ 根茎类。以肥大的根茎为产品，如莲藕、姜、襄荷等。

⑤ 球茎类。以地下的球茎为产品，如慈姑、芋、荸荠等。

(3) 叶菜类（以鲜嫩叶片及叶柄为产品的蔬菜）

① 普通叶菜类。小白菜、叶用芥菜、乌塌菜、薹菜、芥蓝、荠菜、菠菜、苋菜、番杏、叶用甜菜、莴苣、茼蒿、芹菜等。

② 结球叶菜类。结球甘蓝、大白菜、结球莴苣、包心芥菜等。

③ 辛香叶菜类。大葱、韭菜、分葱、茴香、芫荽等。

④ 鳞茎类。由叶鞘基部膨大形成鳞茎，如洋葱、大蒜、胡葱、百合等。

(4) 花菜类

花菜类是以花器或肥嫩的花枝为产品，如金针菜、朝鲜蓟、花椰菜、紫菜薹、芥蓝等。

(5) 果菜类（以果实及种子为产品）

① 瓠果类。南瓜、黄瓜、西瓜、甜瓜、冬瓜、丝瓜、苦瓜、蛇瓜、佛手瓜等。

② 浆果类。番茄、辣椒、茄子。

③ 荚果类。菜豆、豇豆、刀豆、豌豆、蚕豆、毛豆等。

④ 杂果类。甜玉米、草莓、菱角、秋葵等。

3. 农业生物学分类

蔬菜按农业生物学分类可分为瓜类、绿叶类、茄果类、白菜类、块茎类、真根类、葱蒜类、甘蓝类、豆荚类、多年生菜类、水生菜类、菌类、其他类。

4. 等级分类

(1) 有机蔬菜

有机蔬菜是指来自于有机农业生产体系，根据国际有机农业的生产技术标准生产出来的，经独立的有机食品认证机构认证允许使用有机食品标志的蔬菜。有机蔬菜在整个的生产过程中都必须按照有机农业的生产方式进行，也就是在整个生产过程中必须严格遵循有机食品的生产技术标准，即生产过程中完全不使用农药、化肥、生长调节剂等化学物质，不使用基因工程技术，同时还必须经过独立的有机食品认证机构全过程的质量控制和审查。所以有机蔬菜的生产必须按照有机食品的生产环境质量要求和生产技术规范来生产，以保证它的无污染、低能耗和高质量的特点。

(2) 绿色蔬菜

按照绿色食品的概念，绿色蔬菜是指遵循可持续发展的原则，在产地生态环境良好的前提下，按照特定的质量标准体系生产，并经专门机构认定，允许使用绿色食品标志的无污染的安全、优质、营养类蔬菜的总称。

(3) 无公害蔬菜

所谓无公害蔬菜是指蔬菜中有害物质（如农药残留、重金属、亚硝酸盐等）的含量，控制在国家规定的允许范围内，人们食用后对人体健康不造成危害的蔬菜，指产地生态环境清洁，按照特定的技术操作规程生产，将有害物含量控制在规定标准内，并由授权部门审定批准，允许使用无公害标志的食品。无公害蔬菜适合我国当前的农业生产发展水平和国内消费者的需求，对于多数生产者来说，达到这一要求不是很难。当代农产品生产需要由普通农产品发展到无公害农产品，再发展至绿色食品或有机食品，绿色食品跨接在无公害食品和有机食品之间，无公害食品是绿色食品发展的初级阶段，有机食品是质量更高的绿色食品。

本部分蔬菜名称依据 GB/T 8854—1988 蔬菜名称进行。

第二节　蔬菜检验方法

一、新鲜蔬菜的取样方法

1. 取样的一般要求

新鲜的蔬菜样品不论进行现场常规鉴定还是送实验室做品质安全检测，一般要求随机取样。在某些特殊情况下，例如，为了查明混入的其他品种或者任意类型的混杂，允许进行选择取样，取样之前要明确取样的目的，即明确样品的鉴定性质。抽取混合样本，不能以单株（或单个果实）作为检测样本。抽样过程中，应及时、准确记录抽样的相关信息。所抽样本应经被抽单位或个人确认，生产地抽样时应调查蔬菜生产、管理情况，市场抽样应调查蔬菜来源或产地。

采集的货物样品，应能充分代表该批量货物的全部特征。从样品中剔除损坏的部分（箱、袋等），损坏和未损坏部分的样品分别采集。

2. 取样准备

① 抽样前应制定抽样方案。

② 应事先准备好抽样袋、保鲜袋、纸箱、标签、封条（如需要）等抽样用具，并保证这些用具洁净、干燥、无异味，不会对样本造成污染。抽样过程不应受雨水、灰尘等环境的污染。

③ 抽样人员应不少于2人。抽样人员应持个人有效证件（身份证、工作证等）、抽查文件、记录本、抽样单和调查表等。

3. 取样时间

（1）生产地

根据不同品种在其种植区域的成熟期来确定，蔬菜取样应安排在蔬菜成熟期或蔬菜即将上市前进行。

（2）批发市场

宜在批发或交易高峰时期取样。

（3）农贸市场和超市

宜在抽取批发市场之前进行。

4. 取样方法

（1）生产地

当蔬菜种植面积小于$10hm^2$（$1hm^2=10^4m^2$）时，每$1\sim3hm^2$设为一个抽样单元；当蔬菜种植面积大于$10hm^2$，每$3\sim5hm^2$设为一个抽样单元。当在设施栽培的蔬菜大棚中抽样时，每个大棚为一个抽样单元。每个抽样单元内根据实际情况按对角线法、梅花点法、棋盘式法、蛇形法等方法采取样本，每个抽样单元内抽样点不应少于5个，每个抽样点面积为$1m^2$左右，随机抽取该范围内的蔬菜作为检测用样本。

生产地取样一般每个样本取样量不低于3kg，单个个体大于0.5kg时，抽取样本不少于10个个体，单个个体大于1kg时，抽取样本不少于5个个体。取样时，应除去泥沙、黏附物及明显腐烂和萎蔫部分。

（2）批发市场

① 批量货物的取样准备。批量货物取样，要求及时，每批货物要单独取样。如果由于运输过程发生损坏，其损坏部分（盒子、袋子等）必须与完成部分隔离，并进行单独取样。如果认为货物不均匀，除贸易双方另行磋商外，应当把正常部分单独分出来，并从每一批中取样鉴定。

② 抽检货物的取样准备。抽检货物要从批量货物的不同位置和不同层次进行随机取样。

a. 包装产品。堆垛取样时，在堆垛两侧的不同部位上、中、下或四角抽取相应数量的样本。对有包装的产品（木箱、纸箱、袋装等），按照表4-1随机取样。

表 4-1 抽检货物的取样件数

批量货物中同类包装货物件数	抽检货物取样件数
≤100	5
101～300	7
301～500	9
501～1000	10
≥1000	15(最低限度)

b. 散装产品。应视堆高不同从上、中、下分层取样，每层从中心及四周五点取样。取样量与货物的总量相适应，每批货物至少取 5 个抽检货物。散装产品抽检货物总量或货物包装的总数量按照表 4-2 抽取。在蔬菜或水果个体较大情况下（大于 2kg/个），抽检货物至少由 5 个个体组成。

表 4-2 抽检货物的取样量

批量货物的总量(kg)或总件数	抽检货物总量(kg)或总件数
≤200	10
201～300	20
501～1000	30
1001～5000	60
≥5000	100(最低限度)

③ 农贸市场和超市。同一蔬菜样本应从同一摊位抽取。

(3) 填写抽样单

抽样人员要与被检单位代表共同确认样本的真实性和代表性，抽样完成后，要现场填写抽样单，抽样单一式三份，由抽样人员和被检单位代表共同签字或加盖公章，一份交被检单位，一份随样品，一份由抽样人员带回。

5. 样本的封存和运输

(1) 样本的封存

样本封存前要将“随样品”的抽样单一并放在袋内，将样本封存，粘好封条，要求标明封样时间，封条应由双方代表共同签字。

(2) 样本的运输

样本应在 24h 内运送到实验室，否则应将样本冷冻后运输。原则上不准邮寄和托运，应由抽样人员随身携带。在运输过程中应避免样本变质、受损或遭受污染。

6. 样本缩分

(1) 场所

场所应通风、整洁、无扬尘、无易挥发化学物质。

(2) 混合样品或缩分样品的制备

混合样品的制备：混合样品必须集合所有抽检货样品，尽可能将样品混合均匀。缩分样品通过缩分混合样品获得。

对混合货样或缩分样品，应当现场检测。为了避免受检样品的性状发生某种变化，取样之后应当尽快完成检验工作。

二、大白菜总灰分及水溶性灰分碱度的测定

1. 定义

① 总灰分：按照本方法规定的条件，灼烧100g试样所得残灰的质量（g）。

② 总灰分的碱度：按照本方法规定的条件，中和100g试样所得的灰分所需的酸，以毫克当量计。

③ 水溶性灰分的碱度：按照本方法规定的条件，中和100g试样所得的灰分水浸出物所需的酸，以毫克当量计。

总灰分和水溶性灰分的碱度也可以按碱指数表示。

④ 碱指数：按照本标准规定的条件，中和从试样中所得的1g灰分所需的0.1mol/L酸溶液的体积（mL）。

2. 原理

① 总灰分：在（525±25）℃下用灼烧重量法测定。

② 总灰分的碱度：在（525±25）℃下灰化制品，加过量的硫酸标准溶液，然后在指示剂存在的情况下，用氢氧化钠标准溶液反滴定。

③ 水溶性灰分的碱度：在（525±25）℃下灰化制品，用热水浸出灰分，然后在指示剂的存在下用硫酸标准溶液中和水浸出物。

3. 试剂与仪器

全部试剂均为分析纯，均用不含二氧化碳的蒸馏水配制。

① $c(1/2H_2SO_4)=0.1$mol/L硫酸标准溶液。

② 0.1mol/L氢氧化钠标准溶液。

③ 指示剂：加10g/L甲基蓝溶液4mL于100mL的1g/L甲基橙溶液中。

④ 坩埚：30～50mL的石英坩埚或瓷坩埚（一次性使用）。

⑤ 马福炉（muffle furnace）。

4. 检测过程

（1）总灰分的测定

① 坩埚的恒重。用稀盐酸（1+4）将坩埚煮1～2h，洗净置于马福炉内（525±25）℃下灼烧30min，待炉温降至200℃以下时，将坩埚移入干燥器中，冷却至室温称重，准确至0.0001g，重复灼烧至恒重。

② 试样的制备。均匀地混合实验室样品。如样品经密闭冷冻保存，则必须令其解冻，温度回升至室温后均匀取样。

③ 试验部分。称新鲜大白菜5.10g，称准至0.001g，置于一预先恒重的坩埚内。

④ 炭化。以小火加热使样品充分炭化至无烟。

⑤ 灰化。将炭化完全的试样放入马弗炉中，于（525±25）℃下灰化直至无炭化物残留为止。待炉温降至200℃以下时，将坩埚移入干燥器中，冷却至室温称重，称准至0.0001g，重复灼烧至恒重。

（2）灰分碱度的测定

① 总灰分碱度的测定。准确吸取约10～15mL的硫酸标准溶液处理灰化中所得的灰分，定量地移入200mL的锥形瓶中，用少量热水漂洗坩埚，在电热板上煮沸加液至透明，然后冷却至室温，加2滴混合指示剂，用氢氧化钠标准溶液滴定至溶液由浅紫色变为橙黄色。

② 水溶性灰分的碱度。加约 20mL 热水于灰化所得的灰分中，全部移入一漏斗中的毯纸内，然后用少量热水洗涤滤纸上的残留物，将洗涤液并入滤液，待滤液冷却后加 2 或 3 滴混合指示剂，用硫酸标准溶液滴定至溶液由橙黄色变为浅紫色。

5. 结果表示

(1) 计算方法和公式

① 总灰分。以灼烧 100g 试样所得的灰分质量表示：

$$X=\frac{m_1}{m}\times 100 \tag{4-1}$$

式中 X——总灰分，%；

m_1——试样灰化后所得灰分的质量 g；

m——试样的质量，g。

② 总灰分的碱度

a. 总灰分的碱度。以 100g 试样中的毫克当量数表示，按下式计算：

$$A=(N_1V_1-N_2V_2)\times\frac{100}{m} \tag{4-2}$$

b. 总灰分的碱指数。以每克灰分所需的 0.1mol/L 酸溶液的体积（mL）表示，按下式计算：

$$n=(N_1V_1-N_2V_2)\times\frac{1}{m_1} \tag{4-3}$$

式中 A——总灰分的碱度，毫克当量；

n——总灰分的碱指数；

N_1——硫酸标准溶液的浓度；

V_1——在“总灰分碱度的测定”中所加的硫酸标准溶液的体积，mL；

N_2——氢氧化钠标准溶液的物质的量浓度；

V_2——在“总灰分碱度的测定”中所加的氢氧化钠标准溶液的体积，mL；

m——试样的质量，g；

m_1——试样灰化后所得灰分的质量，g。

③ 水溶性灰分的碱度

a. 水溶性灰分的碱度。以 100g 试样中毫克当量数表示，按下式计算：

$$A_w=N_1V_1'\times\frac{1}{m'} \tag{4-4}$$

b. 水溶性灰分的碱指数。以每克灰分的 0.5mol/L 酸溶液的毫升数表示，按下式计算：

$$n_w=N_1V_1'\times\frac{1}{m_1'} \tag{4-5}$$

式中 A_w——水溶性灰分的碱度；

n_w——水溶性灰分的碱指数；

N_1——硫酸标准溶液的物质的量浓度；

V_1'——在“水溶性灰分的碱度”中所加入的硫酸标准溶液的体积，mL；

m'——试样的质量，g；

m_1'——试样灰化后所得灰分的质量，g。

液体样品的结果以 100mL 试样中的含量表示。

若符合重复性的要求，取两次测定的算术平均值作为结果。结果保留到小数点后二位。

(2) 重复性

同一分析者同时或相继两次测定的结果的相对误差均不超过5%。

本标准中的恒重要求均为两次测定之差不超过0.0005g。

三、芹菜中粗纤维的测定（GB/T 5009.10—2003）

1. 原理

芹菜试样在硫酸作用下，试样中的糖、淀粉、果胶质和半纤维素经水解除去后，再用碱处理，除去蛋白质及脂肪酸，剩余的残渣为粗纤维。如其中含有不溶于酸碱的杂质，可灰化后除去。

2. 试剂

① 1.25%硫酸。

② 1.25%氢氧化钾溶液。

③ 石棉：加5%氢氧化钠溶液浸泡石棉，在水浴上回流8h以上，再用热水充分洗涤，然后用20%盐酸在沸水浴上回流8h以上，再用热水充分洗涤，干燥，在600～700℃中灼烧后，加水成为混悬物，储存于玻塞瓶中。

3. 分析步骤

① 称取20～30g捣碎的芹菜试样（或5.0g干试样），移入500mL锥形瓶中，加入200mL煮沸的1.25%硫酸，加热使微沸，保持体积恒定，维持30min，每隔5min摇动锥形瓶一次，以充分混合瓶内的物质。

② 取下锥形瓶，立即用亚麻布过滤后，用沸水洗涤至洗液不呈酸性。

③ 再用200mL煮沸的1.25%氢氧化钾溶液，将亚麻布上的存留物洗入原锥形瓶内，加热微沸30min后，取下锥形瓶，立即以亚麻布过滤，以沸水洗涤2～3次后，移入已干燥称量的G2垂融坩埚或同型号的垂融漏斗中，抽滤，用热水充分洗涤后，抽干。再依次用乙醇和乙醚洗涤一次。将坩埚和内容物在105℃烘箱中烘干后称量，重复操作，直至恒量。

如试样中含有较多的不溶性杂质，则可将试样移入石棉坩埚，烘干称量后，再移入550℃高温炉中灰化，使含碳的物质全部灰化，置于干燥器内，冷却至室温称量，所损失的量即为粗纤维量。

④ 结果按式（4-6）进行计算。

$$X=\frac{G}{m}\times 100\% \tag{4-6}$$

式中 X——试样中粗纤维的含量；

G——残余物的质量（或经高温炉损失的质量），g；

m——试样的质量，g；

计算结果表示到小数点后一位。

4. 精密度

在重复性条件下获得的两次独立测定结果的绝对差值不得超过算术平均值的10%。

四、蔬菜中维生素C含量的测定

1. 原理

染料2,6-二氯靛酚的颜色反应表现两种特性，一是取决于其氧化还原状态，氧化态为深蓝色，还原态变为无色，二是受其介质的酸度影响，在碱性溶液中呈深蓝色，在酸性介质中呈浅红色。

用蓝色的碱性染料标准溶液，对含维生素C的酸性浸出液进行氧化还原滴定，染料被还原为无色，当到达滴定终点时，多余的染料在酸性介质中则表现为浅红色，由染料用量计算样品中还原型抗坏血酸的含量。

2. 仪器设备

① 高速组织捣碎机：8000～12000r/min。

② 分析天平。

③ 滴定管：25mL、10mL。

④ 容量瓶：100mL、50mL。

⑤ 锥形瓶：100mL、50mL。

⑥ 吸管：10mL、5mL、2mL、1mL。

⑦ 烧杯：250mL、50mL。

⑧ 漏斗。

3. 试剂（凡未加说明者均为分析纯）

(1) 浸提剂

① 偏磷酸：2%溶液（质量浓度）。

② 草酸：2%溶液（质量浓度）。

(2) 抗坏血酸标准溶液（1mg/mL）

称取100mg（准确至0.1mg）抗坏血酸，溶于浸提剂中并稀至100mL，现配现用。

(3) 2.6一二氯靛酚（2,6-二氯靛酚吲哚酚钠盐）溶液

称取碳酸氢钠52mg溶解在200mL热蒸馏水中，然后称取2,6-二氯靛酚50mg溶解在上述碳酸氢钠溶液中。冷却定容至250mL，过滤至棕色瓶内，保存在冰箱中。每次使用前，用标准抗坏血酸标定其滴定度。即吸取1mL抗坏血酸标准溶液于50mL锥形瓶中，加入10mL浸提剂，摇匀，用2,6-二氯靛酚溶液滴定至溶液呈粉红色15s不褪色为止。同时，另取10mL浸提剂做空白试验。

滴定度按式(4-7)计算：

$$\text{滴定度 } T=\frac{cV}{V_1-V_2} \tag{4-7}$$

式中 T——每毫升2,6-二氯靛酚溶液相当于抗坏血酸的毫克数，mg/mL；

c——抗坏血酸的浓度，mg/mL；

V——吸取抗坏血酸的体积，mL；

V_1——滴定抗坏血酸溶液所用2,6-二氯靛酚溶液的体积，mL；

V_2——滴定空白所用2,6-二氯靛酚溶液的体积，mL。

(4) 白陶土（或称高岭土）

白陶土对维生素C无吸附性。

4. 测定步骤

(1) 样液制备

称取具有代表性样品的可食部分100g，放入组织捣碎机中，加100mL浸提剂，迅速捣成匀浆。称10～40g浆状样品，用浸提剂将样品移入100mL容量瓶，并稀释至刻度，摇匀

过滤。若滤液有色，可按每克样品加 0.4g 白陶土脱色后再过滤。

（2）滴定

吸取 10mL 滤液放入 50mL 锥形瓶中，用已标定过的 2,6-二氯靛酚溶液滴定，直至溶液呈粉红色 15s 不褪色为止。同时做空白试验。

5. 结果计算

① 计算公式。维生素 C 含量按式（4-8）计算：

$$维生素C含量=\frac{(V-V_0)TA}{W}\times 100 \tag{4-8}$$

式中 V——滴定样液时消耗染料溶液的体积，mL；

V_0——滴定空白时消耗染料溶液的体积，mL；

T——2,6-二氯靛酚染料滴定度，mg/mL；

A——稀释倍数；

W——样品重量，g。

② 平行测定的结果。用算术平均值表示，取三位有效数字，含量低的保留小数点后两位数字。

③ 平行测定结果的相对相差。在维生素 C 含量大于 20mg/100g 时，不得超过 2%，小于 20mg/100g 时，不得超过 5%。

五、蔬菜中亚硝酸盐的测定

（一）紫外分光光度法

1. 原理

用 pH=9.6～9.7 的氨缓冲液提取样品中硝酸根离子，同时加活性炭去除色素类，加沉淀剂去除蛋白质及其他干扰物质，利用硝酸根离子和亚硝酸根离子在紫外区 219nm 处具有等吸收波长的特性，测定提取液的吸光度，其测得结果为硝酸盐和亚硝酸盐吸光度的总和，鉴于新鲜蔬菜、水果中亚硝酸盐含量甚微，可忽略不计。测定结果为硝酸盐的吸光度，可从工作曲线上查得相应的质量浓度，计算样品中硝酸盐的含量。

2. 试剂和材料

除非另有说明，本方法所用试剂均为分析纯。水为 GB/T 6682—2008 规定的一级水。

（1）试剂

① 盐酸（HCl，ρ=1.19g/mL）。

② 氨水（$NH_3\cdot H_2O$，25%）。

③ 亚铁氰化钾 [$K_4Fe(CN)_6\cdot 3H_2O$]。

④ 硫酸锌（$ZnSO_4\cdot 7H_2O$）。

⑤ 正辛醇（$C_8H_{18}O$）。

⑥ 活性炭（粉状）。

（2）试剂配制

① 氨缓冲溶液（pH=9.6～9.7）：量取 20mL 盐酸，加入到 500mL 水中，混合后加入 50mL 氨水，用水定容至 1000mL，调 pH 值至 9.6～9.7。

② 亚铁氰化钾溶液（150g/L）：称取 150g 亚铁氰化钾溶于水，定容至 1000mL。

③ 硫酸锌溶液（300g/L）：称取 300g 硫酸锌溶于水，定容至 1000mL。

（3）标准品

硝酸钾（KNO_3，CAS 号为 7757-79-1）：基准试剂，或采用具有标准物质证书的硝酸盐标准溶液。

（4）标准溶液配制

① 硝酸盐标准储备液（500mg/L，以硝酸根计）：称取 0.2039g 于 110～120℃干燥至恒重的硝酸钾，用水溶解并转移至 250mL 容量瓶中，加水稀释至刻度，混匀。此溶液硝酸根质量浓度为 500mg/L，于冰箱内保存。

② 硝酸盐标准曲线工作液：分别吸取 0mL、0.2mL、0.4mL、0.6mL、0.8mL、1.0mL 和 1.2mL 硝酸盐标准储备液于 50mL 容量瓶中，加水定容至刻度，混匀。此标准系列溶液硝酸根质量浓度分别为 0mg/L、2.0mg/L、4.0mg/L、6.0mg/L、8.0mg/L、10.0mg/L 和 12.0mg/L。

3. 仪器和设备

① 紫外分光光度计。

② 分析天平：感量 0.01g 和 0.0001g。

③ 组织捣碎机。

④ 可调式往返振荡机。

⑤ pH 计：精度为 0.01。

4. 分析步骤

（1）试样制备

选取一定数量有代表性的样品，先用自来水冲洗，再用水清洗干净，晾干表面水分，用四分法取样，切碎，充分混匀，于组织捣碎机中匀浆（部分少汁样品可按一定质量比例加入等量水），在匀浆中加 1 滴正辛醇消除泡沫。

（2）提取

称取 10g（精确至 0.01g）匀浆试样（如制备过程中加水，应按加水量折算）于 250mL 锥形瓶中，加水 100mL，加入 5mL 氨缓冲溶液（pH=9.6～9.7）、2g 粉末状活性炭，振荡（往复速度为 200 次/min）30min。定量转移至 250mL 容量瓶中，加入 2mL 150g/L 亚铁氰化钾溶液和 2mL 300g/L 硫酸锌溶液，充分混匀，加水定容至刻度，摇匀，放置 5min，上清液用定量滤纸过滤，滤液备用。同时做空白实验。

（3）测定

根据试样中硝酸盐含量的高低，吸取上述滤液 2～10mL 于 50mL 容量瓶中，加水定容至刻度，混匀。用 1cm 石英比色皿，于 219nm 处测定吸光度。

（4）标准曲线的制作

将标准曲线工作液用 1cm 石英比色皿，于 219nm 处测定吸光度。以标准溶液质量浓度为横坐标，吸光度为纵坐标绘制工作曲线。

5. 结果计算

硝酸盐（以硝酸根计）的含量按式（4-9）计算：

$$X=\frac{\rho V_1 V_3}{m V_2} \tag{4-9}$$

式中　X——试样中硝酸盐的含量，mg/kg；

ρ——由工作曲线获得的试样溶液中硝酸盐的质量浓度，mg/L；

V_1——提取液定容体积，mL；

V_3——待测液定容体积，mL；

m——试样的质量，g；

V_2——吸取的滤液体积，mL。

结果保留 2 位有效数字。

6. 精密度

在重复性条件下获得的两次独立测定结果的绝对差值不得超过算术平均值的 10%。

（二）离子色谱法

1. 原理

采用相应的方法提取和净化，以氢氧化钾溶液为淋洗液，阴离子交换柱分离，电导检测器或紫外检测器检测，保留时间定性，外标法定量。

2. 试剂和材料

除非另有说明，本方法所用试剂均为分析纯，水为 GB/T 6682 规定的一级水。

（1）试剂

① 乙酸（CH_3COOH）。

② 氢氧化钾（KOH）。

（2）试剂配制

① 乙酸溶液（3%）：量取乙酸 3mL 于 100mL 容量瓶中，以水稀释至刻度，混匀。

② 氢氧化钾溶液（1mol/L）：称取 6g 氢氧化钾，加入新煮沸过的冷水溶解，并稀释至 100mL，混匀。

（3）标准品

① 亚硝酸钠（$NaNO_2$，CAS 号为 7632-00-0）：基准试剂，或采用具有标准物质证书的亚硝酸盐标准溶液。

② 硝酸钠（$NaNO_3$，CAS 号为 7631-99-4）：基准试剂，或采用具有标准物质证书的硝酸盐标准溶液。

（4）标准溶液的制备

① 亚硝酸盐标准储备液（100mg/L，以 NO_2^- 计，下同）：准确称取 0.1500g 于 110～120℃干燥至恒重的亚硝酸钠，用水溶解并转移至 1000mL 容量瓶中，加水稀释至刻度，混匀。

② 硝酸盐标准储备液（1000mg/L，以 NO_3^- 计，下同）：准确称取 1.3710g 于 110～120℃干燥至恒重的硝酸钠，用水溶解并转移至 1000mL 容量瓶中，加水稀释至刻度，混匀。

③ 亚硝酸盐和硝酸盐混合标准中间液：准确移取亚硝酸根离子（NO_2^-）和硝酸根离子（NO_3^-）的标准储备液各 1.0mL 于 100mL 容量瓶中，用水稀释至刻度，每升此溶液含亚硝酸根离子 1.0mg 和硝酸根离子 10.0mg。

④ 亚硝酸盐和硝酸盐混合标准使用液：移取亚硝酸盐和硝酸盐混合标准中间液，加水逐级稀释，制成系列混合标准使用液，亚硝酸根离子浓度分别为 0.02mg/L、0.04mg/L、0.06mg/L、0.08mg/L、0.10mg/L、0.15mg/L、0.20mg/L；硝酸根离子浓度分别为

0.2mg/L、0.4mg/L、0.6mg/L、0.8mg/L、1.0mg/L、1.5mg/L、2.0mg/L。

3. 仪器和设备

（1）离子色谱仪：配电导检测器及抑制器或紫外检测器，高容量阴离子交换柱，50μL定量环。

（2）食物粉碎机。

（3）超声波清洗器。

（4）分析天平：感量为0.1mg和1mg。

（5）离心机：转速≥10000r/min，配50mL离心管。

（6）0.22μm水性滤膜针头滤器。

（7）净化柱：包括C_{18}柱、Ag柱和Na柱或等效柱。

（8）注射器：1.0mL和2.5mL。

注：所有玻璃器皿使用前均需依次用2mol/L氢氧化钾和水分别浸泡4h，然后，用水冲洗3～5次，晾干备用。

4. 分析步骤

（1）试样预处理

将新鲜蔬菜试样用自来水洗净后，用水冲洗，晾干后，取可食部切碎混匀。将切碎的样品用四分法取适量，用食物粉碎机制成匀浆，备用。如需加水应记录加水量。

（2）提取

称取蔬菜试样5g（精确至0.001g，可适当调整试样的取样量），置于150mL具塞锥形瓶中，加入80mL水，1mL1mol/L氢氧化钾溶液，超声提取30min，每隔5min振摇1次，保持固相完全分散。于75℃水浴中放置5min，取出放置至室温，定量转移至100mL容量瓶中，加水稀释至刻度，混匀。溶液经滤纸过滤后，取部分溶液于10000r/min离心15min，上清液备用。

（3）仪器参考条件

① 色谱柱：氢氧化物选择性，可兼容梯度洗脱的二乙烯基苯-乙基苯乙烯共聚物基质，烷醇基季铵盐功能团的高容量阴离子交换柱，4mm×250mm（带保护柱4mm×50mm），或性能相当的离子色谱柱。

② 淋洗液：氢氧化钾溶液，浓度为6～70mmol/L；洗脱梯度为6mmol/L30min，70mmol/L 5min，6mmol/L 5min；流速为1.0mL/min。

③ 抑制器：电导检测器，检测池温度为35℃；或紫外检测器，检测波长为226nm；进样体积为50μL（可根据试样中被测离子含量进行调整）。

（4）测定

① 标准曲线的制作。将标准系列工作液分别注入离子色谱仪中，得到各浓度标准工作液色谱图，测定相应的峰高或峰面积，以标准工作液的浓度为横坐标，以峰高或峰面积为纵坐标，绘制标准曲线。

② 试样溶液的测定。将空白溶液和试样溶液注入离子色谱仪中，得到空白溶液和试样溶液的峰高或峰面积，根据标准曲线得到待测液中亚硝酸根离子或硝酸根离子的浓度。

5. 结果计算

试样中亚硝酸离子或硝酸根离子的含量按式（4-10）计算：

$$X=\frac{(\rho-\rho_0)Vf\times1000}{m\times1000} \tag{4-10}$$

式中　X——试样中亚硝酸根离子或硝酸根离子的含量，mg/kg；

ρ——测定用试样溶液中的亚硝酸根离子或硝酸根离子浓度，mg/L；

ρ_0——试剂空白液中亚硝酸根离子或硝酸根离子的浓度，mg/L；

V——试样溶液体积，mL；

f——试样溶液稀释倍数；

1000——换算系数；

m——试样取样量，g。

试样中测得的亚硝酸根离子含量乘以换算系数1.5，即得亚硝酸盐（按亚硝酸钠计）含量；试样中测得的硝酸根离子含量乘以换算系数1.37，即得硝酸盐（按硝酸钠计）含量。

结果保留2位有效数字。

6. 精密度

在重复性条件下获得的两次独立测定结果的绝对差值不得超过算术平均值的10%。

7. 其他

亚硝酸盐和硝酸盐检出限分别为0.2mg/kg和0.4mg/kg。

（三）分光光度法

1. 原理

亚硝酸盐采用盐酸萘乙二胺法测定，硝酸盐采用镉柱还原法测定。

试样在弱酸条件下，亚硝酸盐与对氨基苯磺酸重氮化后，再与盐酸萘乙二胺偶合形成紫红色染料，外标法测得亚硝酸盐含量。采用镉柱将硝酸盐还原成亚硝酸盐，测得亚硝酸盐总量，由测得的亚硝酸盐总量减去试样中亚硝酸盐含量，即得试样中硝酸盐含量。

2. 试剂和材料

除非另有说明，本方法所用试剂均为分析纯，水为GB/T 6682—2008规定的一级水。

（1）试剂

① 亚铁氰化钾［$K_4Fe(CN)_6\cdot3H_2O$］。

② 乙酸锌［$Zn(CH_3COO)_2\cdot2H_2O$］。

③ 冰醋酸（CH_3COOH）。

④ 硼酸钠（$Na_2B_4O_7\cdot10H_2O$）。

⑤ 盐酸（HCl，$\rho=1.19$g/mL）。

⑥ 氨水（$NH_3\cdot H_2O$，25%）。

⑦ 对氨基苯磺酸（$C_6H_7NO_3S$）。

⑧ 盐酸萘乙二胺（$C_{12}H_{14}N_2\cdot2HCl$）。

⑨ 锌皮或锌棒。

⑩ 硫酸镉（$CdSO_4\cdot8H_2O$）。

⑪ 硫酸铜（$CuSO_4\cdot5H_2O$）。

（2）试剂配制

① 亚铁氰化钾溶液（106g/L）：称取106.0g亚铁氰化钾，用水溶解，并稀释至1000mL。

② 乙酸锌溶液（220g/L）：称取 220.0g 乙酸锌，先加 30mL 冰醋酸溶解，用水稀释至 1000mL。

③ 饱和硼砂溶液（50g/L）：称取 5.0g 硼酸钠，溶于 100mL 热水中，冷却后备用。

④ 氨缓冲溶液（pH＝9.6～9.7）：量取 30mL 盐酸，加 100mL 水，混匀后加 65mL 氨水，再加水稀释至 1000mL，混匀，调节 pH 值至 9.6～9.7。

⑤ 氨缓冲液的稀释液：量取 50mLpH＝9.6～9.7 氨缓冲溶液，加水稀释至 500mL，混匀。

⑥ 盐酸（0.1mol/L）：量取 8.3mL 盐酸，用水稀释至 1000mL。

⑦ 盐酸（2mol/L）：量取 167mL 盐酸，用水稀释至 1000mL。

⑧ 盐酸（20%）：量取 20mL 盐酸，用水稀释至 100mL。

⑨ 对氨基苯磺酸溶液（4g/L）：称取 0.4g 对氨基苯磺酸，溶于 100mL 20%盐酸中，混匀，置棕色瓶中，避光保存。

⑩ 盐酸萘乙二胺溶液（2g/L）：称取 0.2g 盐酸萘乙二胺，溶于 100mL 水中，混匀，置棕色瓶中，避光保存。

⑪ 硫酸铜溶液（20g/L）：称取 20g 硫酸铜，加水溶解，并稀释至 1000mL。

⑫ 硫酸镉溶液（40g/L）：称取 40g 硫酸镉，加水溶解，并稀释至 1000mL。

⑬ 乙酸溶液（3%）：量取冰醋酸 3mL 于 100mL 容量瓶中，以水稀释至刻度，混匀。

（3）标准品

① 亚硝酸钠（$NaNO_2$，CAS 号为 7632-00-0）：基准试剂，或采用具有标准物质证书的亚硝酸盐标准溶液。

② 硝酸钠（$NaNO_3$，CAS 号为 7631-99-4）：基准试剂，或采用具有标准物质证书的硝酸盐标准溶液。

（4）标准溶液配制

① 亚硝酸钠标准溶液（200μg/mL，以亚硝酸钠计）：准确称取 0.1000g 于 110～120℃干燥恒重的亚硝酸钠，加水溶解，移入 500mL 容量瓶中，加水稀释至刻度，混匀。

② 硝酸钠标准溶液（200μg/mL，以硝酸钠计）：准确称取 0.1232g 于 110～120℃干燥恒重的硝酸钠，加水溶解，移入 500mL 容量瓶中，并稀释至刻度。

③ 亚硝酸钠标准使用液（5.0μg/mL）：临用前，吸取 2.50mL 亚硝酸钠标准溶液，置于 100mL 容量瓶中，加水稀释至刻度。

④ 硝酸钠标准使用液（5.0μg/mL，以硝酸钠计）：临用前，吸取 2.50mL 硝酸钠标准溶液，置于 100mL 容量瓶中，加水稀释至刻度。

3. 仪器和设备

① 天平：感量为 0.1mg 和 1mg。

② 组织捣碎机。

③ 超声波清洗器。

④ 恒温干燥箱。

⑤ 分光光度计。

⑥ 镉柱或镀铜镉柱。

a. 海绵状镉的制备：镉粒直径 0.3～0.8mm。将适量的锌棒放入烧杯中，用 40g/L 硫酸镉溶液浸没锌棒。在 24h 之内，不断将锌棒上的海绵状镉轻轻刮下。取出残余锌棒，使镉沉底，倾去上层溶液。用水冲洗海绵状镉 2～3 次后，将镉转移至搅拌器中，加 400mL 盐酸（0.1mol/L），搅拌数秒，以得到所需粒径的镉颗粒。将制得的海绵状镉倒回烧杯中，静置 3～4h，期间搅拌数次，以除去气泡。倾去海绵状镉中的溶液，并可按下述方法进行镉粒镀铜。

b. 镉粒镀铜：将制得的镉粒置于锥形瓶中（所用镉粒的量以达到要求的镉柱高度为准），加足量的盐酸（2mol/L）浸没镉粒，振荡 5min，静置分层，倾去上层溶液，用水多次冲洗镉粒。在镉粒中加入 20g/L 硫酸铜溶液（每克镉粒约需 2.5mL），振荡 1min，静置分层，倾去上层溶液后，立即用水冲洗镀铜镉粒（注意镉粒要始终用水浸没），直至冲洗的水中不再有铜沉淀。

c. 镉柱的装填：如图 4-1 所示，用水装满镉柱玻璃柱，并装入约 2cm 高的玻璃棉，将玻璃棉压向柱底时，应将其中所包含的空气全部排出，在轻轻敲击下，加入海绵状镉至 8～10cm［图 4-1（a）］或 15～20cm［图 4-1（b）］，上面用 1cm 高的玻璃棉覆盖。若使用装置 B，则上置一储液漏斗，末端要穿过橡皮塞与镉柱玻璃管紧密连接。

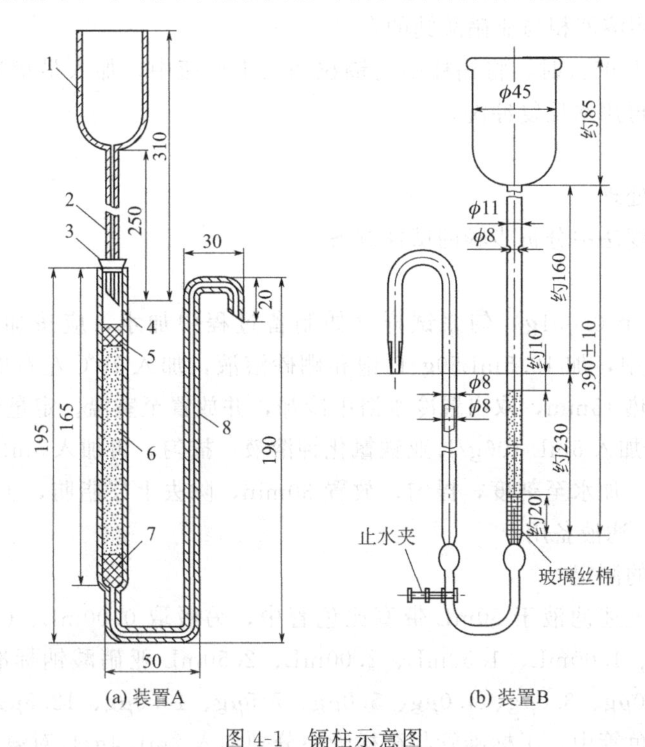

图 4-1　镉柱示意图

1—储液漏斗，内径 35mm，外径 37mm；2—进液毛细管，内径 0.4mm，外径 6mm；
3—橡皮塞；4—镉柱玻璃管，内径 12mm，外径 16mm；5,7—玻璃棉；
6—海绵状镉；8—出液毛细管，内径 2mm，外径 8mm

如无上述镉柱玻璃管时，可以 25mL 酸式滴定管代用，但过柱时要注意始终保持液面在镉层之上。

当镉柱填装好后，先用 25mL 盐酸（0.1mol/L）洗涤，再以水洗 2 次，每次 25mL，镉柱不用时用水封盖，随时都要保持水平面在镉层之上，不得使镉层夹有气泡。

d. 镉柱每次使用完毕后，应先以 25mL 盐酸（0.1mol/L）洗涤，再以水洗 2 次，每次 25mL，最后用水覆盖镉柱。

e. 镉柱还原效率的测定：吸取 20mL 硝酸钠标准使用液，加入 5mL 氨缓冲液的稀释液，混匀后注入储液漏斗，使流经镉柱还原，用一个100mL的容量瓶收集洗提液。洗提液的流量不应超过6mL/min，在储液杯将要排空时，用约15mL水冲洗杯壁。冲洗水流尽后，再用15mL水重复冲洗，第2次冲洗水也流尽后，将储液杯灌满水，并使其以最大流量流过柱子。当容量瓶中的洗提液接近100mL时，从柱子下取出容量瓶，用水定容至刻度，混匀。取10.0mL还原后的溶液（相当10μg亚硝酸钠）于50mL比色管中，以下按4.(3)自“吸取0.00mL、0.20mL、0.40mL、0.60mL、0.80mL、1.00mL……”起操作，根据标准曲线计算测得结果，与加入量一致，还原效率应大于95%为符合要求。

f. 还原效率计算按式（4-11）计算：

$$X=\frac{m_1}{10}\times 100\% \tag{4-11}$$

式中 X——还原效率，%；

m_1——测得亚硝酸钠的含量，μg；

10——测定用溶液相当亚硝酸钠的含量，μg。

如果还原率小于95%时，将镉柱中的镉粒倒入锥形瓶中，加入足量的盐酸（2moL/L）中，振荡数分钟，再用水反复冲洗。

4. 分析步骤

（1）试样的预处理

同紫外分光光度法中分析步骤的试样制备。

（2）提取

称取5g（精确至0.001g）匀浆试样（如制备过程中加水，应按加水量折算），置于250mL具塞锥形瓶中，加12.5mL50g/L饱和硼砂溶液，加入70℃左右的水约150mL，混匀，于沸水浴中加热15min，取出置冷水浴中冷却，并放置至室温。定量转移上述提取液至200mL容量瓶中，加入5mL 106g/L亚铁氰化钾溶液，摇匀，再加入5mL 220g/L乙酸锌溶液，以沉淀蛋白质。加水至刻度，摇匀，放置30min，除去上层脂肪，上清液用滤纸过滤，弃去初滤液30mL，滤液备用。

（3）亚硝酸盐的测定

吸取40.0mL上述滤液于50mL带塞比色管中，另吸取0.00mL、0.20mL、0.40mL、0.60mL、0.80mL、1.00mL、1.50mL、2.00mL、2.50mL亚硝酸钠标准使用液（相当于0.0μg、1.0μg、2.0μg、3.0μg、4.0μg、5.0μg、7.5μg、10.0μg、12.5μg亚硝酸钠），分别置于50mL带塞比色管中。于标准管与试样管中分别加入2mL 4g/L对氨基苯磺酸溶液，混匀，静置3～5min后各加入1mL 2g/L盐酸萘乙二胺溶液，加水至刻度，混匀，静置15min，用1cm比色杯，以零管调节零点，于波长538nm处测吸光度，绘制标准曲线比较。同时做试剂空白。

（4）硝酸盐的测定

① 镉柱还原：先以25mL氨缓冲液的稀释液冲洗镉柱，流速控制在3～5mL/min（以滴定管代替的可控制在2～3mL/min）；吸取20mL滤液于50mL烧杯中，加5mL pH＝9.6～9.7氨缓冲溶液，混合后注入储液漏斗，使流经镉柱还原，当储液杯中的样液流尽后，加15mL水冲洗烧杯，再倒入储液杯中。冲洗水流完后，再用15mL水重复1次。当第2次冲洗水快流尽时，将储液杯装满水，以最大流速过柱。当容量瓶中的洗提液接近100mL时，取出容量瓶，用水定容刻度，混匀。

② 亚硝酸钠总量的测定：吸取10～20mL还原后的样液于50mL比色管中，然后按4（3）自“吸取0.00mL、0.20mL、0.40mL、0.60mL、0.80mL、1.00mL……”起操作。

5. 结果计算

（1）亚硝酸盐含量的计算

亚硝酸盐（以亚硝酸钠计）的含量按式（4-12）计算：

$$X_1=\frac{m_2\times 1000}{m_5\times \frac{V_1}{V_0}\times 1000} \tag{4-12}$$

式中　X_1——试样中亚硝酸钠的含量，mg/kg；

m_2——测定用样液中亚硝酸钠的质量，μg；

1000——转换系数；

m_5——试样质量，g；

V_1——测定用样液体积，mL；

V_0——试样处理液总体积，mL。

结果保留2位有效数字。

（2）硝酸盐含量的计算

硝酸盐（以硝酸钠计）的含量按式（4-13）计算：

$$X_2=\left(\frac{m_1\times 1000}{m_2\times \frac{V_3}{V_2}\times \frac{V_1}{V_4}\times 1000}-X_1\right)\times 1.232 \tag{4-13}$$

式中　X_2——试样中硝酸钠的含量，mg/kg；

m_1——经镉粉还原后测得总亚硝酸钠的质量，μg；

1000——转换系数；

m_2——试样的质量，g；

V_3——测总亚硝酸钠的测定用样液体积，mL；

V_2——试样处理液总体积，mL；

V_1——经镉柱还原后样液的测定用体积，mL；

V_4——经镉柱还原后样液总体积，mL；

X_1——由式（4-12）计算出的试样中亚硝酸钠的含量，mg/kg；

1.232——亚硝酸钠换算成硝酸钠的系数。

结果保留2位有效数字。

6. 精密度

在重复性条件下获得的两次独立测定结果的绝对差值不得超过算术平均值的10%。

六、蔬菜有机磷农药残留量的测定——速测卡法

1. 原理

胆碱酯酶可催化靛酚乙酸酯（红色）水解为乙酸与靛酚（蓝色），有机磷或氨基甲酸酯类农药对胆碱酯酶有抑制作用，使催化、水解、变色的过程发生改变，由此可判断样品中是否有有机磷或氨基甲酸酯类农药的存在。

2. 试剂

① 固化有胆碱酯酶和靛酚乙酸酯试剂的纸片（速测卡）。

② pH＝7.5缓冲溶液：分别取15.0g磷酸氢二钠［$Na_2HPO_4 \cdot 12H_2O$］与1.59g无水磷酸二氢钾［KH_2PO_4］，用500mL蒸馏水溶解。

3. 仪器

① 常量天平。

② 有条件时配备37℃±2℃恒温装置。

4. 分析步骤

(1) 整体测定法

① 选取有代表性的蔬菜样品，擦去表面泥土，剪成1cm左右见方碎片，取5g放入带盖瓶中，加入10mL缓冲溶液，振摇50次，静置2min以上。

② 取一片速测卡，用白色药片沾取提取液，放置10min以上进行预反应，有条件时在37℃恒温装置中放置10min。预反应后的药片表面必须保持湿润。

③ 将速测卡对折，用手捏3min或用恒温装置恒温3min，使红色药片与白色药片叠合反应。

④ 每批测定应设一个缓冲液的空白对照卡。

(2) 表面测定法（粗筛法）

① 擦去蔬菜表面泥土，滴2～3滴缓冲溶液在蔬菜表面，用另一片蔬菜在滴液处轻轻摩擦。

② 取一片速测卡，将蔬菜上的液滴滴在白色药片上。

③ 放置10min以上进行预反应，有条件时在37℃恒温装置中放置10min。预反应后的药片表面必须保持湿润。

④ 将速测卡对折，用手捏3min或用恒温装置恒温3min，使红色药片与白色药片叠合反应。

⑤ 每批测定应设一个缓冲液的空白对照卡。

5. 结果判定

结果以酶被有机磷或氨基甲酸酯类农药抑制（为阳性）、未抑制（为阴性）表示。

与空白对照卡比较，白色药片不变色或略有浅蓝色均为阳性结果。白色药片变为天蓝色或与空白对照卡相同，为阴性结果。

对阳性结果的样品，可用其他分析方法进一步确定具体农药品种和含量。

6. 附则

① 灵敏度指标：速测卡对部分常见农药的检出限及我国限量标准见表4-3。

表4-3 部分农药的检出限

农药名称	检出限/(mg/kg)	农药名称	检出限/(mg/kg)
甲胺磷	1.7	敌敌畏	0.3
对硫磷	1.7	敌百虫	0.3
水胺硫磷	3.1	乐果	1.3
马拉硫磷	2.0	西维因	2.5
久效磷	2.5	好年冬	1.0
乙酰甲胺磷	3.5	呋喃丹	0.5

② 符合率：在检出的50份以上阳性样品中，经气相色谱法验证，阳性结果的符合率应该在80%以上。

7. **说明**

葱、蒜、萝卜、芹菜、香菜、茭白、蘑菇及番茄汁液中，含有对酶有影响的次生物质，容易产生假阳性。处理这类样品时，可采取整棵蔬菜萃取或采用表面测定法。对一些含叶绿素较高的蔬菜，也可采取整株蔬菜萃取的方法，减少干扰因素。

七、蔬菜有机磷农药残留的检测——酶抑制法（GB/T 5009.199—2003）

1. **原理**

在一定条件下，有机磷和氨基甲酸酯类农药对胆碱酯酶的正常功能有抑制作用，其抑制率与农药的浓度呈正相关。正常情况下，酶催化神经传导代谢产物（乙酰胆碱）水解，其水解产物与显色剂反应，产生黄色物质，用分光光度计在412nm处测定吸光度随时间的变化值，计算出抑制率，通过抑制率可以判断出样品中是否有高剂量有机磷或氨基甲酸酯类农药的存在。

2. **试剂**

① pH=8.0缓冲溶液：分别取11.9g无水磷酸氢二钾与3.2g磷酸二氢钾，用1000mL蒸馏水溶解。

② 显色剂：分别取160mg二硫代二硝基苯甲酸（DTNB）和15.6mg碳酸氢钠，用20mL缓冲溶液溶解，在4℃冰箱中保存。

③ 底物：取25.0mg硫代乙酰胆碱，加3.0mL蒸馏水溶解，摇匀后置于4℃冰箱中保存备用。保存期不超过两周。

④ 乙酰胆碱酯酶：根据酶的活性情况，用缓冲溶液溶解，3min的吸光度变化DA0值应控制在0.3以上。摇匀后置于4℃冰箱中保存备用，保存期不超过四天。

⑤ 可选用由以上试剂制备的试剂盒。乙酰胆碱酯酶的DA0值应控制在0.3以上。

3. **仪器**

① 分光光度计或相应测定仪。

② 常量天平。

③ 恒温水浴或恒温箱

4. **分析步骤**

（1）样品处理

选取有代表性的蔬菜样品，冲洗掉表面泥土，剪成1cm左右见方碎片，取样品1g，放入烧杯或提取瓶中，加入5mL缓冲溶液，振荡1～2min，倒出提取液，静置3～5min，待用。

（2）对照溶液测试

先于试管中加入2.5mL缓冲溶液，再加入0.1mL酶液、0.1mL显色剂，摇匀后于37℃放置15min以上（每批样品的控制时间应一致）。加入0.1mL底物摇匀，此时检液开始显色反应，应立即放入仪器比色池中，记录反应3min的吸光度变化值DA0。

（3）样品溶液测试

先于试管中加入2.5mL样品提取液，其他操作与对照溶液测试相同，记录反应3min的吸光度变化值DAt。

5. **结果计算**

（1）结果计算

检测结果按公式计算：抑制率＝[（DA0－DAt）/DA0]×100％

式中 DA0——对照溶液反应 3min 吸光度的变化值；

DAt——样品溶液反应 3min 吸光度的变化值；

（2）结果判定

结果以酶被抑制的程度（抑制率）表示。当蔬菜样品提取液对酶的抑制率≥50％时，表示蔬菜中有高剂量有机磷或氨基甲酸酯类农药存在，样品为阳性结果。阳性结果的样品需要重复检验 2 次以上。

对阳性结果的样品，可用其他方法进一步确定具体农药品种和含量。

6. **附则**

① 灵敏度指标：酶抑制法对部分农药的检出限见表 4-4。

表 4-4 酶抑制法对部分农药的检出限

农药名称	检出限/(mg/kg)	农药名称	检出限/(mg/kg)
敌敌畏	0.1	氧化乐果	0.8
对硫磷	1.0	甲基异柳磷	5.0
辛硫磷	0.3	灭多威	0.1
甲胺磷	2.0	丁硫克百威	0.05
马拉硫磷	4.0	敌百虫	0.2
乐果	3.0	呋喃丹	0.05

② 符合率：在检出的抑制率≥50％的 30 份以上样品中，经气相色谱法验证，阳性结果的符合率应该在 80％以上。

7. **说明**

① 葱、蒜、萝卜、芹菜、香菜、茭白、蘑菇及番茄汁液中，含有对酶有影响的次生物质，容易产生假阳性。处理这类样品时，可采取整棵蔬菜萃取或采用表面测定法。对一些含叶绿素较高的蔬菜，也可采取整株蔬菜萃取的方法，减少色素的干扰。

② 当温度条件低于 37℃，酶反应的速率随之放慢，加入酶液和显色剂后放置反应的时间应相应延长，延长时间的确定，应以胆碱酯酶空白对照测试，3min 吸光度变化差值在 0.3 以上，即可往下操作。注意样品放置时间应与空白对照溶液放置时间一致才有可比性。胆碱酯酶空白对照测试 3min 吸光度变化差值在 0.3 以下的原因：一是酶的活性不够，二是温度太低。

八、蔬菜有机磷类、拟除虫菊酯类和有机氯类农药残留量的测定——气相色谱检测法

（一）蔬菜中有机磷类农药多残留的测定

1. **原理**

试样中有机磷类农药经乙腈提取，提取溶液经过滤、浓缩后，用丙酮定容，用双自动进

样器同时注入气相色谱仪的两个进样口，农药组分经不同极性的两根毛细管柱分离，火焰光度检测器（FPD 磷滤光片）检测，用双柱的保留时间定性，外标法定量。

2. 试剂与材料

除非另有说明，在分析中仅使用的是分析纯的试剂和 GB/T 6682 中规定的至少二级的水。

① 乙腈。

② 丙酮，重蒸。

③ 氯化钠，140℃烘烤 4h。

④ 滤膜，0.2μm，溶剂膜。

⑤ 铝箔。

⑥ 农药标准品，见表 4-5。

表 4-5　54 种有机磷农药标准品

序号	中文名	英文名	纯度	溶剂	组别
1	敌敌畏	dichlorvos	≥96%	丙酮	Ⅰ
2	乙酰甲胺磷	acephate	≥96%	丙酮	Ⅰ
3	百治磷	dicrotophos	≥96%	丙酮	Ⅰ
4	乙拌磷	disulfoton	≥96%	丙酮	Ⅰ
5	乐果	dimethoate	≥96%	丙酮	Ⅰ
6	甲基对硫磷	parathion-methyl	≥96%	丙酮	Ⅰ
7	毒死蜱	chlorpyrifos	≥96%	丙酮	Ⅰ
8	嘧啶磷	Pirimiphos-ethyl	≥96%	丙酮	Ⅰ
9	倍硫磷	fenthion	≥96%	丙酮	Ⅰ
10	辛硫磷	phoxim	≥96%	丙酮	Ⅰ
11	灭菌磷	ditalimfos	≥96%	丙酮	Ⅰ
12	三唑磷	triazophos	≥96%	丙酮	Ⅰ
13	亚胺硫磷	Phosmet	≥96%	丙酮	Ⅰ
14	敌百虫	Trichlorfon	≥96%	丙酮	Ⅱ
15	灭线磷	ethoprophos	≥96%	丙酮	Ⅱ
16	甲拌磷	phorate	≥96%	丙酮	Ⅱ
17	氧乐果	omethoate	≥96%	丙酮	Ⅱ
18	二嗪磷	diazinon	≥96%	丙酮	Ⅱ
19	地虫硫磷	fonofos	≥96%	丙酮	Ⅱ
20	甲基毒死蜱	chlorpyrifos-methyl	≥96%	丙酮	Ⅱ
21	对氧磷	paraoxon	≥96%	丙酮	Ⅱ
22	杀螟硫磷	fenitrothion	≥96%	丙酮	Ⅱ
23	溴硫磷	bromophos	≥96%	丙酮	Ⅱ
24	乙基溴硫磷	bromophos-ethyl	≥96%	丙酮	Ⅱ
25	丙溴磷	profenofos	≥96%	丙酮	Ⅱ
26	乙硫磷	ethion	≥96%	丙酮	Ⅱ

续表

序号	中文名	英文名	纯度	溶剂	组别
27	吡菌磷	pyrazophos	≥96%	丙酮	Ⅱ
28	蝇毒磷	coumaphos	≥96%	丙酮	Ⅱ
29	甲胺磷	methamidophos	≥96%	丙酮	Ⅲ
30	治螟磷	sulfotep	≥96%	丙酮	Ⅲ
31	特丁硫磷	terbufos	≥96%	丙酮	Ⅲ
32	久效磷	monocrotophos	≥96%	丙酮	Ⅲ
33	除线磷	dichlofenthion	≥96%	丙酮	Ⅲ
34	皮蝇磷	fenchlorphos	≥96%	丙酮	Ⅲ
35	甲基嘧啶磷	pirimiphos-methyl	≥96%	丙酮	Ⅲ
36	对硫磷	parathion	≥96%	丙酮	Ⅲ
37	异柳磷	isofenphos	≥96%	丙酮	Ⅲ
38	杀扑磷	methidathion	≥96%	丙酮	Ⅲ
39	甲基硫环磷	phosfolan-methyl	≥96%	丙酮	Ⅲ
40	伐灭磷	famphur	≥96%	丙酮	Ⅲ
41	伏杀硫磷	phosalone	≥96%	丙酮	Ⅲ
42	益棉磷	azinphos-ethyl	≥96%	丙酮	Ⅲ
43	二溴磷	naled	≥96%	丙酮	Ⅳ
44	速灭磷	mevinphos	≥96%	丙酮	Ⅳ
45	胺丙畏	propetamphos	≥96%	丙酮	Ⅳ
46	磷胺	phosphamidon	≥96%	丙酮	Ⅳ
47	地毒磷	trichloronate	≥96%	丙酮	Ⅳ
48	马拉硫磷	malathion	≥96%	丙酮	Ⅳ
49	水胺硫磷	isocarbophos	≥96%	丙酮	Ⅳ
50	喹硫磷	quinalphos	≥96%	丙酮	Ⅳ
51	杀虫畏	tetrachlorvinphos	≥96%	丙酮	Ⅳ
52	硫环磷	phosfolan	≥96%	丙酮	Ⅳ
53	苯硫磷	EPN	≥96%	丙酮	Ⅳ
54	保棉磷	azinphos-methyl	≥96%	丙酮	Ⅳ

⑦ 农药标准溶液配制。

a. 单一农药标准溶液。准确称取一定量（精确至 0.1mg）某农药标准品，用丙酮做溶剂，逐一配制成 1000mg/L 的单一农药标准储备液，储存在－18℃以下冰箱中。使用时根据各农药在对应检测器上的响应值，准确吸取适量的标准储备液，用丙酮稀释配制成所需的标准工作液。

b. 农药混合标准溶液。将 54 种农药分为 4 组，按照表 4-5 中组别，根据各农药在仪器上的响应值，逐一准确吸取一定体积的同组别的单个农药储备液，分别注入同一容量瓶中，用丙酮稀释至刻度，采用同样方法配制成 4 组农药混合标准储备溶液。使用前用丙酮稀释成所需质量浓度的标准工作液。

3. **仪器设备**

① 气相色谱仪，带有双火焰光度检测器（FPD 磷滤光片），双自动进样器，双分流/不分流进样口。

② 分析实验室常用仪器设备。

③ 食品加工器。

④ 旋涡混合器。

⑤ 匀浆机。

⑥ 氮吹仪。

4. **分析步骤**

（1）试样制备

按 GB/T 8855—2008 抽取蔬菜、水果样品，取可食部分，经缩分后，将其切碎，充分混匀放入食品加工器中粉碎，制成待测样，放入分装容器中于－20～－16℃条件下保存，备用。

（2）提取

准确称取 25.0g 试样放入匀浆机中，加入 50.0mL 乙腈，在匀浆机中高速匀浆 2min 后用滤纸过滤，滤液收集到装有 5～7g 氯化钠的 100mL 具塞量筒中，收集滤液 40～50mL，盖上塞子，剧烈振荡 1min，在室温下静置 30min，使乙腈相和水相分层。

（3）净化

从具塞量筒中吸取 10.00mL 乙腈溶液，放入 150mL 烧杯中，将烧杯放在 80℃水浴锅上加热，杯内缓缓通入氮气或空气流，蒸发近干，加入 2.0mL 丙酮，盖上铝箔，备用。将上述备用液完全转移至 15mL 刻度离心管中，再用约 3mL 丙酮分三次冲洗烧杯，并转移至离心管，最后定容至 5.0mL，在旋涡混合器上混匀，分别移入两个 2mL 自动进样器样品瓶中，供色谱测定。如定容后的样品溶液过于混浊，应用 0.2μm 滤膜过滤后再进行测定。

（4）测定

① 色谱参考条件

a. 色谱柱。预柱，1.0m，0.53mm 内径，脱活石英毛细管柱。两根色谱柱，分别为：

ⅰ. A 柱：50%聚苯基甲基硅氧烷（DB-17 或 HP-50＋）1 柱，30m×0.53mm×1.0μm，或相当者；

ⅱ. B 柱：100%聚甲基硅氧烷（DB-1 或 HP-1）1 柱，30m×0.53mm×1.50μm，或相当者。

b. 温度。进样口温度 220℃。检测器温度，250℃。柱温，150℃保持 2min，以8℃/min 升温至 250℃保持 12min。

c. 气体及流量。载气：氮气，纯度≥99.999%，流速为 10mL/min。燃气：氢气，纯度≥99.999%，流速为 75mL/min。助燃气：空气，流速为 100mL/min。

d. 进样方式。不分流进样。样品溶液一式两份，由双自动进样器同时进样。

② 色谱分析。由自动进样器分别吸取 1.0μL 标准混合溶液和净化后的样品溶液注入色谱仪中，以双柱保留时间定性，以 A 柱获得的样品溶液峰面积与标准溶液峰面积比较定量。

5. **结果表述**

（1）定性分析

双柱测得样品溶液中未知组分的保留时间（RT）分别与标准溶液在同一色谱柱上的保

留时间（RT）相比较，如果样品溶液中某组分的两组保留时间与标准溶液中某一农药的两组保留时间相差都在±0.05min内的可认定为该农药。

（2）结果计算

试样中被测农药残留量以质量分数 w 计，单位以毫克每千克（mg/kg）表示，按式（4-14）计算。

$$w=\frac{V_1AV_3}{V_2A_Sm}\times\rho \tag{4-14}$$

式中　ρ——标准溶液中农药的质量浓度，mg/L；

A——样品溶液中被测农药的峰面积；

A_S——农药标准溶液中被测农药的峰面积；

V_1——提取溶剂总体积，mL；

V_2——吸取出用于检测的提取溶液的体积，mL；

V_3——样品溶液定容体积，mL；

m——试样的质量，g。

计算结果保留两位有效数字，当结果大于1mg/kg时保留三位有效数字。

6. 精密度

本标准精密度数据是按照GB/T 6379.2—2004规定确定的，获得重复性和再现性的值以95%的可信度来计算。

7. 色谱图

有机磷农药标准溶液的色谱图见图4-2。

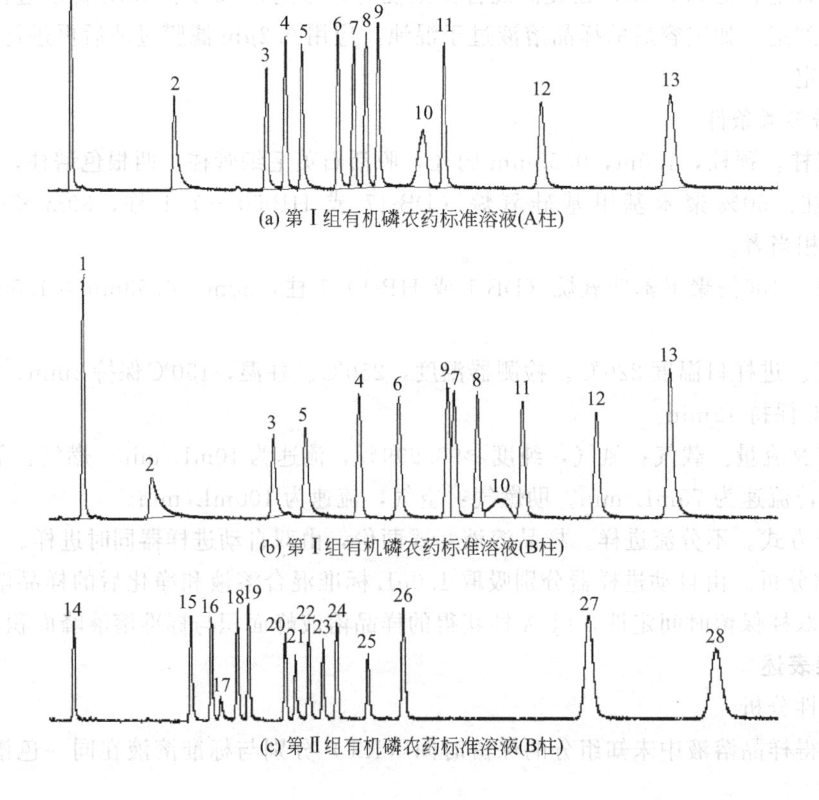

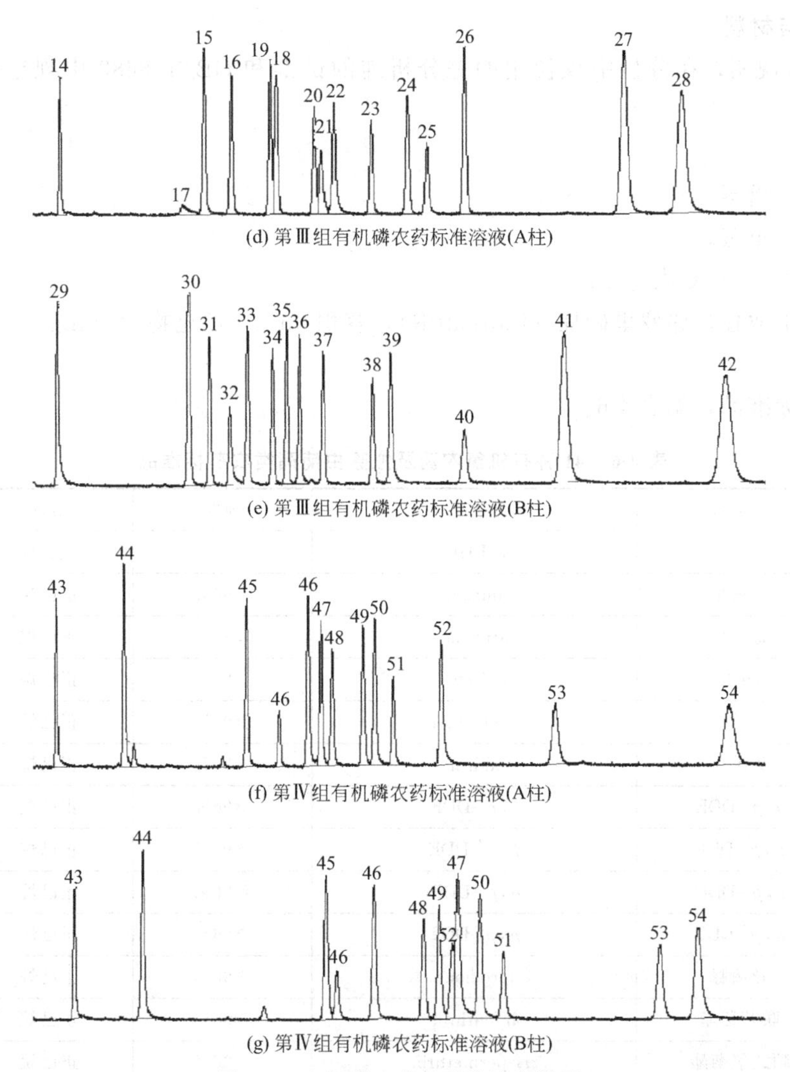

(d) 第Ⅲ组有机磷农药标准溶液(A柱)

(e) 第Ⅲ组有机磷农药标准溶液(B柱)

(f) 第Ⅳ组有机磷农药标准溶液(A柱)

(g) 第Ⅳ组有机磷农药标准溶液(B柱)

图 4-2　有机磷农药标准溶液色谱图

1—敌敌畏；2—乙酰甲胺磷；3—百治磷；4—乙拌磷；5—乐果；6—甲基对硫磷；7—毒死蜱；8—嘧啶磷；9—倍硫磷；10—辛硫磷；11—灭菌磷；12—三唑磷；13—亚胺硫磷；14—敌百虫；15—灭线磷；16—甲拌磷；17—氧乐果；18—二嗪磷；19—地虫硫磷；20—甲基毒死蜱；21—对氧磷；22—杀螟硫磷；23—溴硫磷；24—乙基溴硫磷；25—丙溴磷；26—乙硫磷；27—吡菌磷；28—蝇毒磷；29—甲胺磷；30—治螟磷；31—特丁硫磷；32—久效磷；33—除线磷；34—皮蝇磷；35—甲基嘧啶磷；36—对硫磷；37—异柳磷；38—杀扑磷；39—甲基硫环磷；40—伐灭磷；41—伏杀硫磷；42—益棉磷；43—二溴磷；44—速灭磷；45—胺丙畏；46—磷胺；47—地毒磷；48—马拉硫磷；49—水胺硫磷；50—喹硫磷；51—杀虫畏；52—硫环磷；53—苯硫磷；54—保棉磷

（二）蔬菜中有机氯类、拟除虫菊酯类农药多残留的测定

1. 原理

试样中有机氯类、拟除虫菊酯类农药用乙腈提取，提取液经过滤、浓缩后，采用固相萃取柱分离、净化，淋洗液经浓缩后，用双塔自动进样器同时将样品溶液注入气相色谱仪的两个进样口，农药组分经不同极性的两根毛细管柱分离，电子捕获检测器（ECD）检测，双柱保留时间定性，外标法定量。

2. 试剂与材料

除非另有说明，在分析中仅使用的是分析纯的试剂和 GB/T 6682 中规定的至少二级的水。

① 乙腈。

② 丙酮，重蒸。

③ 己烷，重蒸。

④ 氯化钠，140℃烘烤 4h。

⑤ 固相萃取柱，弗罗里硅柱（FlorisilPR），容积 6mL，填充物 1000mg。

⑥ 铝箔。

⑦ 农药标准品，见表 4-6。

表 4-6　41 种有机氯农药及拟除虫菊酯类农药标准品

序号	中文名	英文名	纯度	溶剂	组别
1	α-666	α-BHC	≥96%	正己烷	Ⅰ
2	西玛津	simazine	≥96%	正己烷	Ⅰ
3	莠去津	atrazine	≥96%	正己烷	Ⅰ
4	δ-666	δ-BHC	≥96%	正己烷	Ⅰ
5	七氯	heptachlor	≥96%	正己烷	Ⅰ
6	艾氏剂	aldrin	≥96%	正己烷	Ⅰ
7	o,p′-DDE	o,p′-DDE	≥96%	正己烷	Ⅰ
8	p,p′-DDE	p,p′-DDE	≥96%	正己烷	Ⅰ
9	o,p′-DDD	o,p′-DDD	≥96%	正己烷	Ⅰ
10	p,p′-DDT	p,p′-DDT	≥96%	正己烷	Ⅰ
11	异菌脲	iprodione	≥96%	正己烷	Ⅰ
12	联苯菊酯	bifenthrin	≥96%	正己烷	Ⅰ
13	顺式氯菊酯	cis-permethrin	≥96%	正己烷	Ⅰ
14	氟氯氰菊酯	cyfluthrin	≥96%	正己烷	Ⅰ
15	氟胺氰菊酯	tau-fluvalinate	≥96%	正己烷	Ⅰ
16	β-666	β-BHC	≥96%	正己烷	Ⅰ
17	林丹	γ-BHC	≥96%	正己烷	Ⅰ
18	五氯硝基苯	pentachloronitrobenzene	≥96%	正己烷	Ⅰ
19	敌稗	propanil	≥96%	正己烷	Ⅱ
20	乙烯菌核利	vinclozolin	≥96%	正己烷	Ⅱ
21	硫丹	endosulfan	≥96%	正己烷	Ⅱ
22	p,p′-DDD	p,p′-DDD	≥96%	正己烷	Ⅱ
23	三氯杀螨醇	dicofol	≥96%	正己烷	Ⅱ
24	高效氯氟氰菊酯	lambda-cyhalothrin	≥96%	正己烷	Ⅱ
25	氯菊酯	permethrin	≥96%	正己烷	Ⅱ
26	氟氰戊菊酯	flucythrinate	≥96%	正己烷	Ⅱ
27	氯硝胺	dicloran	≥96%	正己烷	Ⅱ

续表

序号	中文名	英文名	纯度	溶剂	组别
28	六氯苯	hexachlorobenzene	≥96%	正己烷	Ⅲ
29	百菌清	chlorothalonil	≥96%	正己烷	Ⅲ
30	三唑酮	traidimefon	≥96%	正己烷	Ⅲ
31	腐霉利	procymidone	≥96%	正己烷	Ⅲ
32	丁草胺	butachlor	≥96%	正己烷	Ⅲ
33	狄氏剂	dieldrin	≥96%	正己烷	Ⅲ
34	异狄氏剂	endrin	≥96%	正己烷	Ⅲ
35	乙酯杀螨醇	chlorobenzilate	≥96%	正己烷	Ⅲ
36	o,p'-DDT	o,p'-DDT	≥96%	正己烷	Ⅲ
37	胺菊酯	tetramethrin	≥96%	正己烷	Ⅲ
38	甲氰菊酯	fenpropathrin	≥96%	正己烷	Ⅲ
39	氯氰菊酯	cypermethrin	≥96%	正己烷	Ⅲ
40	氰戊菊酯	fenvalerate	≥96%	正己烷	Ⅲ
41	溴氰菊酯	deltamethrin	≥96%	正己烷	Ⅲ

⑧ 农药标准溶液配制。

a. 单个农药标准溶液。准确称取一定量（精确至0.1mg）农药标准品，用正己烷稀释，逐一配制成1000mg/L单一农药标准储备液，储存在−18℃以下冰箱中。使用时根据各农药在对应检测器上的响应值，准确吸取适量的标准储备液，用正己烷稀释配制成所需的标准工作液。

b. 农药混合标准溶液。将41种农药分为3组，按照表4-6中组别，根据各农药在仪器上的响应值，逐一吸取一定体积的同组别的单个农药储备液，分别注入同一容量瓶中，用正己烷稀释至刻度，采用同样方法配制成3组农药混合标准储备溶液。使用前用正己烷稀释成所需质量浓度的标准工作液。

3. 仪器设备

① 气相色谱仪，配有双电子捕获检测器（ECD），双塔自动进样器，双分流/不分流进样口。

② 分析实验室常用仪器设备。

③ 食品加工器。

④ 旋涡混合器。

⑤ 匀浆机。

⑥ 氮吹仪。

4. 测定步骤

（1）试样制备

同蔬菜中有机磷类农药多残留测定中的试样制备部分。

（2）提取

同蔬菜中有机磷类农药多残留测定中的提取部分。

(3) 净化

从100mL具塞量筒中吸取10.00mL乙腈溶液，放入150mL烧杯中，将烧杯放在80℃水浴锅上加热，杯内缓缓通入氮气或空气流，蒸发近干，加入2.0mL正己烷，盖上铝箔，待净化。将弗罗里硅柱依次用5.0mL丙酮+正己烷（10+90）、5.0mL正己烷预淋洗，条件化，当溶剂液面到达柱吸附层表面时，立即倒入上述待净化溶液，用15mL刻度离心管接收洗脱液，用5mL丙酮+正己烷（10+90）冲洗烧杯后淋洗弗罗里硅柱，并重复一次。将盛有淋洗液的离心管置于氮吹仪上，在水浴温度50℃条件下，氮吹蒸发至小于5mL，用正己烷定容至5.0mL，在旋涡混合器上混匀，分别移入两个2mL自动进样器样品瓶中，待测。

(4) 测定

① 色谱参考条件

a. 色谱柱。预柱，1.0m，0.25mm内径，脱活石英毛细管柱。分析柱采用两根色谱柱，分别为：

ⅰ. A柱：100%聚甲基硅氧烷（DB-1或HP-1）1柱，30m×0.25mm×0.25μm，或相当者；

ⅱ. B柱：50%聚苯基甲基硅氧烷（DB-17或HP-50+）1柱，30m×0.25mm×0.25μm，或相当者。

b. 温度。进样口温度，200℃。检测器温度，320℃。

柱温，150℃保持2min，以6℃/min升温至270℃保持8min（测定溴氰菊酯保持23min）。

c. 气体及流量。载气：氮气，纯度≥99.999%，流速为1mL/min。辅助气：氮气，纯度≥99.999%，流速为60mL/min。

d. 进样方式。分流进样，分流比为10∶1。样品溶液一式两份，由双塔自动进样器同时进样。

② 色谱分析。由自动进样器分别吸取1.0μL标准混合溶液和净化后的样品溶液注入色谱仪中，以双柱保留时间定性，以A柱获得的样品溶液峰面积与标准溶液峰面积比较定量。

5. 结果计算

(1) 定性分析

双柱测得的样品溶液中未知组分的保留时间（RT）分别与标准溶液在同一色谱柱上的保留时间（RT）相比较，如果样品溶液中某组分的两组保留时间与标准溶液中某一农药的两组保留时间相差都在±0.05min内的可认定为该农药。

(2) 定量结果计算

试样中被测农药残留量以质量分数w计，单位以毫克每千克（mg/kg）表示，按式(4-15)计算。

$$w=\frac{V_1AV_3}{V_2A_Sm}\times\rho \tag{4-15}$$

式中　ρ——标准溶液中农药的质量浓度，mg/L；

A——样品溶液中被测农药的峰面积；

A_S——农药标准溶液中被测农药的峰面积；

V_1——提取溶剂总体积，mL；

V_2——吸取出用于检测的提取溶液的体积，mL；

V_3——样品溶液定容体积，mL；

m——试样的质量，g。

计算结果保留两位有效数字，当结果大于 1mg/kg 时保留三位有效数字。

6. 精密度

本标准精密度数据是按照 GB/T 6379.2 的规定确定的，获得重复性和再现性的值以 95％的可信度来计算。

7. 色谱图

有机氯标准溶液的色谱图见图 4-3。

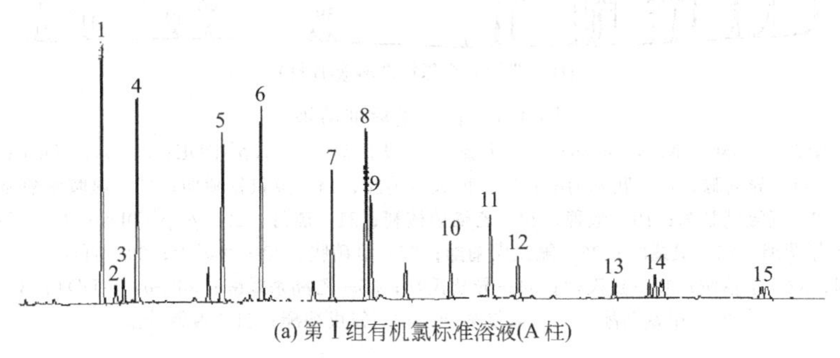

(a) 第Ⅰ组有机氯标准溶液(A 柱)

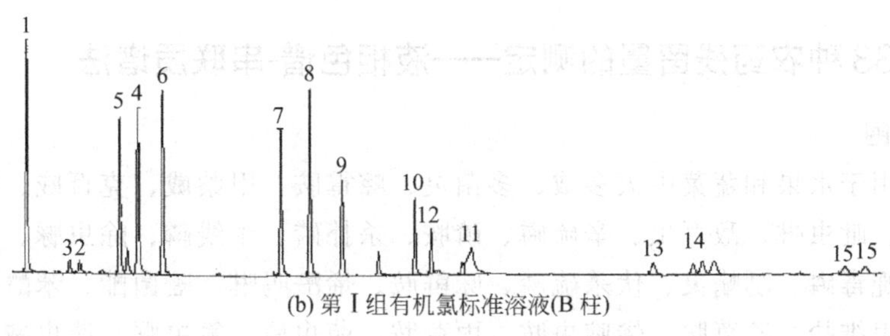

(b) 第Ⅰ组有机氯标准溶液(B 柱)

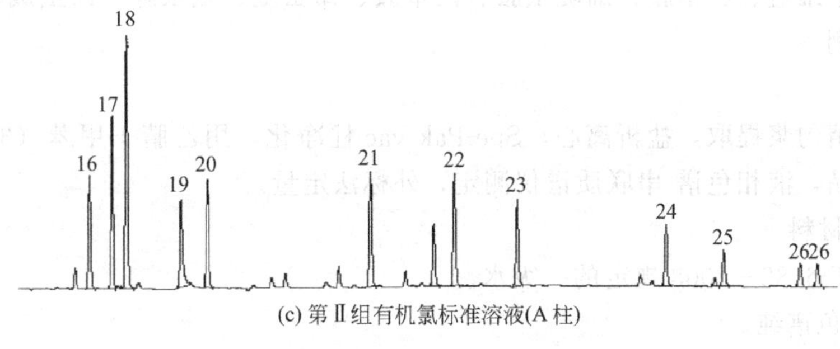

(c) 第Ⅱ组有机氯标准溶液(A 柱)

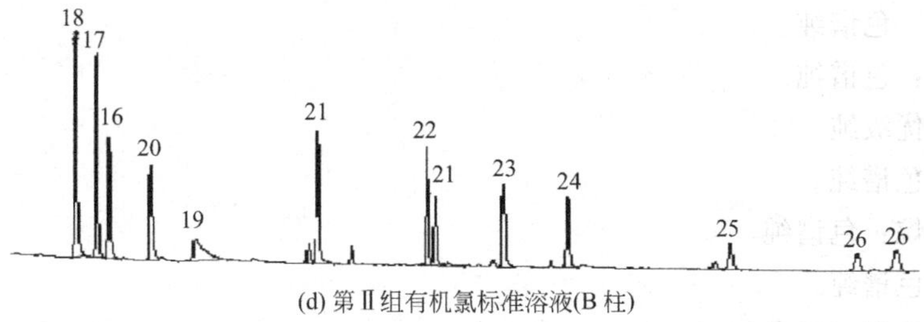

(d) 第Ⅱ组有机氯标准溶液(B 柱)

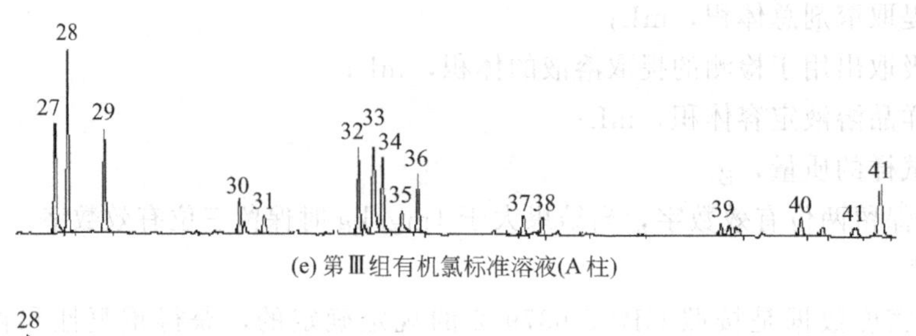

(e) 第Ⅲ组有机氯标准溶液(A 柱)

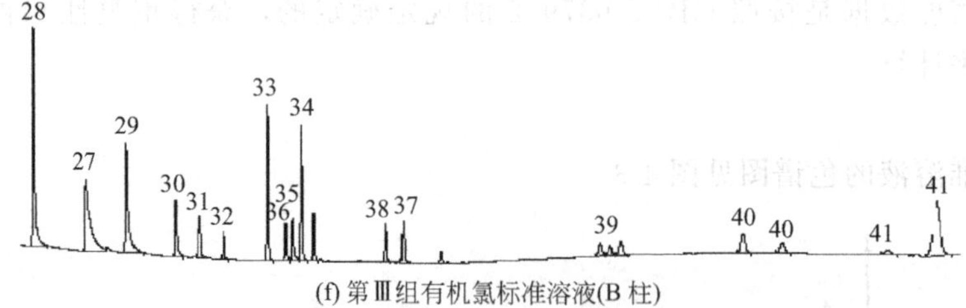

(f) 第Ⅲ组有机氯标准溶液(B 柱)

图 4-3　有机氯标准溶液

1—α-666；2—西玛津；3—莠去津；4—δ-666；5—七氯；6—艾氏剂；7—o,p′-DDE；8—p,p′-DDE；9—o,p′-DDD；10—p,p′-DDT；11—异菌脲；12—联苯菊酯；13—顺式氯菊酯；14—氟氯氰菊酯；15—氟胺氰菊酯；16—β-666；17—林丹；18—五氯硝基苯；19—敌稗；20—乙烯菌核利；21—硫丹；22—p,p′-DDD；23—三氯杀螨醇；24—高效氯氟氰菊酯；25—氯菊酯；26—氟氰戊菊酯；27—氯硝胺；28—六氯苯；29—百菌清；30—三唑酮；31—腐霉利；32—丁草胺；33—狄氏剂；34—异狄氏剂；35—乙酯杀螨醇；36—o,p′-DDT；37—胺菊酯；38—甲氰菊酯；39—氯氰菊酯；40—氰戊菊酯；41—溴氰菊酯

九、蔬菜中 33 种农药残留量的测定——液相色谱-串联质谱法

1. 适用范围

本方法适用于水果和蔬菜中灭多威、多菌灵、嘧霉胺、甲萘威、克百威、啶虫脒、灭线磷、地虫硫磷、吡虫啉、敌百虫、辛硫磷、磷胺、杀扑磷、苯线磷、除虫脲、氯唑磷、稻丰散、治螟磷、蝇毒磷、哒螨灵、伏杀硫磷、咪鲜胺、烯酰吗啉、嘧菌酯、苯醚甲环唑、甲氨基阿维菌素苯甲维盐、乙草胺、烯啶虫胺、丙草胺、茚虫威、氟虫脲、茚虫威和亚胺硫磷等农药残留的检测。

2. 原理

试样用乙腈匀浆提取，盐析离心，Spe-Pak vac 柱净化，用乙腈＋甲苯（3＋1）洗脱农药及相关化学品，液相色谱-串联质谱仪测定，外标法定量。

3. 试剂和材料

水为 GB/T 6682—2008 规定的一级水。

① 乙腈：色谱纯。

② 正己烷：色谱纯。

③ 异辛烷：色谱纯。

④ 甲苯：优级纯。

⑤ 丙酮：色谱纯。

⑥ 二氯甲烷：色谱纯。

⑦ 甲醇：色谱纯。

⑧ 微孔过滤膜（尼龙）：13mm×0.2μm。

⑨ Sep-Pak vac 氨基固相萃取柱：1g，6mL，或相当者。

⑩ 乙腈＋甲苯（3＋1，体积比）。

⑪ 乙腈＋水（3＋2，体积比）。

⑫ 0.05％甲酸溶液（体积分数）。

⑬ 5mmol/L 乙酸铵溶液：称取 0.375g 乙酸铵加水稀释至 1000mL。

⑭ 无水硫酸钠：分析纯，用前在 650℃灼烧 4h，储于干燥器中，冷却后备用。

⑮ 氯化钠：优级纯。

⑯ 农药及相关化学品标准物质：纯度≥95％。

⑰ 农药及相关化学品标准溶液。

a. 标准储备溶液。分别称取 5～10mg（精确至 0.1mg）农药及相关化学品标准物于 10mL 容量瓶中，根据标准物的溶解度选甲醇、甲苯、丙酮、乙腈或异辛烷等溶剂溶解并定容至刻度。标准储备溶液避光在 0～4℃保存，可使用一年。

b. 混合标准溶液。根据每种农药及相关化学品在仪器上的响应灵敏度，确定其在混合标准溶液中的浓度。

移取一定量的单个农药及相关化学品标准储备溶液于 100mL 容量瓶中，用甲醇定容至刻度。混合标准溶液避光在 0～4℃保存，可使用一个月。

c. 基质混合标准工作溶液。农药及相关化学品基质混合标准工作溶液是用空白样品基质溶液配成不同浓度的基质混合标准工作溶液，用于做标准工作曲线。

基质混合标准工作溶液应现用现配。

4. 仪器

① 液相色谱-串联质谱仪：配有电喷雾离子源（ESD）。

② 分析天平：感量为 0.1mg 和 0.01g。

③ 高速组织捣碎机：转速不低于 20000r/min。

④ 离心管：80mL。

⑤ 离心机：最大转速为 4200r/min。

⑥ 旋转蒸发仪。

⑦ 鸡心瓶：200mL。

⑧ 移液管：1mL。

⑨ 样品瓶：2mL，带聚四氟乙烯旋盖。

⑩ 氮气吹干仪。

5. 试样制备与保存

（1）试样的制备

按 GB/T 8855—2008 抽取的水果、蔬菜样品取可食部分切碎，混匀，密封，作为试样，标明标记。

（2）试样的保存

将试样置于 0～4℃冷藏保存。

6. 测定步骤

（1）提取

称取 20g 试样（精确至 0.01g）于 80mL 离心管中，加入 40mL 乙腈，用高速组织捣碎机在 15000r/min，匀浆提取 1min，加入 5g 氯化钠，再匀将提取 1min，在 3800r/min 离心 5min，取上清液 20mL（相当于 10g 试样量），在 40℃水浴中旋转浓缩至约 1mL，待净化。

（2）净化

在 Sep-Pak vac 柱中加入约 2cm 高无水硫酸钠，并放入下接鸡心瓶的固定架上。加样前先用 4mL 乙腈＋甲苯（3＋1）预洗柱，当液面到达硫酸钠的顶部时，迅速将样品浓缩液转移至净化柱上，并更新鸡心瓶接收。再每次用 2mL 乙腈＋甲苯（3＋1）洗涤样液瓶三次，并将洗涤液移入柱中。在柱上加上 50mL 储液器，用 25mL 乙腈＋甲苯（3＋1）洗脱农药及相关化学品，合并于鸡心瓶中，并在 40℃水浴中旋转浓缩至约 0.5mL。将浓缩液置于氮气吹干仪上吹干，迅速加入 1mL 的乙腈＋水（3＋2），混匀，经 0.2μm 滤膜过滤后进行液相色谱-串联质谱测定。

（3）液相色谱-串联质谱测定

① 液相色谱-串联质谱测定条件

a 色谱柱：超纯硅胶基质反相 C_{18} 色谱柱（atlantis T3），3μm，150mm×2.1mm（内径）或相当者。

b. 流动相及梯度洗脱条件见表 4-17。

表 4-17　流动相及梯度洗脱条件

时间/min	流速/(μL/min)	流动相 A(0.05%甲酸水)/%	流动相 B(乙腈)/%
0.00	200	90.0	10.0
4.00	200	50.0	50.0
15.00	200	40.0	60.0
23.00	200	20.0	80.0
30.00	200	5.0	95.0
35.00	200	5.0	95.0
35.01	200	90.0	10.0
50.00	200	90.0	10.0

c. 柱温：40℃。

d. 进样量：20μL。

e. 离子源：ESI。

f. 扫描方式：正离子扫描。

g. 检测方式：多反应监测。

h. 电喷雾电压：5000V。

i. 雾化气压力：0.483MPa。

j. 气帘气压力：0.138MPa。

k. 辅助加热气压力：0.379MPa。

l. 离子源温度：725℃。

② 定性测定。在相同实验条件下进行样品测定时，如果检出的色谱峰的保留时间与标准样品相一致，并且在扣除背景后的样品质谱图中，所选择的离子均出现，而且所选择的离子丰度比与标准样品的离子丰度比相一致（相对丰度＞50%，允许±20%偏差；相对丰度＞20%～50%，允许±25%偏差；相对丰度＞10%～20%，允许±30%偏差；相对丰度≤10%，允许±50%偏差），则可判断样品中存在这种农药或相关化学品。

③ 定量测定。本标准中液相色谱-串联质谱采用外标-校准曲线法定量测定。为减少基质

对定量测定的影响，定量用标准溶液应采用基质混合标准工作溶液绘制标准曲线，并且保证所测样品中农药及相关化学品的响应值均在仪器的线性范围内。

（4）平行试验

按以上步骤对同一试样进行平行试验。

（5）空白试验

除不称取试样外，均按上述步骤进行。

7. 结果计算

液相色谱-串联质谱测定采用标准曲线定量，标准曲线法定量结果按式（4-16）计算：

$$X = c_i \times \frac{V}{M} \times \frac{1000}{1000} \quad (4\text{-}16)$$

式中 X——试样中被测组分含量，mg/kg；

c_i——从标准工作曲线得到的试样溶液中被测组分的浓度，μg/mL；

V——试样溶液定容体积，mL；

m——样品溶液所代表试样的质量，g。

计算结果应扣除空白值。

8. 精密度

本标准精密度数据是按照 GB/T 6379.1—2004 和 GB/T 6379.2—2004 的规定确定的，获得重复性和再现性的值是以 95%的可信度来计算。

本章小结

本章阐述了蔬菜的取样原则、成分检测和农药残留检测的理论和检测方法及检测中的注意事项。

1. 取样原则

采集蔬菜样本是蔬菜质量安全检测中非常重要的一个环节。采集的蔬菜样本必须能代表整批蔬菜的特点。取样的原则是具有代表性、客观性和科学性。

2. 成分检测

蔬菜成分检测主要是一些营养成分的检测，包括胡萝卜素、核黄素、维生素 C、钙、纤维、维生素、矿物质微量元素以及相关的植物化学物质等。

3. 农残检测

目前农药残留快速检测方法种类繁多，究其原理来说主要分为两大类：生化测定法（通常为快速检测法）和色谱检测法。其中生化测定法（快速检测法）中的酶抑制法由于具有快速、灵敏、操作简便、成本低廉等特点，已成为对果蔬中有机磷和氨基甲酸酯类农药残留进行现场快速定性初筛检测的主流技术之一，得到了广泛的应用。色谱检测法前期投入大、成本高和检测周期较长，但检测准确度较好，因此主要被政府检测机构、国内外第三方检测机构和一些大型生产企业广泛采用。目前检测农残常用的色谱仪器有气相色谱仪、液相色谱仪、气相色谱-质谱联用仪、气相色谱-串联质谱连用仪、液相色谱-串联质谱联用仪和飞行时间质谱仪等。

复习思考题

一、填空题

1. 蔬菜是指可以直接食用或烹饪成为食品的一类__________。

2. 蔬菜的营养成分主要包括________、________、________等。

3. 蔬菜是农业产业化的发展使农产品的生产越来越依赖于________等农业投入品。

4. ________也会影响农产品的贸易，世界各国对________问题高度重视，对各种农副产品中农药残留都规定了越来越严格的________，使中国农产品出口面临严峻的挑战。

5. 蔬菜检验主要包括营养成分检验和________检验。

6. 农药残留分析是在复杂的基质中对________进行鉴别和定量。

7. 新鲜的蔬菜样品不论进行现场常规鉴定还是送实验室做品质安全检测，一般要求________。采集的货物样品，应能充分代表该批量货物的________。

8. 农药残留的一般分析过程为________→________→________。

9. 蔬菜常见分类包括________，________，“农业生物学分类法”。

10. 测定水溶性灰分的碱度时，加约________mL 热水于灰化所得的灰分中，全部移入一漏斗中的毯纸内，然后用少量热水洗涤滤纸上的残留物，将洗涤液并入滤液，待滤液冷却后加 2 或 3 滴________，用硫酸标准溶液滴定至溶液由橙黄色变为浅紫色。

11. 芹菜中粗纤维的测定中，芹菜试样在________作用下，试样中的糖、淀粉、果胶质和半纤维素经水解除去后，再用________，除去蛋白质及脂肪酸，剩余的残渣为粗纤维。

12. 测定蔬菜中维生素 C 含量时，滴定过程中吸取________mL 滤液放入 50mL 锥形瓶中，用已标定过的________滴定，直至溶液呈粉红色________不褪色为止。

13. 配置硝酸盐标准储备液（500mg/L，以硝酸根计）时，称取 0.2039g 于________干燥至恒重的________，用________溶解并转移至 250mL 容量瓶中，加水稀释至刻度，混匀。

14. 根据试样中硝酸盐含量的高低，吸取上述滤液________于 50mL 容量瓶中，加水定容至刻度，混匀。用 1cm 石英比色皿，于________处测定吸光度。

15. 农残速测卡整体测定法中，选取有________的蔬菜样品，擦去表面泥土，剪成________左右见方碎片，取________放入带盖瓶中，加入________缓冲溶液，振摇________，静置 2min 以上。

16. 对照溶液测试：先于试管中加入________缓冲溶液，再加入________酶液、0.1mL 显色剂，摇匀后于________放置________以上。

17. 葱、蒜、萝卜、芹菜、香菜、茭白、蘑菇及番茄汁液中，含有对酶有影响的次生物质，容易产生________。

18. 蔬菜有机磷类、拟除虫菊酯类和有机氯类农药残留量的测定——气相色谱检测法，用双柱的________定性，________定量。

19. 准确称取 25.0g 试样放入匀浆机中，加入________mL 乙腈，在匀浆机中高速匀浆________min 后用滤纸过滤，滤液收集到装有________g 氯化钠的 100mL 具塞量筒中。

20. 相对丰度＞50％，允许________偏差；相对丰度＞20％～50％，允许________偏差；

相对丰度＞10%～20%，允许________偏差；相对丰度≤10%，允许__________偏差。

二、选择题

1. 蔬菜常见的分类方法有______种。

A. 5　　B. 3　　C. 2　　D. 6

2. 十字花科蔬菜包括________。

A. 西葫芦　　B. 茄子　　C. 甘蓝　　D. 韭菜

3. 按蔬菜等级分类不包括以下哪类________。

A. 有机蔬菜　　B. 无公害蔬菜　　C. 绿色蔬菜　　D. 安全蔬菜

4. 农产品质量安全检测抽样人员应不少于____人。

A. 2　　B. 3　　C. 4　　D. 6

5. 生产地取样一般每个样本取样量不低于 3kg，单个个体大于 0.5kg 时，抽取样本不少于 10 个个体，单个个体大于 1kg 时，抽取样本不少于______个个体。

A. 10　　B. 8　　C. 5　　D. 3

6. 总灰分：按照本方法规定的条件，灼烧______g 试样所得残灰的克数。

A. 200　　B. 150　　C. 80　　D. 100

7. 采样是指在大量样品（分析对象中）抽取有一定______的样品，供分析化验使用。

A. 代表性　　B. 数量　　C. 质量　　D. 重量

8. 蔬菜有机磷农药残留量的测定：酶抑制法适用于蔬菜中______农药残留量的快速筛选测定。

A. 有机磷类　　B. 氨基甲酸酯类

C. 有机磷和氨基甲酸酯类　　D. 有机磷、氨基甲酸酯和拟除虫菊酯类

9. 当蔬菜样品提取液对酶的抑制率≥________时，表示蔬菜中有高剂量有机磷或氨基甲酸酯类农药存在，样品为______结果。

A. 50，阳性　　B. 60，阳性　　C. 50，阴性　　D. 60，阴性

10. 对一些含叶绿素较高的蔬菜，也可采取____________的方法，减少色素的干扰。

A. 粉碎萃取　　B. 整株蔬菜萃取　　C. 碎片萃取　　D. 直接萃取

11. 测定蔬菜中有机磷类农药残留时使用的是________检测器。

A. 火焰光度检测器　　B. 电子捕获检测器

C. 热导检测器　　D. 荧光检测器

12. 测定蔬菜中拟除虫菊酯类农药残留时，从具塞量筒中吸取 10.00mL 乙腈溶液，放入 150mL 烧杯中，将烧杯放在 80℃水浴锅上加热，杯内缓缓通入氮气或空气流，____。

A. 完全蒸干　　B. 蒸发近干　　C. 蒸发近一半　　D. 蒸发至 5mL

13. 试样中有机氯类、拟除虫菊酯类农药用______提取，提取液经过滤、浓缩后，采用固相萃取柱分离、净化，淋洗液经浓缩和______后，上气相色谱检测。

A. 丙酮　　B. 二氯甲烷　　C. 甲醇　　D. 乙腈

14. 用气相色谱进行农残检测时，除非另有说明，在分析中仅使用的是______的试剂和 GB/T 6682 中规定的至少______的水。

A. 分析纯，一级　　B. 优级纯、二级

C. 化学纯，一级　　D. 分析纯、二级

15. 在相同实验条件下进行样品测定时，如果检出的色谱峰的________与标准样品相一

致，并且在扣除背景后的样品质谱图中，所选择的离子均出现，而且所选择的离子丰度比与标准样品的离子丰度比相一致则可判断样品中存在这种农药或相关化学品。

A. 峰面积　　B. 峰高　　C. 保留时间　　D. 出峰顺序

三、判断题

1. 测定蔬菜中维生素 C 含量时，滴定过程中不要做空白试验。（　）
2. 乙酰胆碱酯酶固体制剂可在 4℃条件下保存一年。（　）
3. 乙酰胆碱酯酶快速检测法对任何蔬菜都适用。（　）
4. 蔬菜中 33 种农药残留量的测定——液相色谱-串联质谱法采用的是内标法定量。（　）
5. 气相色谱火焰光度检测器可以同时检测有机磷类农药和拟除虫菊酯类农药。（　）

四、简答题

1. 蔬菜中有机磷类农药气相色谱检测提取过程中加入氯化钠的目的是什么？
2. 酶抑制法检测蔬菜有机磷农药残留为什么要做对照？
3. 紫外分光光度法测定蔬菜中亚硝酸盐的原理是什么？
4. 大白菜总灰分及水溶性灰分碱度的测定中坩埚为何要预先恒重？
5. 农药残留检测中净化的目的是什么？
6. 蔬菜有机磷类、拟除虫菊酯类和有机氯类农药残留量的测定——气相色谱检测法中，已知标准溶液的浓度为 0.1mg/kg，测得标准溶液和待测样的峰面积分别为 13669.5，15334.7，试列式求得待测样的浓度。
7. 列出液相色谱-串联质谱检测蔬菜中 30 种农药残留的流程。
8. 试述检测蔬菜农药残留的意义。

第五章　水果检验

第一节　水果检验基础知识

一、水果的分类

水果是对部分可以食用的植物果实和种子的统称，植物果实多汁且有甜味，不但含有丰富的营养且能够帮助消化。水果有降血压、减缓衰老、减肥瘦身、皮肤保养、明目、抗癌、降低胆固醇、补充维生素等保健作用，它有多种分类方法。

1. 水果按口感分为酸性、亚酸性、甜性三类

酸性水果：葡萄柚、橘子、凤梨、奇异果、柠檬、酸苹果、草莓、酸李。

亚酸性水果：苹果、芒果、杏子、木瓜、葡萄、桃子、樱桃、蜜李。

甜性水果：香蕉、甜葡萄、干果、无花果、柿子。

注意：酸性水果不应与甜性水果合用，因为酸的会干扰甜的，影响排空时间。最好一次不要食用超过三种以上水果，如要饮用蔬菜、水果汁，应于餐前三十分钟，否则果汁会冲淡胃液，影响消化。

2. 水果按寒热属性分为寒凉、温热、甘平三类

寒凉类水果有：柑、橘、菱、香蕉、雪梨、柿子、百合、西瓜等。体质虚寒的人对这类水果应慎用。

温热类水果有：枣、栗、桃、杏、龙眼、荔枝、葡萄、樱桃、石榴、菠萝等。体质燥热的人吃这类水果应适量。

甘平类水果有：梅、李、椰子、枇杷、山楂、苹果等。这种水果适宜于各种体质的人。

3. 水果按园艺分类法分为七类

(1) 仁果类

仁果类水果属于蔷薇科。果实的食用部分为花托、子房形成的果心，所以从植物学上称为假果，例如苹果、梨、海棠、沙果、山楂、木瓜等。其中苹果和梨是北方的主要果品。

（2）核果类

核果类水果属于蔷薇科。食用部分是中果皮。因其内果皮硬化而成为核，故称为核果。例如桃、李、杏、梅、樱桃等。

（3）坚果类

坚果类水果的食用部分是种子（种仁）。在食用部分的外面有坚硬的壳，所以又称为壳果或干果。例如栗子、核桃、山核桃、榛子、开心果、银杏、香榧等。

（4）浆果类

浆果类果实含有丰富的浆液，故称浆果。例如葡萄、醋栗、树莓、猕猴桃、草莓、番木瓜、石榴、人参果等，其中葡萄是我国北方的主要果品之一。

（5）柑橘类

柑橘类包括柑、橘、橙、柚、柠檬5大品种。

（6）热带及亚热带果类

热带及亚热带类水果有香蕉、凤梨、龙眼、荔枝、橄榄、椰子、番石榴、杨桃等。

（7）什果类

什果类水果有枣、柿子、无花果。

二、水果品质及其影响因素

果品品质是一个综合性概念，主要包括食用时果品外观、风味和营养价值，这些是影响果品商品价值的重要因素。

果品品质特征可概括为感官属性和生化属性两大类。感官属性是指人们能通过视觉、嗅觉、触觉、味觉等所认识果品的一些特性，如果实的大小、形状、色泽、光泽和缺陷（病虫害、机械损伤和生理障碍）、硬度、脆度、化渣程度、汁液多少、口味（酸、甜、苦、涩）、气味等。生化属性是指果品中含有营养和保健功能物质的多少和成分。主要种类有水、糖类化合物、有机酸（柠檬酸和苹果酸）、蛋白质、脂类、色素、维生素、矿物质、酶及风味和芳香类物质等。

一般讲，要想产出高品质的果实，首先必须选择优良的品种和适宜的生态条件。水果质量品质的影响因素有：

① 土壤因素。

② 栽培管理因素。果园种植设计、果园灌溉水的质量、施肥管理、激素的使用、病虫害的化学防治等。

③ 采摘和运输。

三、常见水果介绍

苹果：含有多种维生素、矿物质，有生津止渴、润肺除烦、健脾益胃、养心益气、润肠、止泻、解暑、醒酒等功效，还能防癌，防铅中毒。吃苹果还可减肥，又能帮助消化。

梨：富含多种维生素及钙、磷、铁等矿物质，具有降低血压、养阴清热、助消化、润肺清心、消痰止咳、退热的功效，还有利尿、润便的作用，但畏冷食者不应多吃。

柑橘：包括橙子、柚子、广柑、蜜橘、金橘等，含丰富的维生素C、维生素A，具有顺气、止咳、健胃、化痰、消肿、疏肝理气等多种功效。饮用橘子汁后能明显减少慢性病毒性肝炎发展成肝癌的风险。

桃：含铁量较高，是贫血病人的理想食物。桃有补血益气，养阴生津的作用，可用于气血亏虚、面黄肌瘦、心悸气短者食用；尤其适合老年体虚、肠燥便秘、身体瘦弱、阳虚肾亏者食用；婴幼儿不宜吃桃。

葡萄：是水果中含复合铁元素最多的水果，是贫血患者的滋补佳品，富含维生素B、维生素C等，还含有多种人体所需的氨基酸，矿物质钾、磷、铁等。多吃葡萄可补气、养血、强心，可抗衰老，防止健康细胞癌变，阻止癌细胞扩散等。

香蕉：含有胡萝卜素、维生素B、维生素C等，可清热润肠，促进肠胃蠕动。最适合燥热人士享用。香蕉属于高钾水果，钾离子可强化肌力及肌耐力。多吃香蕉，可预防高血压和心血管疾病。不过，香蕉性寒，体质偏于虚寒者不宜多吃。

菠萝：含有一种叫“菠萝朊酶”的物质，它能改善局部的血液循环，消除炎症和水肿；具有健胃消食、补脾止泻、清胃解渴等功用，特别适宜身热烦躁者，肾炎、高血压、支气管炎、消化不良者食用；患有溃疡病、凝血功能障碍的人应禁食菠萝。

龙眼：营养丰富，是珍贵的滋养水果，有润肤美容、壮阳益气、补益心脾、养血安神等多种功效，对治疗贫血、心悸、失眠、健忘、身体虚弱等症有功效。孕妇应少食，痰火郁结、咳嗽痰黏者不宜食用。

荔枝：肉含丰富的维生素B、维生素C，可促进微细血管的血液循环，防止雀斑的发生，令皮肤更加光滑。果肉具有补脾益肝、理气补血、补心安神的功效，还可止五更腹泻。有上火症状的人少吃，糖尿病人慎食荔枝。

芒果：素有“热带果王”之誉称，富含丰富的维生素A、维生素C和蛋白质，且以维生素A含量最高，具有抗癌、美容肌肤、防高血压、动脉硬化、防便秘、止咳、清肠胃的功效，对于晕车、晕船有一定的止吐作用。

草莓：营养丰富，具有明目养肝、润喉补血功效；可预防坏血病、动脉硬化、冠心病等。风热咳嗽、咽喉肿痛、声音嘶哑者宜多食；夏季烦热口干，或腹泻如水者宜食；癌症患者宜食。

甘蔗：含有丰富的糖分、多种氨基酸、维生素B、维生素C等。甘蔗是能清、能润，甘凉滋养的食疗佳品，具有清热解毒、和胃止呕、止泄精、滋阴润燥等功效；但胃腹寒疼者不宜多食。

樱桃：含铁量居于水果首位，富含维生素A，可美容驻颜，常用樱桃汁涂擦面部及皱纹处，能使面部皮肤红润嫩白，去皱消斑，可谓美白又祛斑；消化不良者、风湿腰腿痛者、体质虚弱、面色无华者适宜多食。糖尿病者忌食。

石榴：营养丰富，富含有维生素C、维生素B及矿物质，具有生津止渴、收敛固涩、止泻止血的功效；是痢疾、泄泻、便血及遗精、脱肛者的良品；发热、口臭者食用石榴可以得到缓解；石榴皮煎剂还能抑制流感病毒。

李子：含有多种氨基酸，生食对于肝硬化腹水者有益；可美容养颜，对汗斑、脸生黑斑等有良效；可促进消化，增加食欲，为胃酸缺乏、食后饱胀、大便秘结者的食疗良品；溃疡病及急、慢性胃肠炎患者忌服。

火龙果：含花青素、维生素C、膳食纤维，铁含量较高，具有抗氧化、抗衰老、美白皮肤、减肥、解毒、降低胆固醇、润肠、预防大肠癌、抑制肿瘤等功效。火龙果少有病虫害，是绿色、环保果品。

猕猴桃：含丰富维生素、果胶、氨基酸、矿物质，被誉为“水果之王”，可降低血中胆固醇浓度，对抑制心血管疾病的发病率和治疗阳痿有特别功效，可防止致癌物亚硝胺在人体内生成，对多种癌细胞病变有抑制作用。

无花果：含较多的胡萝卜素，丰富的氨基酸，且尤以天门冬氨酸含量最高，对抗白血病和恢复体力，消除疲劳有很好的作用；有润肺止咳，清热润肠功效，可用于治疗咳喘、咽喉肿痛、便秘、痔疮；对增强机体健康和抗癌能力有良好作用。

板栗：营养丰富，含有胡萝卜素、维生素及矿物质，属于健胃补肾、延年益寿的上等果品。中医认为栗子能补脾健胃、补肾强筋、活血止血，对肾虚有良好的疗效，故又称为“肾之果”，特别是老年肾虚、大便溏泻更为适宜，经常食用有强身愈病。

核桃：性温、味甘，有健胃、补血、润肺、养神、抗氧化等功效。吃核桃补脑，助美颜，能营养肌肤，使人白嫩，是医学界公认的抗衰老物质，又称“万岁子”、“长寿果”。核桃的镇咳平喘作用也十分明显，对预防冠心病、中风、老年痴呆等是颇有裨益。

西瓜：富含胡萝卜素、维生素 A，是夏季清热解暑、除烦止渴的水果，能利尿并消除肾脏炎症，增加肾炎病人的营养；还含有降低血压的物质；西瓜汁可增加皮肤弹性，减少皱纹。吃冰镇的西瓜伤脾胃。

柿子：含丰富的糖分、维生素 C，有清热去燥、润肺化痰、健脾、治痢、止血等功能。柿子是慢性支气管炎、高血压、动脉硬化、内外痔疮患者的天然保健食品。空腹不能吃柿子，贫血者应少吃为好。

甜瓜、哈密瓜：含有多种维生素和矿物质，清热利尿、止渴，可治暑热、发烧、中暑、口渴、小便不利、口鼻生疮，能帮助肾脏病人吸收营养。热咳的人（喉痛声沙、痰黄）最宜食用甜瓜、哈密瓜，有止咳、宣肺气之效。

枇杷：富含胡萝卜素、维生素 A、维生素 B、维生素 C、氨基酸等，被誉为“果中之皇”，具有祛痰止咳、生津润肺、清热健胃之功效，还有护肤减肥、防癌、抗癌、抑制流感病毒作用。胸闷多痰、坏血病患者尤其适合食用。

圣女果：含有谷胱甘肽和番茄红素等特殊物质，可促进小孩生长发育，增加抵抗力，护肤、美容、防晒效果也很好，是女生天然的美容水果。番茄红素可保护人体不受香烟和汽车废气中致癌毒素的侵害，对于防癌、抗癌，特别是前列腺癌，可以起到有效的治疗和预防。

椰子：含有糖分、维生素 B、维生素 C、蛋白质、微量元素及矿物质。果肉汁具有补虚强壮、补益脾胃、益气祛风、清暑解渴、驱绦虫的功效，久食能令人面部润泽，耐受饥饿。

榴莲：营养价值很高，含蛋白质、多种维生素、钙、铁、磷等，具有“水果之王”的美称，有滋阴壮阳、疏风清热、杀虫止痒功效，体质虚寒者吃可壮阳旺火，产后虚寒者可做补品，癌症、皮肤病、肾病及心脏病人宜少食。

杨梅：营养价值高，是天然的绿色保健食品，富含纤维素、维生素、氨基酸，钙、磷、铁含量要高出其他水果 10 多倍。杨梅具有消食、御寒、消暑、止泻、利尿、治痢疾以及生津止渴、清肠胃等多种药用价值。

枣：富含维生素和铁元素，有“天然维生素丸”的美誉，历来是益气、养血、安神、护肝、抗癌的保健佳品，对高血压、心血管疾病、失眠、贫血等病人都很有益。大枣不仅是养生保健的佳品，更是护肤美颜的佳品。

第二节 水果样品的采集和预处理

一、水果样品采集

1. 定义

从大量的分析对象中抽取有代表性的一部分作为分析样品的过程叫水果样品采集。

2. 原则

① 采集的样品要均匀，有代表性，反映全部被检食品的组成、质量、卫生状况。

② 采样过程中保持原有的理化指标，防止成分逸散或带入杂质。

3. 水果样品采集

（1）采集数量

视检验目的，从被检物有代表性的部位分别采样，经捣碎、混匀后，再缩减至所需数量。柑橘类水果取整个果实、外皮和果肉分别测定，至少 6～12 个个体，不少于 3kg。梨果类水果去蒂、去芯部（含籽）带皮果肉共测，至少 6～12 个个体，不少于 3kg。核果类水果除去果梗及核的整个果实，但计算包括果核，至少 24 个个体，不少于 2kg。小水果和浆果去掉果柄和果托的整个果实，采集量不少于 3kg。

（2）采集方法

水果体积较小的，如山楂、葡萄等，随机取若干个整体，切碎混匀，缩分到所需数量。体积较大的，如西瓜、苹果、萝卜等，采取纵分缩剖的原则，即按成熟度及个体大小的组成比例，选取若干个体，对每个个体按生长轴纵剖分 4 份或 8 份，取对角线 2 份，切碎混匀，缩分到所需数量。

二、水果样品制备

1. 定义

样品的制备是指对所采取的样品进行分取、粉碎、混匀等过程。

2. 目的

样品制备的目的是要保证样品充分均匀，使在分析时取任何部分都能代表全部样品的成分。样品制备、处理方法可根据样品的类型或分析项目而定。

3. 水果样品制备

① 水分含量较高、质地软的水果可采用高速组织捣碎机匀浆法。例如对水果农药残留测定的样品制备：先用水洗去泥沙，然后除去表面附着水，取可食用部分沿纵轴剖开，各取 1/4，再用高速组织捣碎机匀浆。

② 带壳的坚果 去壳取肉，并将果肉中的碎壳全部挑拣出去。除非另有说明，所有坚果的果肉（包括花生和椰子）均应包括表皮或胚芽。称取分离出来的果肉 250g 以上两次通过食品加工机予以磨碎。这种加工机装有旋转的刀片和直径约 3mm 的孔板（其他类型的食品加工机、磨碎机或粉碎器械，只要不造成油的损失，又能给出均匀的糊状物，均可应用）。将样品混好并转入一适当大小和形状的容器中，温热半固态产物，用硬的刮铲或刮刀小心混合（如样品稳定，足以给出均匀的混合物，也可使用电动混合器或电动搅拌器）。将样品贮

于密闭的玻璃容器中。

三、水果样品预处理

在水果检测中，由于水果或水果原料种类繁多，组成复杂，其中的杂质或某些组分（如蛋白质、脂肪、糖类等）对分析测定常常产生干扰，使反应达不到预期的目的。这就需在正式测定之前，对样品进行适当处理，使被测组分同其他组分分离，或者使干扰物质除去。有些被测组分由于浓度太低或含量太少，直接测定有困难；这就需要将被测组分进行浓缩，这些过程称作样品的预处理。而且，水果样品中有些被测组分常有较大的不稳定性，需要经过样品预处理才能获提可靠的测定结果。

1. 样品预处理的原则

① 消除干扰因素，即干扰组分减少至不干扰被测组分的测定；

② 完整保留被测组分，即被测组分在分离过程中的损失要小至可忽略不计；

③ 使被测组分浓缩，以便获得可靠的检测结果；

④ 选用的分离富集方法要简便。

2. 样品预处理方法

因为水果本身含有如蛋白质、脂肪、糖类等，对分析测定产生干扰，所以在分析测定之前要对样品处理，这样可去除干扰物质，同时使被测物达到浓缩的目的。样品的处理要根据被测物的理化性质以及样品的特点。一般有下列几种方法：

① 有机物破坏法；

② 溶剂提取法；

③ 挥发和蒸馏分离法；

④ 色层分离法；

⑤ 离子交换分离法；

⑥ 沉淀分离法；

⑦ 皂化法和磺化法。

3. 有机物破坏法

在水果检测的样品预处理中，常用到有机物破坏法。

水果中存在多种微量元素，其中有些是食品的正常成分，如 K、Na、Ca、P、Fe 等，有些则是在生产、运输或销售过程中由于污染引入的，如 Pb、As、Hg 等。这些金属离子常与水果中的蛋白质等有机物质结合成为难溶的或难离解的有机金属化合物，使离子检测难以进行。我们在分析和测定这些元素时，需将这些元素从有机物中游离出来，或者将有机物破坏后测定，根据被测的性质，选择合适的有机物破坏法，常用于有机物破坏的方法有干法灰化法和湿法消化法两种。

（1）干法灰化法

① 定义：将样品在高温下长时间灼烧，使有机质彻底氧化破坏，生成 CO_2 和 H_2O 逸出，而与有机物结合的金属部分则变成简单的无机化合物。

灰化温度一般为 500～600℃，时间以灰化完全为度，一般为 4～6h。

② 优点：破坏彻底、简便易行、消耗药品少，适用于除 Pb、As、Hg、Sb 以外的金属元素的测定。

③ 缺点：破坏温度高、操作时间长，易造成某些元素的损失。

（2）湿法消化法

① 定义：湿法消化法是向样品中加入强氧化剂（如 H_2SO_4、HNO_3、H_2O_2、$KMnO_4$ 等）并加热消煮，使有机物氧化破坏的方法。

② 优点：加热温度低，减少了低沸点元素挥发散失的机会。

③ 缺点：在消化过程中产生大量酸雾和刺激性气体，对人体有害，因此整个消化过程必须在通风柜中进行。

湿法消化法常用几种强酸的混合物作为溶剂与试样一同加热煮解，如硝酸-硫酸、硝酸-高氯酸、硝酸-高氯酸-硫酸、高氯酸（或过氧化氢）-硫酸等。

第三节　水果检验技术

水果产品标准一般对外观、食用品质和卫生安全均有规定。在对水果总体评价时除应注意其诱人的外部形状等商业品质外，还必须重视包括营养价值的食用品质（糖、酸、维生素等）。在水果的安全卫生方面，国家标准规定了铅、镉等多种有害元素的限量和农药最大残留限量。本节主要学习水果质量的感官检验，水果中还原糖、可溶性固形物、可滴定酸度、还原糖、维生素 C、硝酸盐及亚硝酸盐的检验技术。

一、水果质量的感官检验

1. 水果质量感官检验概念

水果质量感官检验就是凭借人体自身的感觉器官，具体地讲就是凭借眼、耳、鼻、口和手，对水果的质量状况作出客观的评价。也就是通过眼看、鼻子嗅、耳朵听、用口品尝和用手触摸等方式，对水果的色、香、味和外观形态进行综合性的鉴别和评价。

2. 水果质量感官检验特点

水果质量的优劣最直接地表现在它的感官性状上，通过感官指标来鉴别食品的优劣和真伪，不仅简便易行，而且灵敏度高，直接而实用。

水果质量感官检验能否真实、准确地反映客观事物的本质，除了与人体感觉器官的健全程度和灵敏程度有关外，还与人们对客观事物的认识能力有直接的关系。

感官检验不仅能直接发现水果感官性状在宏观上出现的异常现象，而且当水果感官性状发生微观变化时也能很敏锐地察觉到。

3. 水果质量感官检验方法

（1）视觉鉴别法

视觉鉴别应在白昼的散射光线下进行，以免灯光隐色发生错觉。鉴别时：一是看果品的成熟度和是否具有该品种应有的色泽及形态特征；二是看果型是否端正，个头大小是否基本一致；三是看果品表面是否清洁新鲜，有无病虫害和机械损伤等。

（2）嗅觉鉴别法

水果的气味是一些具有挥发性的物质形成的，所以在进行嗅觉鉴别时稍稍加热，但最好是在 15～25℃的常温下进行。因为水果中的气味挥发物常随温度的高低而增减。

水果气味的鉴别顺序应当是先识别气味淡的，后鉴别气味浓的，以免影响嗅觉的灵敏度。在鉴别前禁止吸烟。

嗅觉鉴别法是辨别果品是否带有本品种特有芳香味的方法，有时候果品的变质可以通过其气味的不良改变直接鉴别出来，像坚果的哈喇味和西瓜的馊味等，都是很好的例证。

(3) 味觉鉴别法

味觉器官的敏感性与水果的温度有关，在进行水果滋味鉴别时，最好使水果温度处于20～25℃之间，以免温度的变化会增强或降低对味觉器官的刺激。几种不同味道的水果在进行感官评价时，应当按照刺激性由弱到强的顺序，最后鉴别味道强烈的水果，在进行大量样品鉴别时，中间必须休息，每鉴别一种水果后须用温水漱口。

味觉鉴别法不但能感知果品的滋味是否正常，还能感觉到果肉的质地是否良好，它也是很重要的一个感官指标。

(4) 触觉鉴别法

触觉鉴别法凭借触觉来鉴别水果肉质的粗细、松脆程度、软、硬、化渣与否、粉质性等感官指标。例如：根据苹果果肉的粉质性，常常可以判断苹果是否新鲜；水蜜桃果肉的软硬可以评价其成熟度。

二、水果中还原糖的测定——直接滴定法（GB 5009.7—2016）

水果蔬菜的主要成分是 CH_2O。碳水化合物统称为糖类，它包含了单糖、低聚糖及多糖，糖类化合物分类具体见图 5-1。

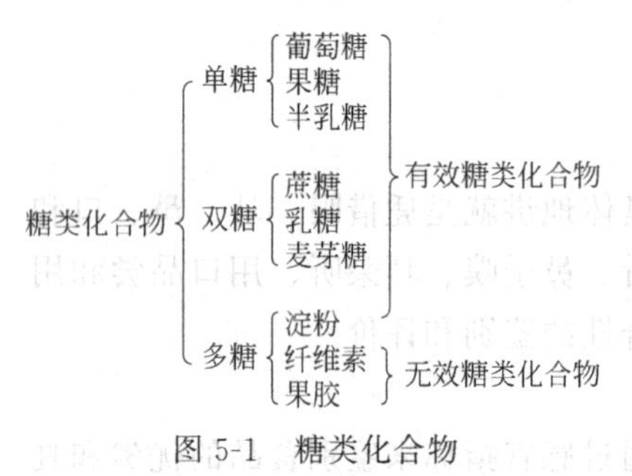

图 5-1　糖类化合物

在糖类中，分子中含有游离醛基或酮基的单糖和含有游离醛基的二糖都具有还原性。在图 5-1 中葡萄糖分子中含有游离醛基，果糖分子中含有游离酮基，乳糖和麦芽糖分子中含有游离的醛基，故它们都是还原糖。非还原性糖有蔗糖、淀粉、纤维素等，但它们都可以通过水解生成相应的还原性单糖。

根据糖分的还原性，可进行还原糖的测定。还原糖的测定依据 GB 5009.7—2016 中的方法有直接滴定法和高锰酸钾滴定法。本节学习直接滴定法测定水果中还原糖含量。

1. 原理

试样经除去蛋白质后，以亚甲基蓝作指示剂，在加热条件下滴定标定过的碱性酒石酸铜液（已用还原糖标准溶液标定），根据样品液消耗体积计算还原糖含量。

2. 试剂和材料

除非另有说明，本方法所用试剂均为分析纯，水为 GB/T 6682 规定的三级水。

(1) 试剂

① 盐酸（HCl）。

② 硫酸铜（$CuSO_4 \cdot 5H_2O$）。

③ 亚甲蓝（$C_{16}H_{18}ClN_3S \cdot 3H_2O$）。

④ 酒石酸钾钠（$C_4H_4O_6KNa \cdot 4H_2O$）。

⑤ 氢氧化钠（$NaOH$）。

⑥ 乙酸锌 [$Zn(CH_3COO)_2 \cdot 2H_2O$]。

⑦ 冰醋酸（$C_2H_4O_2$）。

⑧ 亚铁氰化钾［$K_4Fe(CN)_6 \cdot 3H_2O$］。

（2）试剂配制

① 盐酸溶液（1＋1）：量取盐酸 50mL，加水 50mL 混匀。

② 碱性酒石酸铜甲液：称取硫酸铜 15g 和亚甲蓝 0.05g，溶于水中，并稀释至 1000mL。

③ 碱性酒石酸铜乙液：称取酒石酸钾钠 50g 和氢氧化钠 75g，溶解于水中，再加入亚铁氰化钾 4g，完全溶解后，用水定容至 1000mL，储存于橡胶塞玻璃瓶中。

④ 乙酸锌溶液：称取乙酸锌 21.9g，加冰醋酸 3mL，加水溶解并定容于 100mL。

⑤ 亚铁氰化钾溶液（106g/L）：称取亚铁氰化钾 10.6g，加水溶解并定容至 100mL。

⑥ 氢氧化钠溶液（40g/L）：称取氢氧化钠 4g，加水溶解后，放冷，并定容至 100mL。

（3）标准品

① 葡萄糖（$C_6H_{12}O_6$）：CAS 为 50-99-7，纯度≥99%。

② 果糖（$C_6H_{12}O_6$）：CAS 为 57-48-7，纯度≥99%。

③ 乳糖（含水）（$C_6H_{12}O_6 \cdot H_2O$）：CAS 为 5989-81-1，纯度≥99%。

④ 蔗糖（$C_{12}H_{22}O_{11}$）：CAS 为 57-50-1，纯度≥99%。

（4）标准溶液配制

① 葡萄糖标准溶液（1.0mg/mL）：准确称取在 98～100℃烘箱中干燥 2h 的葡萄糖 1g，加水溶解后加入盐酸溶液 5mL，并用水定容至 1000mL。此溶液每毫升相当于 1.0mg 葡萄糖。

② 果糖标准溶液（1.0mg/mL）：准确称取在 98～100℃烘箱中干燥 2h 的果糖 1g，加水溶解后加入盐酸溶液 5mL，并用水定容至 1000mL。此溶液每毫升相当于 1.0mg 果糖。

③ 乳糖标准溶液（1.0mg/mL）：准确称取在 94～98℃烘箱中干燥 2h 的乳糖（含水）1g，加水溶解后加入盐酸溶液 5mL，并用水定容至 1000mL。此溶液每毫升相当于 1.0mg 乳糖（含水）。

④ 转化糖标准溶液（1.0mg/mL）：准确称取 1.0526g 蔗糖，用 100mL 水溶解，置于具塞锥形瓶中，加盐酸溶液 5mL，在 68～70℃水浴中加热 15min，放置至室温，转移至 1000mL 容量瓶中并加水定容至 1000mL，每毫升标准溶液相当于 1.0mg 转化糖。

3. 仪器和设备

① 天平：感量为 0.1mg。

② 水浴锅。

③ 可调温电炉。

④ 酸式滴定管：25mL。

4. 分析步骤

（1）样品提取液制备

取待测样品适量，洗净，用不锈钢刀将可食部分切成适当小块充分混合后，按四分法取样。称取 100g 鲜样加入等重量的水，放入组织捣碎机中捣成 1∶1 匀浆，有些材料匀浆比例可适当调整，多汁果蔬类可直接捣浆。称取匀浆 25.0g 或 50.0g（相当于样品 12.5g 或 25.0g）放入 150mL 烧杯中，含有机酸较多的材料加 0.5～2.0g 粉状 $CaCO_3$ 调至中性（广泛试纸检试）。用水将样液全部转入 250mL 容量瓶中，并调整体积约为 200mL，置于（80±20）℃水浴中保温 30min，其间摇动数次，取出加入乙酸锌溶液及亚铁氰化钾溶液各 2～

5mL，冷却至室温后，用水定溶，过滤备用。

(2) 碱性酒石酸铜溶液的标定

吸取碱性酒石酸铜甲液 5.0mL 和碱性酒石酸铜乙液 5.0mL，置于 150mL 锥形瓶中，加水 10mL，加入玻璃珠 2～4 粒，从滴定管中加葡萄糖（1.0mg/mL）（或其他还原糖标准溶液）约 9mL，控制在 2min 内加热至沸，趁热以每 2 秒 1 滴的速度继续滴加葡萄糖（或其他还原糖标准溶液），直至溶液蓝色刚好褪去为终点，记录消耗葡萄糖（或其他还原糖标准溶液）的总体积，同时平行操作 3 份，取其平均值，计算每 10mL（碱性酒石酸酮甲液、碱性酒石酸酮乙液各 5mL）碱性酒石酸铜溶液相当于葡萄糖（或其他还原糖）的质量（mg）。

注：也可以按上述方法标定 4～20mL 碱性酒石酸铜溶液（甲、乙液各半）来适应试样中还原糖的浓度变化。

(3) 试样溶液预测

吸取碱性酒石酸铜甲液 5.0mL 和碱性酒石酸铜乙液 5.0mL 于 150mL 锥形瓶中，加水 10mL，加入玻璃珠 2～4 粒，控制在 2min 内加热至沸，保持沸腾以先快后慢的速度，从滴定管中滴加试样溶液，并保持沸腾状态，待溶液颜色变浅时，以每 2 秒 1 滴的速度滴定，直至溶液蓝色刚好褪去为终点，记录样品溶液消耗体积。

注：当样液中还原糖浓度过高时，应适当稀释后再进行正式测定，使每次滴定消耗样液的体积控制在与标定碱性酒石酸铜溶液时所消耗的还原糖标准溶液的体积相近，约 10mL，结果按式（5-1）计算；当浓度过低时则采取直接加入 10mL 样品液，免去加水 10mL，再用还原糖标准溶液滴定至终点，记录消耗的体积与标定时消耗的还原糖标准溶液体积之差相当于 10mL 样液中所含还原糖的量，结果按式（5-2）计算。

(4) 试样溶液测定

吸取碱性酒石酸铜甲液 5.0mL 和碱性酒石酸铜乙液 5.0mL，置于 150mL 锥形瓶中，加水 10mL，加入玻璃珠 2～4 粒，从滴定管滴加比预测体积少 1mL 的试样溶液至锥形瓶中，控制在 2min 内加热至沸，保持沸腾继续以每 2 秒 1 滴的速度滴定，直至蓝色刚好褪去为终点，记录样液消耗体积，平行操作 3 份，得出平均消耗体积（V）。

5. 结果计算

① 试样中还原糖的含量（以某种还原糖计）按下式计算：

$$X=\frac{m_1}{mF\times\frac{V}{250}\times 1000}\times 100 \qquad (5\text{-}1)$$

式中 X——试样中还原糖的含量（以某种还原糖计），g/100g；

m_1——碱性酒石酸铜溶液（甲、乙液各半）相当于某种还原糖的质量，mg；

m——试样质量，g；

F——系数，对酒精饮料为 0.80，水果为 1；

V——测定时平均消耗试样溶液体积，mL；

250——定容体积，mL；

1000——换算系数。

② 当浓度过低时，试样中还原糖的含量（以某种还原糖计）按下式计算：

$$X=\frac{m_2}{mF\times\frac{10}{250}\times 1000}\times 100 \qquad (5\text{-}2)$$

式中 X——试样中还原糖的含量（以某种还原糖计），g/100g；

m_2——标定时体积与加入样品后消耗的还原糖标准溶液体积之差相当于某种还原糖的质量，mg；

m——试样质量，g；

F——系数，对酒精饮料为 0.80，水果为 1；

10——样液体积，mL；

250——定容体积，mL；

1000——换算系数。

③ 还原糖含量≥10g/100g 时，计算结果保留三位有效数字；还原糖含量＜10g/100g 时，保留两位有效数字。

6. 注意事项

① 此法测得的是总还原糖量。

② 在样品处理时，不能用铜盐作为澄清剂，以免样液中引入 Cu^{2+}，得到错误的结果。

③ 碱性酒石酸铜甲液和乙液应分别储存，用时才混合，否则酒石酸钾钠铜配合物长期在碱性条件下会慢慢分解析出氧化亚铜沉淀，使试剂有效浓度降低。

④ 滴定必须在沸腾条件下进行，其原因：一是可以加快还原糖与 Cu^{2+} 的反应速率；二是次甲基蓝变色反应是可逆的，还原型次甲基蓝遇空气中氧时又会被氧化为氧化型。此外，氧化亚铜也极不稳定，易被空气中氧所氧化。保持反应液沸腾可防止空气进入，避免次甲基蓝和氧化亚铜被氧化而增加耗糖量。

⑤ 滴定时不能随意摇动锥形瓶，更不能把锥形瓶从热源上取下来滴定，以防止空气进入反应溶液中。

⑥ 样品溶液预测的目的；本法对样品溶液中还原糖浓度有一定要求（0.1%左右），测定时样品溶液的消耗体积应与标定葡萄糖标准溶液时消耗的体积相近，通过预测可了解样品溶液浓度是否合适，浓度过大或过小应加以调整，使预测时消耗样液量在 10mL 左右。

⑦ 通过预测可知道样液大概消耗量，以便在正式测定时，预先加入比实际用量少 1mL 左右的样液，只留下 1mL 左右样液在续滴定时加入，以保证在 1min 内完成续滴定工作，提高测定的准确度。

⑧ 影响测定结果的主要操作因素是反应液碱度、热源强度、煮沸时间和滴定速率。反应液的碱度直接影响二价铜与还原糖反应的速率、反应进行的程度及测定结果。在一定范围内，溶液碱度愈高，二价铜的还原愈快。因此，必须严格控制反应液的体积，标定和测定时消耗的体积应接近，使反应体系碱度一致。

7. 可溶性总糖测定

（1）定义

水果中的总糖主要指具有还原性的葡萄糖，果糖，戊糖，乳糖和在测定条件下能水解为还原性单糖的蔗糖（水解后为 1 分子葡萄糖和 1 分子果糖）、麦芽糖（水解后为 2 分子葡萄糖）以及可能部分水解的淀粉（水解后为 2 分子葡萄糖）。

（2）测定

取已经制备的待测溶液 100mL 于 200mL 容量瓶中，加 6mol/L HCl10mL。在（80±2）℃水浴中加热 10min，放入冷水槽中冷却后，加甲基红指示剂 2 滴，用 6mol/L NaOH 溶液中和，用水定容。以下步骤同还原糖测定方法中分析步骤（3）、（4）。

三、水果中可滴定酸度的测定——指示剂滴定法

果蔬中含有的酸种类很多：有机酸、无机酸、酸式盐以及某些酸性有机化合物（如单宁、蛋白质分解产物和果胶物质分解产物等）。果实、蔬菜中所含的有机酸主要是苹果酸、柠檬酸和酒石酸，通常称为果酸，此外，还含有少量的草酸、鞣酸、苯甲酸、乙酸和蚁酸等。有机酸是果实和蔬菜的特有成分，它的存在，增加了果蔬酸味和风味。

水果中的酸度通常用总酸度（可滴定酸度）、有效酸度、挥发酸度来表示。

总酸度是指食品中所有酸性物质的总量，在测定前已离解成 H^+ 的酸的浓度（游离态），也包括未离解的酸的浓度（结合态、酸式盐）。其大小可借助标准碱液滴定来求取，故称作可滴定酸度，并以样品中主要代表酸的含量表示。

有效酸度指样品中呈离子状态的氢离子的浓度（严格地讲是活度）用 pH 计进行测定，用 pH 值表示。

挥发性酸度指水果中易挥发部分的有机酸，如乙酸、甲酸等，可用直接或间接法进行测定。

果蔬制品可滴定酸度的两种测定方法，即电位滴定法和指示剂滴定法。电位滴定法为仲裁法。指示剂滴定法为常规法。指示剂滴定法不适用于浸出液颜色较深的试样。

1. 指示剂滴定法原理

试样浸出液以酚酞为指示剂，用 0.1mol/L 氢氧化钠标准溶液滴定。

2. 仪器与试剂

(1) 仪器

① 高速组织捣碎机：10000～12000r/min。

② 架盘天平：感量 0.01g。

③ 电热恒温水浴锅。

④ 滴定管：碱式。

(2) 试剂配制

① 氢氧化钠标准溶液 0.1mol/L 标定：称取 0.75g 于 105～110℃电烘箱中干燥至恒重的工作基准试剂邻苯二甲酸氢钾，加 50mL 无二氧化碳的水溶解，加 2 滴酚酞指指示液(10g/L)，用配制好的氢氧化钠溶液滴定至溶液呈粉红色，并保持 30s。同时做空白试验。

② 酚酞指示剂：10g/L 的 95%（体积比）乙醇溶液。

③ 不含二氧化碳的蒸馏水：将水煮沸 15min，逐出二氧化碳，冷却、密闭。

3. 样品制备方法

本试验用水应是不含二氧化碳的或中性蒸馏水，可在使用前将蒸馏水煮沸、放冷，或加入酚酞指示剂用 0.1mol/L 氢氧化钠溶液中和至出现微红色。

剔除水果试样的非可食部分，用四分法分取可食部分切碎混匀，称取 50g，准确至 0.1g，放入高速组织捣碎机内，加入等量水，捣碎 1～2min，每 2g 匀浆折算为 1g 试样，称取匀浆 50～100g，准确至 0.1g，用 100mL 水洗入 250mL 容量瓶中，置于 75～80℃水浴上加热 30min，其间摇动数次，取出冷却，加水至刻度，摇匀过滤。

4. 测定步骤

根据预测酸度，用移液管吸取 25mL 或 50mL 样液，加入酚酞指示剂 5～10 滴，用氢氧化钠标准溶液滴定，至出现微红色 30s 内不褪色为终点，记下所消耗的体积。

5. **结果计算**

试样的可滴定酸度以每100g或100mL中氢离子物质的量（mmol）表示，按下式计算：

$$可滴定酸度=\frac{cV_1}{V_0}\times\frac{250}{m(V)}\times 100 \tag{5-3}$$

式中 c——氢氧化钠标准溶液物质的量浓度，mol/L；

V_1——滴定时所消耗的氢氧化钠标准溶液体积，mL；

V_0——吸取滴定用的样液体积，mL；

$m(V)$——试样质量（体积），g（mL）；

250——试样浸提后定容体积，mL。

试样的可滴定酸度以某种酸的含量表示，按下式计算：

$$可滴定酸度=\frac{cV_1k}{V_0}\times\frac{250}{m(V)}\times 100\% \tag{5-4}$$

式中 c——氢氧化钠标准溶液物质的量浓度，mol/L；

V_1——滴定时所消耗的氢氧化钠标准溶液体积，mL；

V_0——吸取滴定用的样液体积，mL；

$m(V)$——试样质量（体积），g（mL）；

250——试样浸提后定容体积，mL；

k——换算为某种酸的换算系数，见表5-1。

表5-1 各种酸的换算系数

酸的名称	换算系数	习惯用以表示的果蔬制品
苹果酸	0.067	仁果类、核果类水果
结晶柠檬酸(一结晶水)	0.070	柑橘类、浆果类水果
酒石酸	0.075	葡萄
草酸	0.045	菠菜
乳酸	0.090	盐渍、发酵制品
乙酸	0.060	醋渍制品

6. **注意事项**

① 因食品中含有多种有机酸，总酸度测定结果通常以样品中含量最多的那种酸表示。一般分析葡萄及其制品时，用酒石酸表示；分析柑橘类果实及其制品时，用柠檬酸表示；分析苹果、核桃类果实及其制品时，用苹果酸表示。

② 有些果蔬样液滴定至接近终点时出现黄褐色，这时可加入样液体积1～2倍的热水稀释。加入酚酞指示剂0.5～1mL，再继续滴定，使酚酞变色易于观察。若样液颜色过深或浑浊，则宜用电位滴定法。

③ 由于水果中有机酸均为弱酸，在用强碱（NaOH）滴定时，其滴定终点偏碱性，一般在pH=8.2左右，故可选用酚酞作终点指示剂。

④ 测定水果中酸度可判断果蔬的成熟程度：如果测定出葡萄所含的有机酸中苹果酸高于酒石酸时，说明葡萄还未成熟，因为成熟的葡萄含大量的酒石酸。不同种类的水果，酸的含量因成熟度、生长条件而异，一般成熟度越高，酸的含量越低，同时糖的含量增加，糖酸

比增大，具有良好的口感，故通过对酸度的测定可判断原料的成熟度。

四、水果中可溶性固形物含量的测定——折射仪法（NY/T 2637—2014）

可溶性固形物是指液体或流体食品中所有溶解于水的化合物的总称，包括糖、酸、维生素、矿物质等。水果和蔬菜的汁液中可溶性固形物浓度，是产品品质的重要指标之一，生产中常用可溶性固形物浓度代替产品的含糖量，可溶性固形物浓度越高，说明其含糖量越高。测定可溶性固形物浓度也可以衡量水果成熟情况，以便确定采摘时间。水果和蔬菜中可溶性固形物含量的测定常采用折射仪法。

1. 原理

用折射仪测定样液的折射率，从显示器或刻度尺上读出样液的可溶性固形物含量，以蔗糖的质量分数表示。

2. 仪器设备

① 折射仪：糖度刻度为0.1%。

② 高速组织捣碎机：转速为10000～12000r/min。

③ 天平：感量0.01g。

3. 测定步骤

（1）样液制备

水果和蔬菜洗净、擦干，取可食部分切碎、混匀，称取适量试样（含水量高的试样一般称取250g；含水量低的试样一般称取125g，加入适量蒸馏水），放入高速组织捣碎机中捣碎，用两层擦镜纸或四层纱布挤出匀浆汁液测定。

（2）仪器校准

在20℃条件下，用蒸馏水校准折射仪，将可溶性固形物含量读数调整至0。环境温度不在20℃时，按表5-2中的校正值进行校准。

表5-2 可溶性固形物含量温度校正值

温度/℃	可溶性固形物含量读数/%									
	0	5	10	15	20	25	30	35	40	45
10	0.50	0.54	0.58	0.61	0.64	0.66	0.68	0.70	0.72	0.73
11	0.46	0.46	0.53	0.55	0.58	0.60	0.62	0.64	0.65	0.66
12	0.42	0.45	0.48	0.50	0.52	0.54	0.56	0.57	0.58	0.59
13	0.37	0.40	0.42	0.44	0.46	0.48	0.49	0.50	0.51	0.52
14	0.33	0.35	0.37	0.39	0.40	0.41	0.42	0.43	0.44	0.45
15	0.27	0.29	0.31	0.33	0.34	0.34	0.35	0.36	0.37	0.37
16	0.22	0.24	0.25	0.26	0.27	0.28	0.28	0.29	0.30	0.30
17	0.17	0.18	0.19	0.20	0.21	0.21	0.24	0.22	0.22	0.23
18	0.12	0.13	0.13	0.14	0.14	0.14	0.14	0.15	0.15	0.15
19	0.06	0.06	0.06	0.07	0.07	0.07	0.07	0.08	0.08	0.08
21	0.06	0.07	0.07	0.07	0.07	0.08	0.08	0.08	0.08	0.08
22	0.13	0.13	0.14	0.14	0.15	0.15	0.15	0.15	0.15	0.16
23	0.19	0.20	0.21	0.22	0.22	0.23	0.23	0.23	0.23	0.24
24	0.26	0.27	0.28	0.29	0.30	0.30	0.31	0.31	0.31	0.31

续表

温度/℃	可溶性固形物含量读数/%									
	0	5	10	15	20	25	30	35	40	45
25	0.33	0.35	0.36	0.37	0.38	0.38	0.39	0.40	0.40	0.40
26	0.40	0.42	0.43	0.44	0.45	0.46	0.47	0.48	0.48	0.48
27	0.48	0.50	0.52	0.53	0.54	0.55	0.55	0.56	0.56	0.56
28	0.56	0.57	0.60	0.61	0.62	0.63	0.63	0.64	0.64	0.64
29	0.64	0.66	0.68	0.69	0.71	0.72	0.72	0.73	0.73	0.73
30	0.72	0.74	0.77	0.78	0.79	0.80	0.80	0.81	0.81	0.81

注：测定温度低于20℃时，真实值等于读数减去校正值；测定温度高于20℃时，真实值等于读数加上校正值。

（3）样液测定

保持测定温度稳定，变幅不超过±0.5℃。用柔软绒布擦净棱镜表面，滴加2～3滴待测样液，使样液均匀分布于整个棱镜表面，对准光源（非数显折射仪应转动消色调节旋钮，使视野分成明暗两部分，再转动棱镜旋钮，使明暗分界线在物镜的十字交叉点上），记录折射仪读数。无温度自动补偿功能的折射仪，记录测定温度。用蒸馏水和柔软绒布将棱镜表面擦净。注：测定时应避开强光干扰。

4. 结果计算

① 有温度自动补偿功能的折射仪。未经稀释的试样，折射仪读数即为试样可溶性固形物含量。加蒸馏水稀释过的试样，其可溶性固形物含量按下式计算：

$$X = P \times \frac{m_0 + m_1}{m_0} \tag{5-5}$$

式中 X——样品可溶性固形物含量，%；

P——样液可溶性固是物含量，%；

m_0——试样质量，g；

m_1——试样中加入蒸馏水的质量，g。

注：常温下蒸馏水的质量按1g/mL计。

② 无温度自动补偿功能的折射仪。根据记录的测定温度，从表5-2中查出校正值。未经稀释过的试样，测定温度低于20℃时，折射仪读数减去校正值即为试样可溶性固形物含量；测定温度高于20℃时，折射仪读数加上校正值即为试样可溶性固形物含量。

③ 结果以两次平行测定结果的算术平均值表示，保留一位小数。

5. 注意事项

① 每次测定时，试样不可加得太多，一般只需加2～3滴即可。

② 手持糖量测定计使用前后，一定要用蒸馏水擦洗，而不能用其他水代替。擦洗时只能用脱脂棉或镜头纸，不能用其他材料擦洗，以免损伤镜面。

五、水果中维生素C含量测定——2，6-二氯靛酚滴定法（GB 5009.86—2016）

维生素C又叫抗坏血酸，广泛存在于植物组织中，新鲜的水果、蔬菜中含量较多，是一种水溶性小分子生物活性物质，也是人体需要量最大的一种维生素。维生素C具有还原性，可以与许多氧化剂发生氧化还原反应，因此可以利用其还原性测定维生素C的含量。维生素C在水溶液中易被氧化，在碱性条件下易分解，在弱酸条件中较稳定。在果品质量监测中，经常需要测定维生素C的含量。依据GB 5009.86—2016，维生素C含量测定方法有高效液相色谱法、荧光法、2,6-二氯靛酚滴定法等。本节介绍2,6-二氯靛酚滴定法。

1. 原理

用蓝色的碱性染料2,6-二氯靛酚标准溶液对试样酸性浸出液进行氧化还原滴定，2,6-二氯靛酚被还原为无色，当到达滴定终点时，多余的2,6-二氯靛酚在酸性介质中显浅红色，由2,6-二氯靛酚的消耗量计算样品中L-(+)-抗坏血酸的含量。

2. 试剂和材料

(1) 试剂

除非另有说明，本方法所用试剂均为分析纯，水为GB/T 6682规定的三级水。

① 偏磷酸溶液（20g/L） 称取20g偏磷酸，用水溶解并定容至1L。

② 草酸溶液（20g/L） 称取20g草酸，用水溶解并定容至1L。

③ 2,6-二氯靛酚（2,6-二氯靛酚钠盐）溶液 称取碳酸氢钠52mg溶解在200mL热蒸馏水中，然后称取2,6-二氯靛酚50mg溶解在上述碳酸氢钠溶液中。冷却并用水定容至250mL，过滤至棕色瓶内，于4～8℃环境中保存。每次使用前，用标准抗坏血酸溶液标定其滴定度。

标定方法：准确吸取1mL抗坏血酸标准溶液于50mL锥形瓶中，加入10mL偏磷酸溶液或草酸溶液，摇匀，用2,6-二氯靛酚溶液滴定至粉红色，保持15s不褪色为止。同时另取10mL偏磷酸溶液或草酸溶液做空白试验。2,6-二氯靛酚溶液的滴定度按下式计算：

$$T=\frac{cV}{V_1-V_0} \tag{5-6}$$

式中 T——2,6-二氯靛酚溶液的滴定度，即每毫升2,6-二氯靛酚溶液相当于抗坏血酸的毫克数，mg/mL；

c——抗坏血酸标准溶液的质量浓度，mg/mL；

V——吸取抗坏血酸标准溶液的体积，mL；

V_1——滴定抗坏血酸标准溶液所消耗2,6-二氯靛酚溶液的体积，mL；

V_0——滴定空白所消耗2,6-二氯靛酚溶液的体积，mL。

④ 标准品 L-(+)-抗坏血酸标准品（$C_6H_8O_6$）：纯度≥99%。

⑤ 标准溶液的配制 L-(+)-抗坏血酸标准溶液（1.000mg/mL）：称取100mg（精确至0.1mg）L-(+)-抗坏血酸标准品，溶于偏磷酸溶液或草酸溶液并定容至100mL。该储备液在2～8℃避光条件下可保存一周。

(2) 仪器

① 天平 感量为0.1mg和1mg。

② 组织捣碎机。

③ 酸式滴定管。

3. 测定步骤

整个检测过程应在避光条件下进行。

(1) 试液制备

称取具有代表性的样品可食部分100g，放入高速组织捣碎机中，加入100g偏磷酸溶液或草酸溶液，迅速捣成匀浆。准确称取10～40g匀浆样品（精确至0.01g）于烧杯中，用偏磷酸溶液或草酸溶液将样品转移至100mL容量瓶，并稀释至刻度，摇匀后过滤。若滤液有颜色，可按每克样品加 0.4g 白陶土脱色后再过滤。

（2）滴定

准确吸取 10mL 滤液于 50mL 锥形瓶中，用标定过的 2,6-二氯靛酚溶液滴定，直至溶液呈粉红色 15s 不褪色为止。同时做空白试验。

4. **结果计算**

① 试样中 L(+)-抗坏血酸含量按下式计算：

$$X=\frac{(V-V_0)TA}{m}\times 100 \tag{5-7}$$

式中 X——试样中 L(+)-抗坏血酸含量，mg/100g；

V——滴定试样所消耗 2,6-二氯靛酚溶液的体积，mL；

V_0——滴定空白所消耗 2,6-二氯靛酚溶液的体积，mL；

T——2,6-二氯靛酚溶液的滴定度，mg/mL；

A——稀释倍数；

m——试样质量，g。

② 计算结果以重复性条件下获得的两次独立测定结果的算术平均值表示，结果保留三位有效数字。

5. **注意事项**

① 维生素 C 在水溶液中易被氧化，在碱性条件下易分解，在弱酸性条件中较稳定，因此在组织捣碎的同时需加入浸提剂（草酸或偏磷酸），以减少维生素 C 的损失。

② 2,6 二氯靛酚的 T 值是指每毫升试剂所能氧化维生素 C 的毫克数。T 值过低，滴定时终点不明显，难以判读，直接影响测定结果。一般认为 T 值最好能保持在 0.1 左右，此时测定的滴定终点突跃明显，重现性良好。

③ 滴定开始时，2,6-二氯靛酚染料溶液要迅速加入，直至红色不立即消失后尽可能一滴一滴地加入，并要不断摇动锥形瓶，直至呈粉红色于 15s 内不消失为止。样品中可能有其他杂质也能还原 2,6-二氯靛酚，但一般杂质还原该染料的速度均较抗坏血酸慢，所以滴定时以 15s 红色不褪为终点。由于 2,6-二氯靛酚滴定法测定维生素 C 终点不是特别明显。滴定时，可同时吸两个样品。一个滴定，另一个作为观察颜色变化的参考。测定样液时，需做空白对照，样液滴定体积扣除空白体积。

六、水果中亚硝酸盐和硝酸盐含量的测定（GB 5009.33—2016）

随着人们生活水平的不断提高和保健意识的增强，消费者对水果、蔬菜的品质越来越关注。植物吸收氮素之后，往往以硝酸盐的形式暂存于体内，硝酸盐是一种无毒的无机化合物。但是如果水果、蔬菜不新鲜了，硝酸盐会被植物中的酶转化成亚硝酸盐。

亚硝酸盐是一类无机化合物的总称，主要指亚硝酸钠和亚硝酸钾，具有强氧化性，亚硝酸盐是有一定毒性的。亚硝酸盐进入人体内会与血液中的血红蛋白作用，将其氧化为高铁血红蛋白，使血红蛋白失去携氧能力，致使组织缺氧而中毒。另外，长期过量摄入亚硝酸盐，可导致胃癌和食道癌等恶性肿瘤疾病。因此在果品品质检测中需检测水果中亚硝酸盐和硝酸盐含量。水果中亚硝酸盐和硝酸盐的测定分析方法有离子色谱法、分光光度法（亚硝酸盐采用盐酸萘乙二胺法测定，硝酸盐采用镉柱还原法测定）。对于新鲜蔬菜、水果，亚硝酸盐含量甚微，可忽略不计时，可用紫外分光光度法测定蔬菜、水果中硝酸盐的含量。

（一）水果中亚硝酸盐的测定——盐酸萘乙二胺分光光度法（GB 5009.33—2016）

1. 原理

试样经沉淀蛋白质、除去脂肪后，在弱酸条件下，亚硝酸盐与对氨基苯磺酸重氮化后，再与盐酸萘乙二胺偶合形成紫红色染料，外标法测得亚硝酸盐含量。

2. 试剂

（1）试剂配制

① 亚铁氰化钾溶液（106g/L）：称取 106.0g 亚铁氰化钾，用水溶解，并稀释至 1000mL。

② 乙酸锌溶液（220g/L）：称取 220.0g 乙酸锌，先加 30mL 冰醋酸溶解，用水稀释至 1000mL。

③ 饱和硼砂溶液（50g/L）：称取 5.0g 硼酸钠，溶于 100mL 热水中，冷却后备用。

④ 氨缓冲溶液（pH=9.6～9.7）：量取 30mL 盐酸，加 100mL 水，混匀后加 65mL 氨水，再加水稀释至 1000mL，混匀，调节 pH 值至 9.6～9.7。

⑤ 氨缓冲溶液的稀释液：量取 50mL pH=9.6～9.7 氨缓冲溶液，加水稀释至 500mL，混匀。

⑥ 盐酸（0.1mol/L）：量取 8.3mL 盐酸，用水稀释至 1000mL。

⑦ 盐酸（2mol/L）：量取 167mL 盐酸，用水稀释至 1000mL。

⑧ 对氨基苯磺酸溶液（4g/L）：称取 0.4g 对氨基苯磺酸，溶于 100mL 20%盐酸中，混匀，置于棕色瓶中，避光保存。

⑨ 盐酸萘乙二胺溶液（2g/L）：称取 0.2g 盐酸萘乙二胺，溶于 100mL 水中，混匀，置于棕色瓶中，避光保存。

⑩ 亚硝酸钠：采用基准试剂，或采用具有标准物质证书的亚硝酸盐标准溶液。

（2）标准溶液配制

① 亚硝酸钠标准溶液（200μg/mL，以亚硝酸钠计）：准确称取 0.1000g 于 110～120℃ 干燥恒重的亚硝酸钠，加水溶解，移入 500mL 容量瓶中，加水稀释至刻度，混匀。

② 亚硝酸钠标准使用液（5.0μg/mL）：临用前，吸取 2.50mL 亚硝酸钠标准溶液，置于 100mL 容量瓶中，加水稀释至刻度。

3. 仪器和设备

① 天平：感量为 0.1mg 和 1mg。

② 组织捣碎机。

③ 超声波清洗器。

④ 恒温干燥箱。

⑤ 分光光度计。

4. 样液提取

称取 5g（精确至 0.001g）匀浆试样（如制备过程中加水，应按加水量折算），置于 250mL 具塞锥形瓶中，加 12.5mL 50g/L 饱和硼砂溶液，加入 70℃左右的水约 150mL，混匀，于沸水浴中加热 15min，取出置于冷水浴中冷却，并放置至室温。定量转移上述提取液至 200mL 容量瓶中，加入 5mL 106g/L 亚铁氰化钾溶液，摇匀，再加入 5mL 220g/L 乙酸锌溶液，以沉淀蛋白质，加水至刻度，摇匀，放置 30min，除去上层脂肪，上清液用滤纸过滤，弃去初滤液 30mL，滤液备用。

5. 亚硝酸盐的测定

吸取 40.0mL 上述滤液于 50mL 带塞比色管中，另吸取 0.00mL、0.20mL、0.40mL、0.60mL、0.80mL、1.00mL、1.50mL、2.00mL、2.50mL 亚硝酸钠标准使用液（相当于 0.0μg、1.0μg、2.0μg、3.0μg、4.0μg、5.0μg、7.5μg、10.0μg、12.5μg 亚硝酸钠），分别置于 50mL 带塞比色管中。于标准管与试样管中分别加入 2mL 4g/L 对氨基苯磺酸溶液，混匀，静置 3～5min 后各加入 1mL 2g/L 盐酸萘乙二胺溶液，加水至刻度，混匀，静置 15min，用 1cm 比色皿，以零管调节零点，于波长 538nm 处测吸光度，绘制标准曲线。同时做试剂空白。

6. 亚硝酸盐含量计算

① 亚硝酸盐（以亚硝酸钠计）的含量按下式计算：

$$X=\frac{m_1\times 1000}{m_0\times\dfrac{V_1}{V_0}\times 1000}\times 100 \tag{5-8}$$

式中　X——试样中亚硝酸钠的含量，mg/kg；

m_1——测定用样液中亚硝酸钠的质量，μg；

1000——转换系数；

m_0——试样质量，g；

V_1——测定用样液体积，mL；

V_0——试样处理液总体积，mL。

② 结果保留 2 位有效数字。

（二）水果中硝酸盐的测定——紫外分光光度法

1. 原理

用 pH=9.6～9.7 的氨缓冲液提取样品中硝酸根离子，同时加活性炭去除色素类，加沉淀剂去除蛋白质及其他干扰物质，利用硝酸根离子和亚硝酸根离子在紫外区 219nm 处具有等吸收波长的特性，测定提取液的吸光度，其测得结果为硝酸盐和亚硝酸盐吸光度的总和，鉴于新鲜蔬菜、水果中亚硝酸盐含量甚微，可忽略不计。可从工作曲线上查得相应的质量浓度，计算样品中硝酸盐的含量。

2. 试剂和材料

（1）试剂

① 氨缓冲溶液（pH=9.6～9.7）：量取 20mL 盐酸，加入到 500mL 水中，混合后加入 50mL 氨水，用水定容至 1000mL，调 pH 值至 9.6～9.7。

② 亚铁氰化钾溶液（150g/L）：称取 150g 亚铁氰化钾溶于水，定容至 1000mL。

③ 硫酸锌溶液（300g/L）：称取 300g 硫酸锌溶于水，定容至 1000mL。

（2）标准品

① 硝酸钾：采用基准试剂，或采用具有标准物质证书的硝酸盐标准溶液。

② 硝酸盐标准储备液（500mg/L，以硝酸根计）配制：称取 0.2039g 于 110～120℃ 干燥至恒重的硝酸钾，用水溶解并转移至 250mL 容量瓶中，加水稀释至刻度，混匀。此溶液硝酸根质量浓度为 500mg/L，于冰箱内保存。

③ 硝酸盐标准曲线工作液：分别吸取 0mL、0.2mL、0.4mL、0.6mL、0.8mL、1.0mL 和 1.2mL 硝酸盐标准储备液于 50mL 容量瓶中，加水定容至刻度，混匀。此标准系列溶液硝酸根质量浓度分别为 0mg/L、2.0mg/L、4.0mg/L、6.0mg/L、8.0mg/L、10.0mg/L 和 12.0mg/L。

3. 仪器和设备

① 紫外分光光度计。

② 分析天平：感量 0.01g 和 0.0001g。

③ 组织捣碎机。

④ 可调式往返振荡机。

⑤ pH 计：精度为 0.01。

4. 分析步骤

(1) 试样制备

选取一定数量有代表性的样品，用水清洗干净，晾干表面水分，用四分法取样、切碎、充分混匀，于组织捣碎机中匀浆（部分少汁样品可按一定质量比加入等量水），在匀浆中加 1 滴正辛醇消除泡沫。

(2) 提取

称取 10g（精确至 0.01g）匀浆试样（如制备过程中加水，应按加水量折算）于 250mL 锥形瓶中，加水 100mL，加入 5mL 氨缓冲溶液（pH=9.6～9.7），2g 粉末状活性炭，振荡（往复速度为 200 次/min）30min，定量转移至 250mL 容量瓶中，加入 2mL 150g/L 亚铁氰化钾溶液和 2mL 300g/L 硫酸锌溶液，充分混匀，加水定容至刻度，摇匀，放置 5min，上清液用定量滤纸过滤，滤液备用。同时做空白实验。

(3) 测定

根据试样中硝酸盐含量的高低，吸取上述滤液 2～10mL 于 50mL 容量瓶中，加水定容至刻度，混匀。用 1cm 石英比色皿，于 219nm 处测定吸光度。

(4) 标准曲线的制作

将标准曲线工作液用 1cm 石英比色皿，于 219nm 处测定吸光度。以标准溶液质量浓度为横坐标，吸光度为纵坐标绘制工作曲线。

5. 结果计算

① 硝酸盐（以硝酸根计）的含量按下式计算：

$$X=\frac{\rho V_0 V_2}{m V_1} \tag{5-9}$$

式中 X——试样中硝酸盐的含量，mg/kg；

ρ——由工作曲线获得的试样溶液中硝酸盐的质量浓度，mg/L；

V_0——提取液定容体积，mL；

V_2——待测液定容体积，mL；

m——试样的质量，g；

V_1——吸取的滤液体积，mL。

② 结果保留 2 位有效数字。

6. 注意事项

① 处理样品时一定要在碱性条件下进行，pH 值约为 9.18，因为锌盐沉淀蛋白质时，

要求在碱性条件下进行，溶液在碱性下亚硝基根以离子存在，易溶且稳定。

② 为了使亚硝酸提取完全，应该进行热处理，加热时间应控制好时间，约为15min。因为在加热下样品容易挥发，也易分解，造成损失。

③ 盐酸萘乙二胺有致癌的作用，使用时注意安全。

④ 紫外分光光度法测定水果中硝酸盐的含量是基于新鲜水果中亚硝酸盐含量甚微的条件，如果水果中亚硝酸盐特别高时，则采用镉柱还原分光光度法或离子色谱法测定水果中硝酸盐的含量。

本章小结

本章阐述了水果分类，水果品质及其影响因素，水果样品的采集和预处理，水果样品的感官检验，水果中还原糖、可溶性总糖、可溶性固形物、维生素C、硝酸盐及亚硝酸盐的检测技术及检测中注意的事项。

1. 水果样品的采集和预处理

水果样品的采集：①水果体积较小的，随机取若干个整体。②体积较大的采取纵分缩剖的原则，对每个个体按生长轴纵剖分4份或8份，取对角线2份。

水果样品的制备：①水分含量较高、质地软的水果可采用高速组织捣碎机匀浆法。②带壳的坚果去壳取肉，并将果肉通过食品加工机予以磨碎，再将样品混合，储于密闭的玻璃容器中。

水果样品的预处理方法：有机物破坏法、溶剂提取法、挥发和蒸馏分离法、色谱分离法、离子交换分离法、沉淀分离法、皂化法和磺化法。

2. 水果检验技术

① 水果质量的感官检验：通过眼看、鼻子嗅、耳朵听、用口品尝和用手触摸等方式，对水果的色、香、味和外观形态进行综合性的鉴别和评价。

② 水果中葡萄糖、果糖、乳糖和麦芽糖都是还原糖。还原糖的测定常用直接滴定法和高锰酸钾滴定法。

③ 果实、蔬菜中所含的有机酸主要是苹果酸、柠檬酸和酒石酸，通常称为果酸。水果中的酸度通常用总酸度（可滴定酸度）、有效酸度、挥发酸度来表示。可滴定酸度是影响果实风味品质的重要因素，可通过指示剂滴定法来测定。

④ 水果中可溶性固形物是指水果中所有溶解于水的化合物的总称，包括糖、酸、维生素、矿物质等。可溶性固形物浓度越高，说明其含糖量越高。可溶性固形物可用折射仪法测定。

⑤ 维生素C，又叫抗坏血酸，是一种己糖衍生物。它的测定方法有高效液相色谱法、荧光法、2,6-二氯靛酚滴定法等。

⑥ 硝酸盐会被植物中的酶转化成亚硝酸盐。亚硝酸盐是一类无机化合物的总称，亚硝酸盐是有一定毒性的。水果中亚硝酸盐和硝酸盐的测定方法有离子色谱法、分光光度法。对于新鲜蔬菜、水果中亚硝酸盐含量甚微时，可用紫外分光光度法测定其硝酸盐的含量。

复习思考题

1. 果品品质特征包括哪些?

2. 试列出水果样品的预处理方法。

3. 直接滴定法测定水果中还原糖的原理是什么，在测定过程中应注意哪些问题?

4. 直接滴定法测定水果中还原糖为什么必须在沸腾条件下进行滴定，且不能随意摇动锥形瓶?

5. 水果中可滴定酸度测定方法有哪些?

6. 简述果蔬中有机酸的种类，对于颜色较深的一些样品，在测定其酸度时，如何排除干扰，以保证测定的准确度?

7. 水果中维生素C的测定方法有哪些?

8. 新鲜水果、蔬菜检测样品在捣碎处理时如何防止维生素C的氧化?

9. 简述2,6-二氯靛酚滴定法测定水果中维生素C含量的注意事项。

10. 简述2,6-二氯靛酚滴定法测定水果中维生素C含量的原理。

11. 简述盐酸萘乙二胺分光光度法测定水果中亚硝酸含量的原理。

12. 简述紫外分光光度法测定水果中硝酸盐含量的原理。

第六章　肉类检验

“民以食为天”。饮食在人类的日常生活中占据着重要的地位。早期，人类是只吃蔬果而不食肉的，直到后冰河时期，日常的水果、蔬菜、坚果等不再满足需要，为了生存，人类才开始吃动物的肉，自此，吃肉的习惯才延续下来。

第一节　肉类检验基础知识

肉类检验涉及品质检验和残留检测两部分。鲜、冻肉制品的农兽药残留检测，鲜、冰水产品的污染物检测，贝类毒素检测，加工肉制品的食品添加剂检测，都是肉类检验的主要内容。按照 GB 2733 的要求，贝类、淡水蟹类、龟鳖、黄鳝应活体加工，其冷冻品应在活体状态下清洗（宰杀或去壳）后冷冻。冷冻动物性水产品应储存在－18℃或更低的温度下，禁止与有毒、有害、有异味物品同库储存。

一、主要肉类品种

肉是极富营养的食品，不仅含有大量的全价蛋白质、脂肪、糖类、矿物质和维生素，而且味道鲜美，饱腹感强，因此，肉类食品深受人们的喜爱。肉的种类很多，以牛、猪、羊、禽肉和水产品为主。从广义上讲，凡是适合人类作为食品的动物机体的所有构成部分都可称之为肉，包括胴体、血、头、尾、内脏、蹄等。胴体所包含的肌肉、脂肪、骨、软骨、筋膜、神经、脉管和淋巴结等均列入肉的概念。

二、肉品品质检验操作规程

肉品品质是反映肉质量优劣的属性，主要包括感官检验、理化检测、微生物检测三个方面。不同种类的肉及肉制品品质检验的侧重点不同。

1. 感官检验

鲜、冻畜、禽、水产品的感官检验主要从色泽、气味、组织状态（弹性）、黏度等几个方面考察，主要依赖的检验手段包括目测、嗅觉检验、手触等。低温肉制品（包括熏煮火腿、香肠、酱卤制品、熏烧烤肉制品等）还需进行风味检验，是否咸淡适中，鲜香味美。预制肉类制品（包括冷却预制肉类食品和冷冻预制肉类食品）需要进行杂质检验，看有无毛发、碎骨、鳞片等混入。

2. 理化检验

肉品理化检验，分为常规理化检验、农兽药残留检验、污染物检验、贝类毒素检验和食品添加剂检验。常规理化检验主要涉及蛋白质、脂肪、水分、氯化物、亚硝酸盐、挥发性盐基氮等的检测。农兽药残留检验主要包括六六六、滴滴涕、敌敌畏、氯霉素、磺胺类、四环素类、*β*-受体激动剂类等的检测。污染物检验主要是指对苯并（*α*）芘、重金属类（铅、砷、镉、汞）的检验。鲜冻水产品还要进行贝类毒素的检验，包括麻痹性贝类毒素（PSP）和腹泻性贝类毒素（DSP）。高组胺鱼类（鲐鱼、鲭鱼、秋刀鱼、鲣鱼、鲹鱼、沙丁鱼、竹荚鱼、金枪鱼、马鲛鱼等青皮红肉的海水鱼）、贝类、蟹类等海鲜需要进行组胺含量的检测。低温肉制品和预制肉制品还需进行相关食品添加剂的检测。

3. 微生物检验

食品致病菌是引起食物中毒的重要来源。肉中微生物检验主要涉及菌落总数、大肠菌群、致病菌（沙门氏菌、志贺氏菌、金黄色葡萄球菌）等的检测。肉制品由于加工原料、制作工艺、储存方法的差异，其微生物检测的种类也有所差别。例如腌腊肉需要检测具有较强耐盐或嗜盐性微生物，弧菌和脱盐微球菌最为典型。

三、鲜、冻肉类的感官质量标准

肉品鲜度指的是肉品的新鲜程度，是衡量肉品是否符合食用要求的客观标准。肉品鲜度的检验包括感官检验和理化检验。感官检验主要是从肉品的色泽、黏度、弹性（组织状态）、气味等方面来判定肉的新鲜度，主要通过人的感觉器官进行检验。肉类食品的感官特性质量标准见表 6-1。

表 6-1 肉类食品的感官特性质量标准

感官鉴别项目	鲜肉	冻肉	低温肉制品	预制肉类食品
色泽	肌肉色泽鲜红或深红，有光泽；脂肪呈乳白色或粉白色	肌肉有光泽，颜色鲜红；脂肪呈乳白，无霉点	具有产品固有的色泽	具有该产品经添加辅料或不添加辅料后应有的色泽和新鲜感
弹性（组织状态）	指压后的凹陷立即恢复	肉质紧密，有坚实感	组织紧密，有弹性，切片良好，无其他杂物（部分酱卤制品、熏烧烤肉制品除外），允许有少量气孔	形态包装良好
黏度	外表微干或微湿润，不粘手	外表及切面湿润，不粘手	—	—
气味	具有鲜肉的正常气味。煮沸后肉汤透明澄清，脂肪团聚于液面，具有香味	具有冻肉的正常气味。煮沸后肉汤透明澄清，脂肪团聚于液面，无异味	—	具有该产品的固有气味，无异味
风味	—	—	咸淡适中，鲜香可口，具有该产品固有的风味，无异味	具有添加辅料、烹调加热后口尝咸淡适中、鲜香味美，无异味

续表

感官鉴别项目	鲜肉	冻肉	低温肉制品	预制肉类食品
杂质	—	—	—	无毛发、甲壳、碎骨、鳞片、金属、玻璃、泥沙、昆虫等杂质混入

第二节　肉类产品检验技术

一、动物源性食品中的常规理化检验

（一）动物源性食品中挥发性盐基氮的测定

动物源性食品中挥发性盐基氮的测定主要包含鲜（冻）肉、肉制品和调理肉制品、动物性水产品和海产品及其调理制品、腌制蛋制品中挥发性盐基氮的检验。

1. 原理

挥发性盐基氮是动物性食品由于酶和细菌的作用，在腐败过程中，使蛋白质分解而产生的氨以及胺类等碱性含氮物质。挥发性盐基氮具有挥发性，37℃碱性溶液中释出，利用硼酸溶液吸收后，用标准酸溶液滴定，计算挥发性盐基氮含量。

2. 分析步骤

（1）半微量定氮法（按GB 5009.228—2016测定）

按图6-1安装好半微量定氮装置。装置使用前做清洗和密封性检查。

鲜（冻）肉去除皮、脂肪、骨、筋腱，取瘦肉部分，鲜（冻）海产品和水产品去除外壳、皮、头部、内脏、骨刺，取可食部分，绞碎搅匀。制成品直接绞碎搅匀。肉糜、肉粉、肉松、鱼粉、鱼松、液体样品可直接使用。皮蛋（松花蛋）、咸蛋等腌制蛋去蛋壳、去蛋膜，按蛋：水＝2：1的比例加入水，用搅拌机绞碎搅匀成匀浆。鲜（冻）样品称取试样20g，肉粉、肉松、鱼粉、鱼松等干制品称取试样10g，精确至0.001g，液体样品吸取10.0mL或25.0mL，置于具塞锥形瓶中，准确加入100.0mL水，不时振摇，试样在样液中分散均匀，浸渍30min后过滤。皮蛋、咸蛋样品称取蛋匀浆15g（计算含量时，蛋匀浆的质量乘以2/3即为试样质量），精确至0.001g，置于具塞锥形瓶中，准确加入100.0mL三氯乙酸溶液，用力充分振摇1min，静置15min待蛋白质沉淀后过滤。滤液应及时使用，不能及时使用的滤液置于冰箱内0～4℃冷藏备用。对于蛋白质胶质多、黏性大、不容易过滤的特殊样品，可使用三氯乙酸溶液替代水进行实验。蒸馏过程泡沫较多的样品可滴加1～2滴消泡硅油。

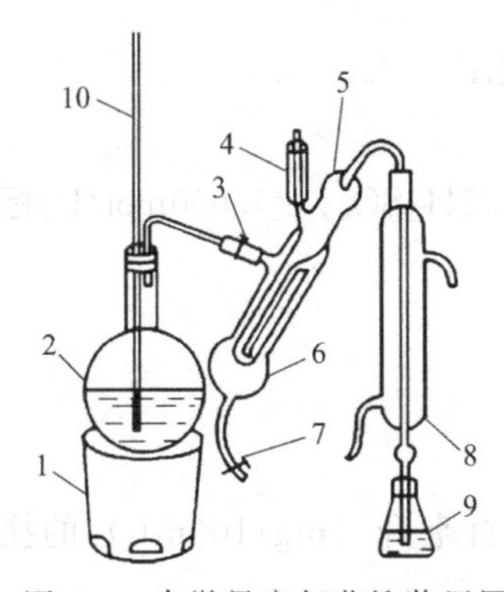

图6-1　半微量定氮蒸馏装置图
1—电炉；2—水蒸气发生器；3—螺旋夹；4—小玻璃杯及棒状玻璃塞；5—反应室；6—反应室外层；7—橡皮管及螺旋夹；8—冷凝管；9—蒸馏液接收瓶；10—安全玻璃管

向接收瓶内加入10mL硼酸溶液，5滴混合指示液（1份1g/L的甲基红乙醇溶液与5份1g/L的溴甲酚绿乙醇溶液临用时混合，也可用2份1g/L的甲基红乙醇溶液与1份1g/L的亚甲基蓝乙醇溶液临用时混合），并使冷凝管下端插入液面下，准确吸取 10.0mL 滤液，由小玻璃杯注入反应室，以 10mL 水洗涤小玻璃杯并使之流入反应室内，随后塞紧棒状玻塞。再向反应室内注入 5mL 氧化镁混悬液，立即将玻塞盖紧，并加水于小玻璃杯以防漏气。夹紧螺旋夹，开始蒸馏。蒸馏 5min 后移动蒸馏液接收瓶，液面离开冷凝管下端，再蒸馏 1min。然后用少量水冲洗冷凝管下端外部，取下蒸馏液接收瓶。以盐酸或硫酸标准滴定溶液（0.0100mol/L）滴定至终点。使用 1 份甲基红乙醇溶液与 5 份溴甲酚绿乙醇溶液混合指示液，终点颜色为紫红色。使用 2 份甲基红乙醇溶液与 1 份亚甲基蓝乙醇溶液混合指示液，终点颜色为蓝紫色。同时做试剂空白。

（2）微量扩散法（按 GB 5009.228—2016 测定）

试样的前处理与（1）中所述相同。

将水溶性胶涂于扩散皿的边缘，在皿中央内室加入硼酸溶液 1mL 及 1 滴混合指示剂（1 份 1g/L 的甲基红乙醇溶液与 5 份 1g/L 的溴甲酚绿乙醇溶液临用时混合，也可用 2 份 1g/L 的甲基红乙醇溶液与 1 份 1g/L 的亚甲基蓝乙醇溶液临用时混合）。在皿外室准确加入滤液 1.0mL，盖上磨砂玻璃盖，磨砂玻璃盖的凹口开口处与扩散皿边缘仅留能插入移液器枪头或滴管的缝隙，透过磨砂玻璃盖观察水溶性胶密封是否严密，如有密封不严处，需重新涂抹水溶性胶。然后从缝隙处快速加入 1mL 饱和碳酸钾溶液，立刻平推磨砂玻璃盖，将扩散皿盖严密，于桌子上以圆周运动方式轻轻转动，使样液和饱和碳酸钾溶液充分混合，然后于 37℃±1℃温箱内放置 2h，放凉至室温，揭去盖，用盐酸或硫酸标准滴定溶液（0.0100mol/L）滴定。使用 1 份甲基红乙醇溶液与 5 份溴甲酚绿乙醇溶液混合指示液，终点颜色为紫红色。使用 2 份甲基红乙醇溶液与 1 份亚甲基蓝乙醇溶液混合指示液，终点颜色为蓝紫色。同时做试剂空白。

3. 结果计算

试样中挥发性盐基氮的含量按下式计算：

$$X=\frac{(V_1-V_2)c\times 14}{m(V/V_0)}\times 100 \qquad (6\text{-}1)$$

式中 X——试样中挥发性盐基氮的含量，mg/100g 或 mg/100mL；

V_1——试液消耗盐酸或硫酸标准滴定溶液的体积，mL；

V_2——试剂空白消耗盐酸或硫酸标准滴定溶液的体积，mL；

c——盐酸或硫酸标准滴定溶液的浓度，mol/L；

14——滴定 1.0mL 盐酸[$c(HCl)=1.000$mol/L]或硫酸[$c(1/2H_2SO_4)=1.000$mol/L]标准滴定溶液相当的氮的质量；

m——试样质量，g；

V——准确吸取的滤液体积，mL（本方法中 $V=10$）；

V_0——样液总体积，mL（本方法中 $V_0=100$）；

100——计算结果换算为毫克每百克（mg/100g）或毫克每百毫升（mg/100mL）的换算系数。

（二）*N*-二甲基亚硝胺的测定

1. 气相色谱-质谱（GC-MS）法

（1）原理

试样中的 N-亚硝胺类化合物经水蒸气蒸馏和有机溶剂萃取后，浓缩至一定体积，采用气相色谱-质谱联用仪进行确认和定量。

(2) 分析步骤（按 GB 5009.26—2016 测定）

水蒸馏装置蒸馏：准确称取 200g（精确至 0.01g）试样，加入 100mL 水和 50g 氯化钠于蒸馏管中，充分混匀，检查气密性。在 500mL 平底烧瓶中加入 100mL 二氯甲烷及少量冰块用以接收冷凝液，冷凝管出口伸入二氯甲烷液面下，并将平底烧瓶置于冰浴中，开启蒸馏装置加热蒸馏，收集 400mL 冷凝液后关闭加热装置，停止蒸馏。

在盛有蒸馏液的平底烧瓶中加入 20g 氯化钠和 3mL 的硫酸（1+3），搅拌使氯化钠完全溶解。然后将溶液转移至 500mL 分液漏斗中，振荡 5min，必要时放气，静置分层后，将二氯甲烷层转移至另一平底烧瓶中，再用 150mL 二氯甲烷分 3 次提取水层，合并 4 次二氯甲烷萃取液，总体积约为 250mL。

将二氯甲烷萃取液用 10g 无水硫酸钠脱水后，进行旋转蒸发，于 40℃水浴上浓缩至 5～10mL 后氮吹，并准确定容至 1.0mL，摇匀后供气相色谱-质谱测定，典型谱图见图 6-2。

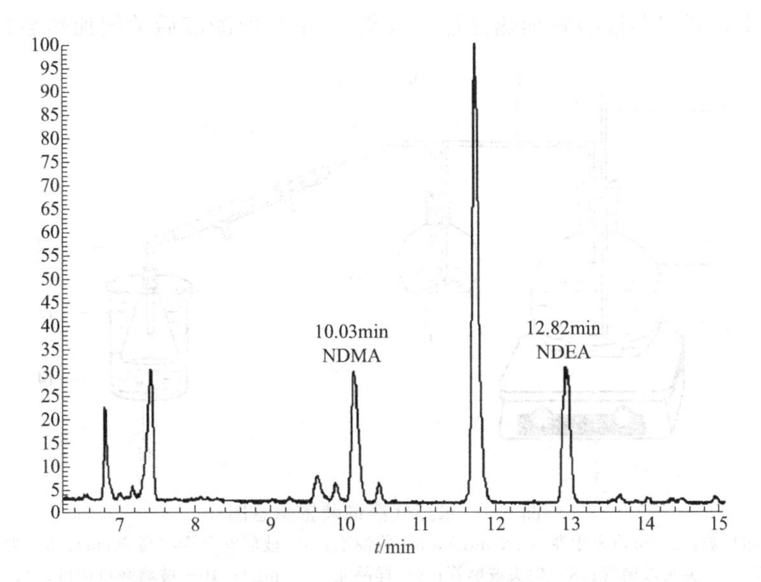

图 6-2 N,N-二甲基亚硝胺（NDMA）和 N-亚硝基二乙胺（NDEA）的典型气相色谱-质谱图

(3) 结果计算

试样中 N-二甲基亚硝胺含量按下式计算：

$$X=\frac{h_1}{h_2}\times\rho\times\frac{V}{m}\times 1000 \qquad (6\text{-}2)$$

式中 X——试样中 N-二甲基亚硝胺的含量，μg/kg 或 μg/L；

h_1——浓缩液中该某一 N-亚硝胺化合物的峰面积；

h_2——N-亚硝胺标准的峰面积；

ρ——标准溶液中 N-亚硝胺化合物的浓度，μg/mL；

V——试液（浓缩液）的体积，mL；

m——试样的质量，g；

1000——换算系数。

2. 气相色谱-热能分析仪法

（1）原理

试样经水蒸气蒸馏，样品中的 N-二甲基亚硝胺随着蒸气通过二氯甲烷吸收，再以二氯甲烷液液萃取、分离，供气相色谱-热能分析仪（GC-TEA）测定。

GC-TEA 测定原理：自气相色谱柱分离后的 N-二甲基亚硝胺在热解室中经特异性催化裂解产生一氧化氮（NO）基团，后者与臭氧反应生成激发态 NO^*。当激发态 NO^* 返回基态时发射出近红外光（2800～600nm），并被光电倍增管检测（800～600nm）。由于特异性催化裂解，加上 CTR 过滤器除去杂质，使热能分析仪只能检测 NO 基团，而成为 N-亚硝胺类化合物的特异性检测器。

（2）分析步骤（按 GB5009.26—2016 测定）

按照图 6-3 安装好水蒸馏装置，进行蒸馏。准确称取 200g（精确至 0.01g）试样，加入 100mL 水和 50g 氯化钠于样品瓶中，充分混匀，检查气密性。在 500mL 平底烧瓶中加入 100mL 二氯甲烷及少量冰块用以接收冷凝液，冷凝管出口伸入二氯甲烷液面下，并将平底烧瓶置于冰浴中，开启蒸馏装置加热蒸馏，收集 400mL 冷凝液后关闭加热装置，停止蒸馏。

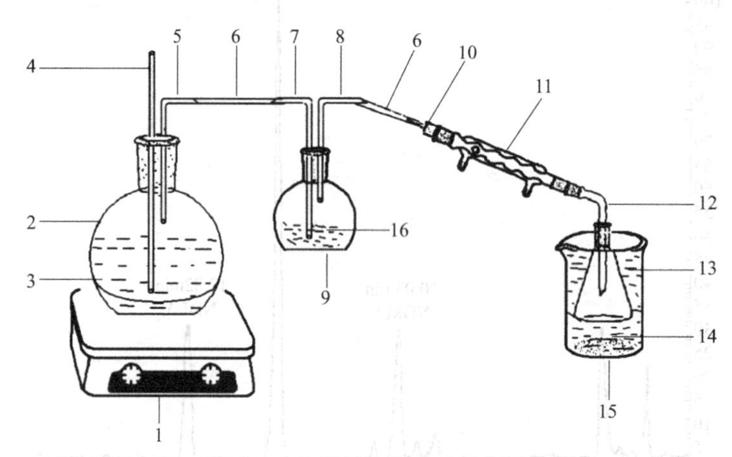

图 6-3　水蒸气蒸馏装置示意图

1—红外线加热炉；2—蒸汽发生瓶（2000mL）；3—蒸馏水；4—玻璃安全管（高 80cm）；5—尖头玻璃管；6—硅胶管；7—尖头玻璃管；8—尖头玻璃管；9—样品瓶（500mL）；10—玻璃磨口接口；11—冷凝管；12—蒸馏液收集管；13—蒸馏液收集瓶（500mL）；14—冷冻氯化钠溶液；15—冰浴杯；16—试样样品

在盛有蒸馏液的平底烧瓶中加入 20g 氯化钠和 3mL 硫酸（1+3），搅拌使氯化钠完全溶解。然后将溶液转移至 500mL 分液漏斗中，振荡 5min，必要时放气，静置分层后，将二氯甲烷层转移至另一平底烧瓶中，再用 150mL 二氯甲烷分 3 次提取水层，合并 4 次二氯甲烷萃取液，总体积约为 250mL。

将二氯甲烷萃取液用 10g 无水硫酸钠脱水后，进行旋转蒸发，于 40℃水浴上浓缩至 5～10mL 后改氮吹，并准确定容至 1.0mL，摇匀后待测定。

（3）结果计算

试样中 N-二甲基亚硝胺含量按下式计算：

$$X=\frac{\rho V\times 1000}{m} \tag{6-3}$$

式中　X——试样中 N-二甲基亚硝胺的含量，μg/kg；

ρ——试液中 N-二甲基亚硝胺的浓度，μg/mL；

V——试液定容体积，mL；

1000——换算系数；

m——试样的质量，g。

（三）肉与肉制品中三甲胺的测定

1. 原理

试样经5%三氯乙酸溶液提取，提取液置于密封的顶空瓶中，在碱液作用下三甲胺盐酸盐转化为三甲胺，在40℃经过40min的平衡，三甲胺在气液两相中达到动态的平衡，吸取顶空瓶内气体注入气相色谱-质谱联用仪进行检测，以保留时间（RT）、辅助定性离子（m/z为59和m/z为42）和定量离子（m/z为58）进行定性，以外标法进行定量。

2. 分析步骤（顶空气相色谱-质谱联用法，按GB 5009.179—2016测定）

称取约10g（精确至0.001g）制备好的样品于50mL的塑料离心管中，加入20mL 5%三氯乙酸溶液，用均质机均质1min，以4000r/min离心5min，在玻璃漏斗加上少许脱脂棉，将上清液滤入50mL容量瓶，残留物再分别用15mL和10mL 5%三氯乙酸溶液重复上述提取过程两次，合并滤液并用5%三氯乙酸溶液定容至50mL。

提取液顶空处理：准确吸取提取液2.0mL于20mL顶空瓶中，压盖密封，用医用塑料注射器准确注入5.0mL 50%氢氧化钠溶液。

标准溶液顶空处理：分别吸取各标准使用液2.0mL至20mL顶空瓶中，压盖密封，用医用塑料注射器分别准确注入5.0mL 50%氢氧化钠溶液。典型的气相色谱-质谱选择离子流图见图6-4。

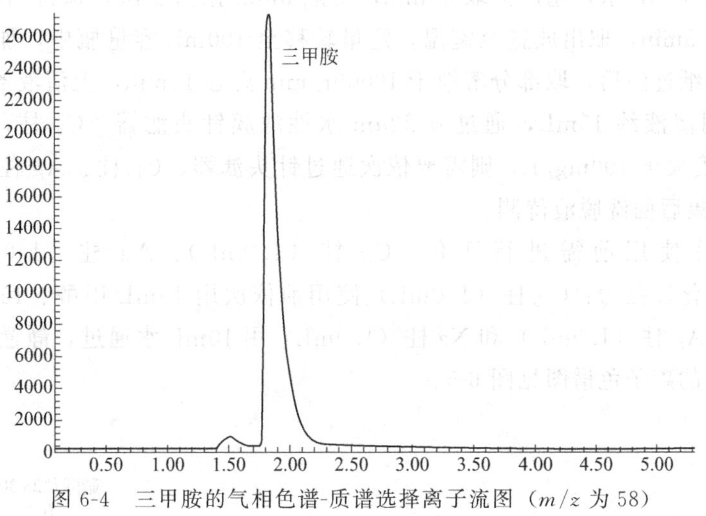

图6-4 三甲胺的气相色谱-质谱选择离子流图（m/z为58）

3. 结果计算

试样中的三甲胺的含量按下式计算：

$$X_1=\frac{cV}{m} \tag{6-4}$$

式中 X_1——试样中三甲胺含量，mg/kg；

c——从校准曲线得到的三甲胺浓度，mg/mL；

V——试样溶液定容体积，mL；

m——试样质量，g。

试样中三甲胺氮的含量按下式计算：

$$X_2 = \frac{X_1 \times 14.01}{59.11} \tag{6-5}$$

式中 X_2——试样中三甲胺氮的含量，mg/kg；

X_1——试样中三甲胺含量，mg/kg；

14.01——氮的原子量；

59.11——三甲胺的分子量。

（四）肉类、蛋、水产品及其制品中亚硝酸盐的测定

1. 原理

离子色谱法测定肉类、蛋、水产品及其制品中亚硝酸盐，试样经沉淀蛋白质、除去脂肪后，采用相应的方法提取和净化，以氢氧化钾溶液为淋洗液，用阴离子交换柱分离，用电导检测器或紫外检测器检测，以保留时间定性，外标法定量。

2. 分析步骤（按 GB 5009.33—2016 测定）

肉类、蛋类、鱼类等：称取试样匀浆 5g（精确至 0.001g），置于 150mL 具塞锥形瓶中，加入 80mL 水，超声提取 30min，每隔 5min 振摇 1 次，保持固相完全分散；于 75℃ 水浴中放置 5min，取出放置至室温，定量转移至 100mL 容量瓶中，加水稀释至刻度；混匀，溶液经滤纸过滤后，取部分溶液于 10000r/min 离心 15min，上清液备用。

腌鱼类、腌肉类及其他腌制品：称取试样匀浆 2g（精确至 0.001g），置于 150mL 具塞锥形瓶中，加入 80mL 水，超声提取 30min，每隔 5min 振摇 1 次，保持固相完全分散；于 75℃ 水浴中放置 5min，取出放置至室温，定量转移至 100mL 容量瓶中，加水稀释至刻度，混匀；溶液经滤纸过滤后，取部分溶液于 10000r/min 离心 15min，上清液备用。

取上述备用溶液约 15mL，通过 0.22μm 水性滤膜针头滤器、C_{18} 柱，弃去前面 3mL（如果氯离子浓度大于 100mg/L，则需要依次通过针头滤器、C_{18} 柱、Ag 柱和 Na 柱，弃去前面 7mL），收集后面洗脱液待测。

固相萃取柱使用前需进行活化，C_{18} 柱（1.0mL）、Ag 柱（1.0mL）和 Na 柱（1.0mL），其活化过程为：C_{18} 柱（1.0mL）使用前依次用 10mL 甲醇、15mL 水通过，静置活化 30min；Ag 柱（1.0mL）和 Na 柱（1.0mL）用 10mL 水通过，静置活化 30min。硝酸盐和亚硝酸盐的离子色谱图见图 6-5。

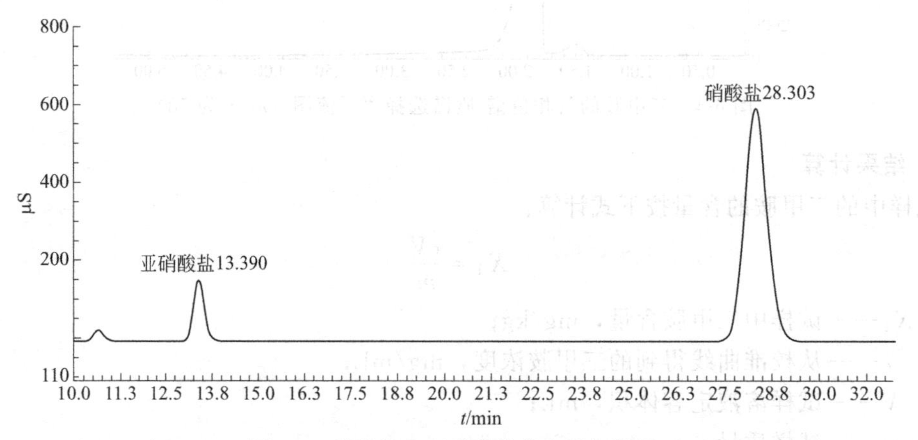

图 6-5　硝酸盐和亚硝酸盐的离子色谱图

3. 结果计算

试样中亚硝酸离子的含量按下式计算：

$$X=\frac{(\rho-\rho_0)Vf\times 1000}{m\times 1000} \tag{6-6}$$

式中 X——试样中亚硝酸根离子或硝酸根离子的含量，mg/kg；

ρ——测定用试样溶液中的亚硝酸根离子或硝酸根离子浓度，mg/L；

ρ_0——试剂空白液中亚硝酸根离子或硝酸根离子的浓度，mg/L；

V——试样溶液体积，mL；

f——试样溶液稀释倍数；

1000——换算系数；

m——试样取样量，g。

二、动物源性食品中的兽药残留检验

（一）畜禽肉中磺胺类药物的测定

1. 原理

磺胺类药物多具有芳香伯胺基团，均具有紫外吸收。因此液相色谱法成为早期测定磺胺类药物残留量的典型方法。以二氯甲烷或乙酸乙酯作为提取溶剂，经阳离子交换固相萃取柱净化，氮吹浓缩后，进行液相色谱检测。随着液相色谱-串联质谱仪器的普及，对磺胺的检测也逐渐采用液相色谱-串联质谱法。以二氯甲烷或乙腈作为提取溶剂，经阳离子交换固相萃取柱净化，氮吹浓缩后，进行液相色谱-串联质谱检测。

2. 分析步骤

（1）液相色谱法（按 GB 29694—2013 测定）

称取肉样 5g（精确至 0.01g），于 50mL 离心管中，加乙酸乙酯 20mL，涡旋 2min，4000r/min 离心 5min，取上清液于鸡心瓶中。残渣中加乙酸乙酯 20mL，重复提取一次，合并提取液。鸡心瓶中加入 0.1mol/L 盐酸溶液 4mL，旋蒸至少于 3mL，转移至离心管中。用 2mL 0.1mol/L 盐酸溶液洗涤鸡心瓶，合并至同一离心管中。再用 3mL 正己烷洗鸡心瓶，转移至离心管。涡旋混合 30s，3000r/min 离心 5min，弃去正己烷。重复用正己烷洗鸡心瓶，弃去正己烷层，取下层液待净化。阳离子交换固相萃取柱（MCX 柱）依次用甲醇 2mL 和 0.1mol/L 盐酸 2mL 活化，取待净化液过柱，依次用 1mL 0.1mol/L 盐酸溶液和 2mL 50%甲醇-乙腈溶液淋洗，用 4mL 5%氨水-甲醇溶液洗脱。收集洗脱液，氮气吹干，加入 1mL 0.1%甲酸-乙腈溶液溶解残余物，过 0.22μm 有机滤膜，供液相色谱测定。典型谱图见图 6-6。

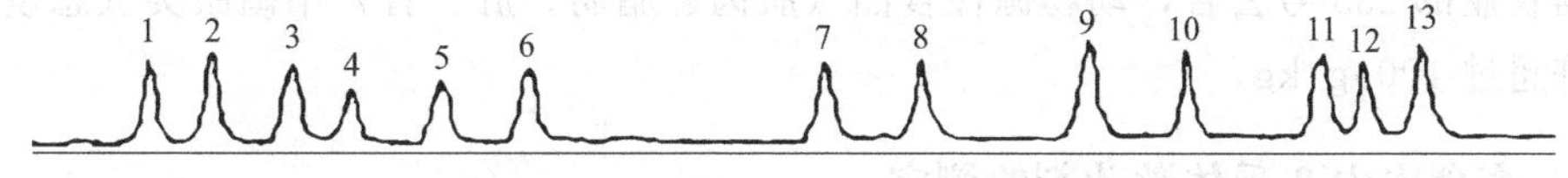

图 6-6 磺胺类药物的液相色谱图

1—磺胺醋酰；2—磺胺吡啶；3—磺胺嘧唑；4—磺胺甲基嘧啶；5—磺胺二甲基嘧啶；6—磺胺甲氧哒嗪；7—苯酰磺胺；8—磺胺间甲氧嘧啶；9—磺胺氯哒嗪；10—磺胺甲噁唑；11—磺胺异噁唑；12—磺胺二甲氧哒嗪；13—磺胺吡啶

（2）液相色谱-串联质谱法（按 GB/T 20759—2006 测定）

称取肉样 5g（精确至 0.01g），置于 50mL 离心管中，加入 20g 无水硫酸钠和 20mL 乙腈，均质 2min，以 3000r/min 离心 3min。上清液倒入鸡心瓶，残渣再加入 20mL 乙腈，重复上述操作一次。合并提取液，向鸡心瓶中加入 10mL 异丙醇，旋蒸。加入 1mL 乙腈-0.01mol/L 乙酸铵溶液（体积分数为 12%）和 1mL 正己烷溶解残渣。转移入离心管中，涡旋 1min，以 3000r/min 离心 3min，弃去上层正己烷。重复上述步骤，直至下层变为透明液体。取下层清液，经 0.22μm 滤膜过滤至样品瓶中，供液相色谱-串联质谱仪测定，总离子流图见图 6-7。

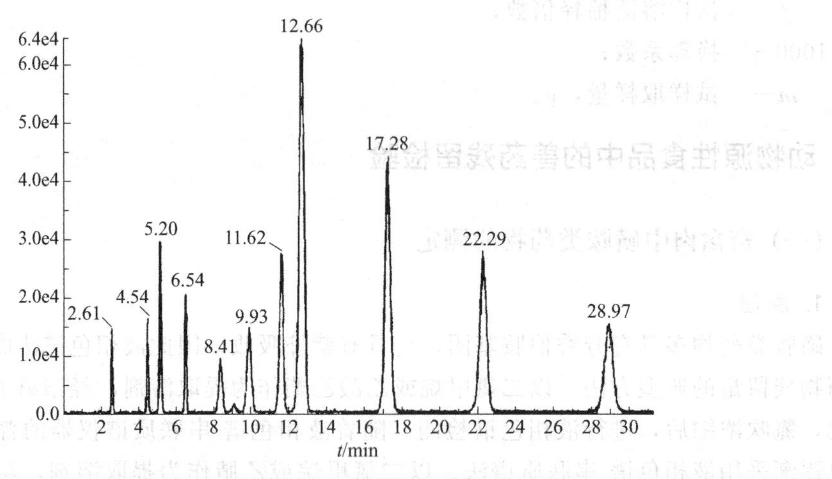

图 6-7　11 种磺胺混合标准物质总离子流图

1—磺胺醋酰，2.61min；2—磺胺甲噻二唑，4.54min；3—磺胺嘧啶，5.20min；4—磺胺氯哒嗪，6.54min；5—磺胺甲基异噁唑，8.41min；6—磺胺甲基嘧啶，9.93min；7—磺胺吡啶，11.62min；8—磺胺对甲氧嘧啶，12.66min；9—磺胺甲氧哒嗪，17.28min；10—磺胺苯吡唑，22.29min；11—磺胺间二甲氧嘧啶，28.97min

3. 结果计算

试样中的磺胺类含量，液相色谱-串联质谱测定结果可由计算机按内标法自动计算，也可按下式计算：

$$X = c \times \frac{V}{m} \times \frac{1000}{1000} \tag{6-7}$$

式中 X——试样中被测组分残留量，μg/kg；

c——从标准工作曲线得到的被测组分溶液浓度，ng/mL；

V——试样溶液定容体积，mL；

m——试样溶液所代表试样的质量，g。

根据农业部 235 号公告，动物源性食品（肌肉、脂肪、肝、肾）中磺胺类（总量）的含量不允许超过 100μg/kg。

（二）畜禽肉中β-受体激动剂的测定

在动物养殖过程中，使用β-受体激动剂，有提高饲料转化率和瘦肉率的功效。β-受体激动剂容易蓄积在动物的肝、肺和眼部组织中。人一次性摄入治疗剂量的β-受体激动剂，就可能引起副反应或其他危害，表现为头痛、狂躁不安、心动过速、血压下降等中毒症状。目前，β-受体激动剂类与甾类激素（性激素）被列为对健康威胁最严重的同化激素。农业部235号公告将克伦特罗、沙丁胺醇、西马特罗及其盐、酯列为禁用药物，在动物源性食品中不得检出。

1. 原理

β-受体激动剂类药物大都具有富含活泼氢的基团（氨基、羧基等），直接进行气相色谱分析会产生强烈的吸附，出现拖尾峰甚至不出峰的现象。采用衍生化的方法，一般是对β-受体激动剂类药物中带活泼氢的基团进行烷基化反应（硅烷化、烷基硼酸衍生化等）或酯化反应（酰化、成环等），避免由于活泼氢的氢键作用力产生的吸附，对峰形的改善、分离效果和灵敏度的提高有一定的帮助。目前，检测β-受体激动剂类药物残留的方法仍以液相色谱-串联质谱法为主。试样先以蛋白酶进行酶解，目的是酶解那些与β-受体激动剂类药物相结合的轭合物或组织，使β-受体激动剂类药物游离出来。酶解后调节pH，以乙酸乙酯进行提取，以混合阳离子交换固相萃取柱进行净化。

2. 分析步骤（按农业部1025号公告-18-2008测定）

称取肉样2g（精确至0.01g）于50mL离心管中，加入8mL 0.2mol/L的乙酸铵溶液（pH值约为5.2），再加入β-盐酸葡萄糖苷酶/芳基硫酸酯酶40μL，涡旋混匀，于37℃下避光水浴振荡16h。酶解后放置至室温，涡旋混匀，10000r/min高速离心10min，取上清液。加入5mL 0.1mol/L高氯酸溶液，涡旋混匀，调pH值至1.0±0.2，10000r/min高速离心10min，合并上清液。用NaOH调pH值至9.5±0.2，加入乙酸乙酯15mL，涡旋混匀，并振荡10min，5000r/min离心5min，合并上层液。在下层水相中加入叔丁基甲醚10mL，涡旋混匀，振荡10min，5000r/min离心5min，合并有机相。氮气吹干，用5mL 2%甲酸溶液溶解，待净化。MCX固相萃取柱依次用甲醇、水、2%甲酸溶液各3mL活化，提取液全部过柱，再依次用2%甲酸溶液、甲醇各3mL淋洗，抽干，用2.5mL 3%氨水-甲醇溶液洗脱，洗脱液氮气吹干。残余物用0.2mL甲醇-0.1%甲酸溶液（体积比1∶9）溶解，涡旋混匀，15000r/min高速离心10min，取上清液，供液相色谱-串联质谱仪测定，其特征离子色谱图见图6-8。

3. 结果计算

试样中的β-受体激动剂类含量，可由计算机按内标法自动计算，也可按下式计算：

$$X = c \times \frac{V}{m} \times \frac{1000}{1000} \tag{6-8}$$

式中 X——试样中被测组分残留量，μg/kg；

c——从标准工作曲线得到的被测组分溶液浓度，ng/mL；

V——试样溶液定容体积，mL；

m——试样溶液所代表试样的质量，g。

根据农业部235号公告，动物源性食品所有可食组织中β-受体激动剂类不得检出。

（三）畜禽肉中二苯乙烯类残留的测定

二苯乙烯类激素是典型的非甾类雌性激素，用在养殖业中，能增强体内物质沉积，改善生产性能，很快产生显著而直接的经济效益，长期摄入会导致机体代谢紊乱、发育异常或肿瘤。现有的方法标准中均采用了液相色谱-串联质谱方法对二苯乙烯类激素进行检测。

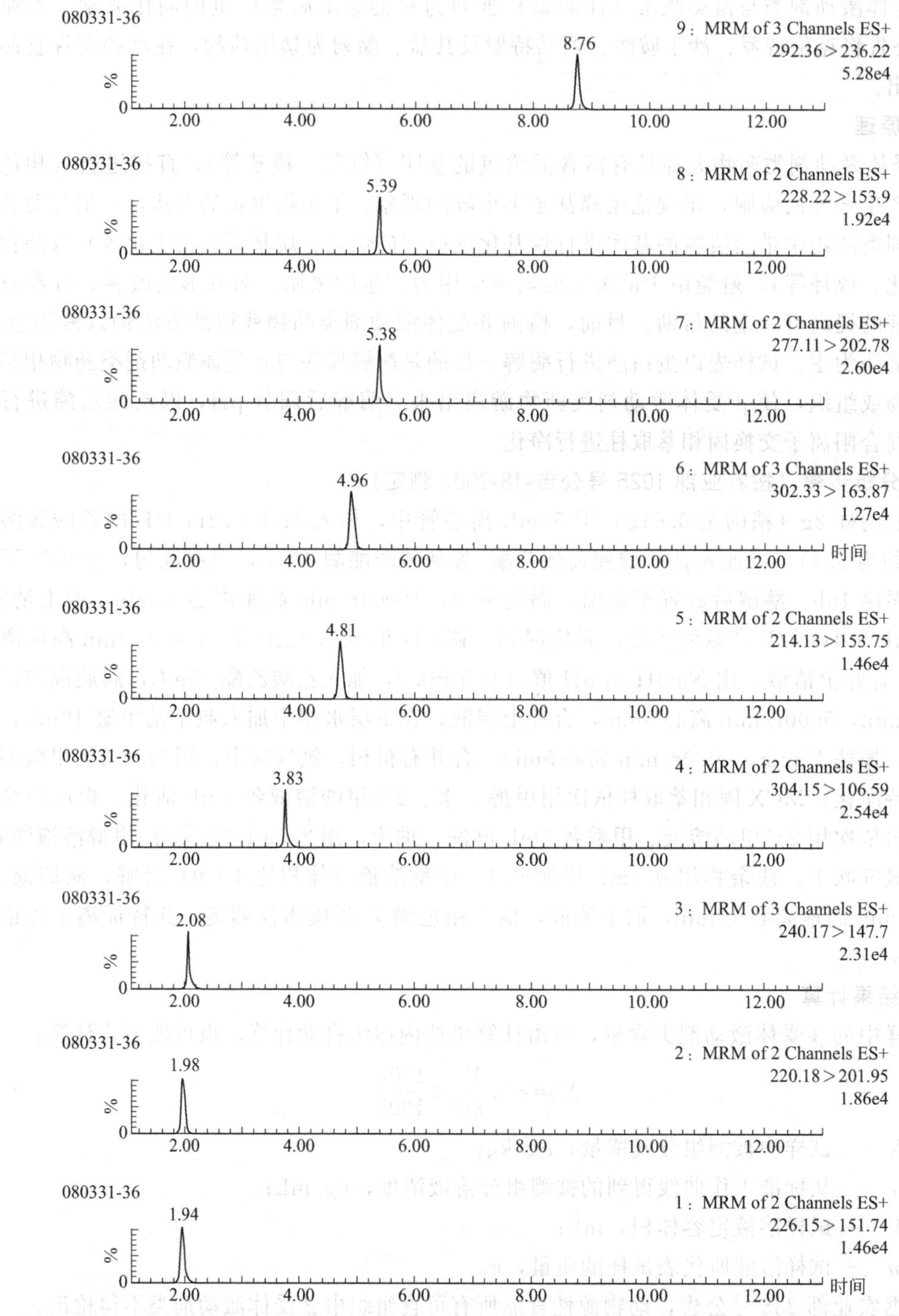

图 6-8　9 种 β-受体激动剂的特征离子色谱图（特布他林 1.94min；西马特罗 1.98min；沙丁胺醇 2.08min；非诺特罗 3.83min；氯丙那林 4.81min；莱克多巴胺 4.96min；克伦特罗 5.38min；妥布特罗 5.39min；喷布特罗 8.76min）

1. 原理

二苯乙烯类激素化合物的结构中均含由酚羟基、碳碳双键、酮基组成的长共轭体系，溶于稀碱和中等级极性的有机溶剂。试样先以叔丁基甲醚进行提取，再以蛋白酶进行酶解，酶解后以叔丁基甲醚再次提取，最后用硅胶固相萃取柱进行净化。

2. 分析步骤（按 SN/T 1752—2006 测定）

称取试样 5g（精确至 0.1g）于 50mL 离心管中，加入 20mL 叔丁基甲醚，10000r/min 高速均质 1min，3000r/min 离心 5min，取全部上清液备用。离心管中的残渣置于通风橱中挥发 30min，加入 15mL 0.2mol/L 乙酸铵缓冲溶液（pH 值约为 5.2），高速均质 1min，3000r/min 离心 min，取上清液，氮吹干残余的叔丁基甲醚后，加入 80μL β-葡糖苷酸酶，混匀，于 52℃烘箱中放置过夜。在水溶液中加入氢氧化钠溶液将 pH 值调至 7，加入 10mL 叔丁基甲醚，充分混合，3000r/min 离心 2min。移取叔丁基甲醚层与前述叔丁基甲醚提取液混合，氮气吹干。加入 1mL 正己烷-二氯甲烷（体积比为 3：2），涡旋 30s 溶解，待净化。硅胶柱用 6mL 正己烷分两次预洗，上样，以 6%的乙酸乙酯-正己烷溶液淋洗，以 25%的乙酸乙酯-正己烷溶液洗脱，氮气吹干，加入 1mL 70%乙腈-水溶液溶解，涡旋 30s，经 0.22μm 滤膜过滤至样品瓶中，供液相色谱-串联质谱仪测定，其特征离子色谱图见图 6-9。

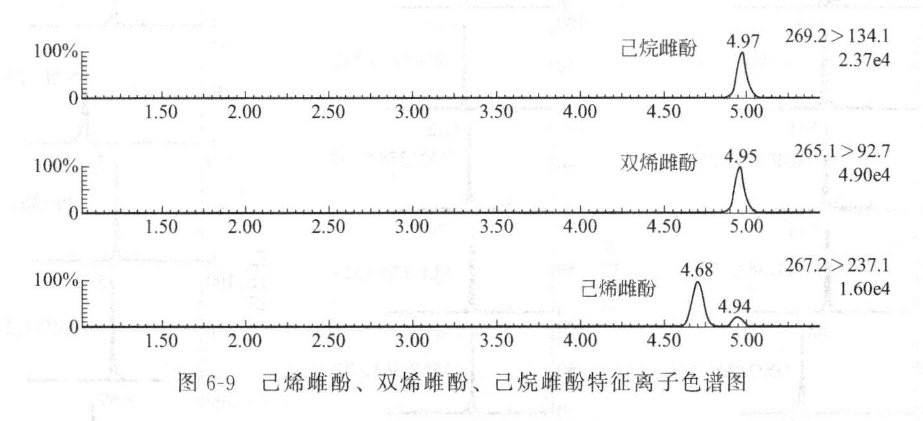

图 6-9　己烯雌酚、双烯雌酚、己烷雌酚特征离子色谱图

3. 结果计算

试样中的二苯乙烯类激素含量可由计算机按内标法自动计算，也可按下式计算：

$$X = c \times \frac{V}{m} \times \frac{1000}{1000} \tag{6-9}$$

式中　X——试样中被测组分残留量，μg/kg；

c——从标准工作曲线得到的被测组分溶液浓度，ng/mL；

V——试样溶液定容体积，mL；

m——试样溶液所代表试样的质量，g。

根据农业部 235 号公告，动物源性食品所有可食组织中己烯雌酚及其盐、酯不得检出。

（四）畜禽肉、水产品中喹诺酮类药物的测定

喹诺酮类药物属于吡酮酸衍生物，是合成抗生素方面的重要突破，已成为兽医和水产养殖中最重要的抗感染药物。大多数喹诺酮类药物均可产生胃肠道刺激，透过血脑屏障进入脑组织，引起神经系统的不良反应；严重时可导致婴幼儿前颅膨胀、颅内压升高，导致儿童或青少年出现可逆性关节痛。

1. 原理

由于极性高、熔点高的特性，喹诺酮类药物不适宜采用气相色谱法进行测定。喹诺酮类药物均含有苯并杂环骨架或羰基、羧基、杂原子等生色团或助色团组成的共轭系统，在紫外

区具有较强的特征吸收，因此，液相色谱法是喹诺酮类药物应用较为广泛的分析检测方法。喹诺酮类药物在大多数溶剂（包括水）中的溶解性都较差，因此在前处理中往往通过调节pH条件，来选择合适的提取溶剂。

2. **分析步骤（按 GB/T 20366—2006 测定）**

称取 5.0g 试样，置于 50mL 离心管中，加入 20mL 2%甲酸-乙腈溶液，均质 1min，4000r/min 离心 5min，取上清液。重复提取一次，合并上清液。将上清液转移入分液漏斗中，加入 25mL 乙腈饱和的正己烷，振荡 2min，弃去上层溶液，下层溶液移至棕色鸡心瓶中，旋蒸至近干，氮气吹干。准确加入 1.0mL 2%甲酸-乙腈溶液溶解残渣，涡旋混匀，经 0.22μm 滤膜过滤至样品瓶中，供液相色谱-串联质谱仪测定，其总离子流图见图 6-10。

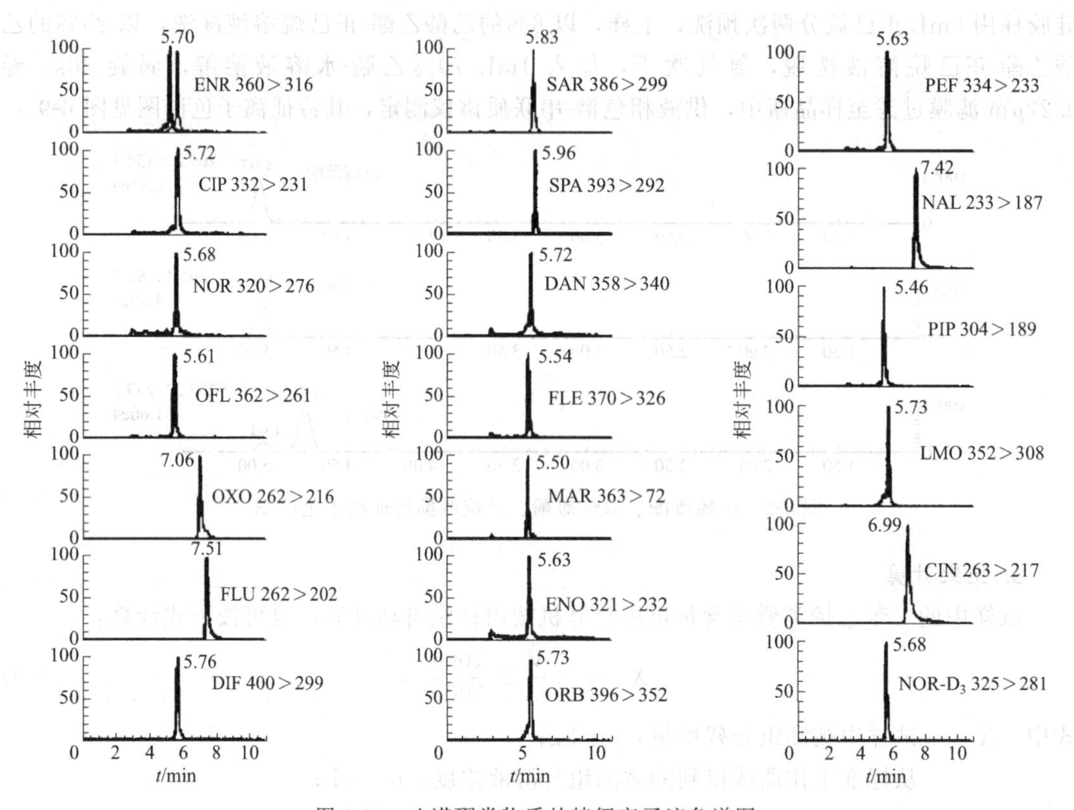

图 6-10　喹诺酮类物质的特征离子流色谱图

3. **结果计算**

试样中的喹诺酮类含量可由计算机按内标法自动计算，也可按下式计算：

$$X = c \times \frac{V}{m} \times \frac{1000}{1000} \tag{6-10}$$

式中　X——试样中被测组分残留量，μg/kg；

c——从标准工作曲线得到的被测组分溶液浓度，ng/mL；

V——试样溶液定容体积，mL；

m——试样溶液所代表试样的质量，g。

动物源性食品中喹诺酮类药物的残留限量见表 6-2。其中，恩诺沙星的量以恩诺沙星和环丙沙星的总量来计。农业部 235 号公告还明确指出，恩诺沙星在产蛋鸡中禁用。2015 年，农业部 2292 号公告明确指出，食品动物中禁止使用洛美沙星、培氟沙星、氧氟沙星、诺氟沙星及其盐、酯和各种制剂。

表 6-2　动物源性食品中喹诺酮类药物的残留限量

化合物		达氟沙星	二氟沙星	恩诺沙星	沙拉沙星
牛/绵羊/山羊/(μg/kg)	肌肉	200	400	100	—
	脂肪	100	100	100	—
	肝	400	1400	300	—
	肾	400	800	200	—
	奶	30	—	100	—
家禽/(μg/kg)	肌肉	200	300	100	10
	肝	400	1900	200	80
	肾	400	600	300	80
	皮+脂	100	400	100	20
猪/(μg/kg)	肌肉	—	400	100	—
	皮+脂	—	100	100	—
	肝	—	800	200	—
	肾	—	800	300	—
鱼/(μg/kg)	肌肉+皮	—	—	—	30
其他动物/(μg/kg)	肌肉	100	300	100	—
	脂肪	50	100	100	—
	肝	200	800	200	—
	肾	200	600	200	—

（五）畜禽产品中四环素类药物的测定

很多畜、禽饲料中含有四环素类药物。四环素类药物能够与骨骼中的钙结合，集中在骨骼和牙齿中，可引起牙齿荧光、变色和釉质发育障碍，严重时发生骨骼畸形、骨质生成抑制和婴幼儿骨骼生长抑制，造成暂时性的生长障碍。四环素类物质易与金属离子形成螯合物，并在反相色谱柱的硅醇基上有吸附，形成峰拖尾。采用液相色谱进行分析时，为避免该种作用，常在流动相中加入酸。

1. 原理

试样中的四环素族抗生素用 Na_2 EDTA-Mcllvaine 缓冲液提取，经过滤、离心后，以 HLB 固相萃取柱净化，检测可以用液相色谱仪或液相色谱-质谱仪测定。

2. 分析步骤（按 GB/T 21317—2007 测定）

称取均质试样 5g（精确至 0.01g），置于 50mL 离心管中，分别用 20mL、20mL、10mL 0.1mol/LEDTA-Mcllvaine 缓冲溶液冰水浴超声提取三次，每次涡旋混合 1min，超声提取 10min，3000r/min 低温离心 5min，合并上清液，并定容至 50mL，混匀，5000r/min 低温离心 10min，用快速滤纸过滤，待净化。准确吸取 10mL 提取液过 HLB 固相萃取柱，依次以 5mL 水和 5mL 甲醇-水（体积比为 1∶19）淋洗，最后用 10mL 甲醇-乙酸乙酯（体积比为 1∶9）洗脱，氮气吹干，用 1mL（液相色谱-串联质谱法）或 0.5mL（液相色谱法）的10%乙腈-水溶液（GB/T 21317—2007 中采用的是甲醇-三氟乙酸溶液）溶解残渣，过 0.45μm 滤膜，供上机测定。

3. 结果计算

试样中的四环素类含量可由计算机按外标法自动计算，也可按下式计算：

$$X = c \times \frac{V}{m} \times \frac{1000}{1000} \tag{6-11}$$

式中 X——试样中被测组分残留量，μg/kg；

c——从标准工作曲线得到的被测组分溶液浓度，ng/mL；

V——试样溶液定容体积，mL；

m——试样溶液所代表试样的质量，g。

动物源性食品中四环素类药物的残留限量见表 6-3。其中多西环素在泌乳牛和产蛋鸡中禁用。

表 6-3 动物源性食品中四环素类药物的残留限量

<table>
<tr><th colspan="2">化合物</th><th>四环素、土霉素、金霉素</th><th colspan="2">化合物</th><th>多西环素（强力霉素）</th></tr>
<tr><td rowspan="3">所有食用动物/(μg/kg)</td><td>肌肉</td><td>100</td><td rowspan="3">牛/猪/禽/(μg/kg)</td><td>肌肉</td><td>100</td></tr>
<tr><td>肝</td><td>300</td><td>肝</td><td>300</td></tr>
<tr><td>肾</td><td>600</td><td>肾</td><td>600</td></tr>
<tr><td>牛/羊/(μg/kg)</td><td>奶</td><td>100</td><td rowspan="3">猪/禽/(μg/kg)</td><td rowspan="3">皮+脂</td><td rowspan="3">300</td></tr>
<tr><td>禽/(μg/kg)</td><td>蛋</td><td>200</td></tr>
<tr><td>鱼/虾/(μg/kg)</td><td>肉</td><td>100</td></tr>
</table>

三、动物肌肉中的农药残留检验

1. 气相色谱-质谱法

(1) 原理

试样（例如猪肉、牛肉、羊肉、兔肉、鸡肉等）用环己烷+乙酸乙酯（1+1）均质提取，提取液浓缩定容后，用凝胶渗透色谱净化，供气相色谱-质谱仪检测。

(2) 分析步骤（按 GB/T 19650—2006 测定）

称取 10g 试样（精确至 0.01g），放入盛有 20g 无水硫酸钠的 50mL 离心管中，加入 35mL 环己烷+乙酸乙酯混合溶剂。用均质器在 15000r/min 均质提取 1.5min，离心管放在离心机中，在 3000r/min 离心 3min。上清液通过装有无水硫酸钠的筒形漏斗，收集于 100mL 鸡心瓶中，残渣用 35mL 环己烷+乙酸乙酯混合溶剂重复提取一次，经离心过滤后，合并两次提取液，将提取液于 40℃水浴用旋转蒸发器旋转蒸发至约 5mL，待净化。若以脂肪计，将提取液收集于已称量的鸡心瓶中，用旋转蒸发器在 40℃水浴中蒸发至 5mL，然后再用氮气吹干仪吹干残存的溶剂，鸡心瓶称量后，记下脂肪质量，待净化。

凝胶渗透色谱净化：净化柱用 BIO-Beads S-X_3（400mm×25mm）或相当者，检测波长为 254nm，流动相为乙酸乙酯+环己烷（1+1），流速为 5mL/min，进样量为 5mL。将浓缩的提取液或脂肪用乙酸乙酯+正己烷混合溶剂溶解并转移至 10mL 容量瓶中，用 5mL 环己烷＋乙酸乙酯混合溶剂分两次洗涤鸡心瓶，并转移至上述10mL容量瓶中，再用环己烷＋乙酸乙酯混合溶剂定容至刻度，摇匀。用0.45μm滤膜，将样液过滤于10mL试管中，用凝胶渗透色谱仪净化，收集22～40min的馏分于100mL鸡心瓶中，并在40℃水浴中旋转蒸发至约0.5mL。加入10mL正己烷，在40℃用旋转蒸发器进行两次溶剂交换，使最终样液体积约为1mL，加入40μL内标溶液，混匀，供气相色谱-质谱仪测定。

（3）结果计算

气相色谱-质谱测定结果可由计算机按内标法自动计算，也可按照下式进行计算：

$$X = c_s \times \frac{A}{A_s} \times \frac{c_i}{c_{si}} \times \frac{A_{si}}{A_i} \times \frac{V}{m} \times \frac{1000}{1000} \qquad (6\text{-}12)$$

式中 X——试样中被测物残留量，mg/kg；

c_s——基质标准工作溶液中被测物的浓度，μg/mL；

A——试样溶液中被测物的色谱峰面积；

A_s——基质标准工作液中被测物的色谱峰面积；

c_i——试样溶液中内标物的浓度，μg/mL；

c_{si}——基质标准工作溶液中内标物的浓度，μg/mL；

A_{si}——基质标准工作液中内标物的色谱峰面积；

A_i——试样溶液中内标物的色谱峰面积；

V——样液最终定容体积，mL；

m——试样溶液所代表试样的质量，g。

2. 液相色谱-质谱法

（1）原理

用环己烷-乙酸乙酯均质提取试样，凝胶渗透色谱净化，液相色谱-串联质谱仪检测，外标法定量。

（2）分析步骤（按GB/T 20772—2008测定）

称取10g试样（精确至0.01g），放入盛有20g无水硫酸钠的50mL离心管中，加入35mL环己烷＋乙酸乙酯混合溶剂，用均质器在15000r/min均质提取1.5min，在3000r/min离心3min。上清液通过装有无水硫酸钠的筒形漏斗，收集于100mL鸡心瓶中，残渣用35mL环己烷＋乙酸乙酯混合溶剂重复提取一次，经离心过滤后，合并两次提取液，将提取液于40℃水浴中用旋转蒸发器旋转蒸发至约5mL，待净化。若以脂肪计，将提取液收集于已称量的鸡心瓶中，用旋转蒸发在40℃水浴中蒸发至5mL，然后再用氮气吹干仪吹干残存的溶剂，鸡心瓶称量后，记下脂肪质量，待净化。

凝胶渗透色谱净化：净化柱为BIO-Beads S-X_3（400mm×25mm）或相当者，检测波长为254nm，流动相为乙酸乙酯＋环己烷（1＋1），流速为5mL/min，进样量为5mL。将浓缩的提取液或脂肪用乙酸乙酯＋正己烷混合溶剂溶解并转移至10mL容量瓶中，用5mL环己烷＋乙酸乙酯混合溶剂分两次洗涤鸡心瓶，并转移至上述10mL容量瓶中，再用环己烷＋乙酸乙酯混合溶剂定容至刻度，摇匀。用0.45μm滤膜，将样液过滤于10mL试管中，用凝胶渗透色谱仪净化，收集22～40min的馏分于100mL鸡心瓶中，并在40℃水浴中旋转蒸发至约0.5mL。氮气吹干，加入1.0mL乙腈＋水（3＋2）溶解残渣，经0.2μm滤膜过滤后，供液相色谱-串联质谱测定。

(3) 结果计算

试样中的农药残留含量可由计算机按外标法自动计算，也可按下式计算：

$$X_i = c_i \times \frac{V}{m} \times \frac{1000}{1000} \tag{6-13}$$

式中　X_i——试样中被测组分残留量，mg/kg；

c_i——从标准工作曲线得到的被测组分溶液浓度，μg/mL；

V——试样溶液定容体积，mL；

m——试样溶液所代表试样的质量，g。

四、动物源性食品中的污染物检验

（一）畜禽肉、水产品中汞的测定

动物源性食品中汞元素的测定分为总汞的测定和有机汞的测定。

1. 总汞的测定

(1) 原理

原子荧光光谱分析法的原理：试样经酸加热消解后，在酸性介质中，试样中汞被硼氢化钾或硼氢化钠还原成原子态汞，由载气（氩气）带入原子化器中，在汞空心灯照射下，基态汞原子被激发至高能态，再由高能态回到基态时，发射出特征波长的荧光，其荧光强度与汞含量成正比，与标准系列溶液比较定量。

冷原子吸收光谱法的原理：汞蒸气对波长253.7nm的共振线具有强烈的吸收作用，试样经过酸消解或催化酸消解使汞转为离子状态，在强酸性介质中用氯化亚锡还原成元素汞，载气将元素汞吹入汞测定仪，进行冷原子吸收测定，在一定浓度范围其吸收值与汞含量成正比。

电感耦合等离子体质谱法：试样经消解后，由电感耦合等离子体质谱仪测定，以元素特定质量数（质荷比，m/z）定性，采用外标法，以待测元素质谱信号与内标元素质谱信号的强度比与待测元素的浓度成正比进行定量分析。

(2) 分析步骤（按GB 5009.17—2014测定）

压力罐消解法：称取固体试样0.2～1.0g（精确至0.001g）置于消解内罐中，加入5mL硝酸浸泡过夜；盖好内盖，旋紧不锈钢外套，放入恒温干燥箱，140～160℃保持4～5h，在箱内自然冷却至室温，然后缓慢旋松不锈钢外套，将消解内罐取出，用少量水冲洗内盖，放在控温电热板上或超声水浴箱中，于80℃或超声脱气2～5min赶去棕色气体；取出消解内罐，将消化液转移至25mL容量瓶中，用少量水分3次洗涤内罐，洗涤液合并于容量瓶中并定容至刻度，混匀备用；同时做空白实验。

微波消解法：称取固体试样0.2～0.5g（精确至0.001g）置于消解内罐中，加入5～8mL硝酸，加盖放置过夜，旋紧罐盖，按照微波消解仪的标准操作步骤进行消解，消解条件见表6-4；自然冷却后取出，缓慢罐盖排气，用少量水冲洗内盖，将消解罐放在控温电热板或超声水浴箱中，于80℃或超声脱气2～5min赶去棕色气体；取出消解内罐，将消化液转移至25mL容量瓶中，用少量水分3次洗涤内罐，洗涤液合并于容量瓶中并定容至刻度，混匀备用；同时做空白实验。

表 6-4　畜禽肉及水产品试样微波消解参考条件

步骤	功率(1600W)变化/%	温度/℃	升温时间/min	保温时间/min
1	50	80	30	5
2	80	120	30	7
3	100	160	30	5

回流消解法：称取试样 0.5～2.0g（精确至 0.001g），置于消化装置锥形瓶中，加玻璃珠数粒及 30mL 硝酸、5mL 硫酸，转动锥形瓶防止局部碳化；装上冷凝管后，小火加热，待开始发泡即停止加热，发泡停止后，加热回流 2h；如加热过程中溶液变棕色，再加 5mL 硝酸，继续回流 2h，消解到样品完全溶解，一般呈淡黄色或无色，放冷后从冷凝管上端小心加 20mL 水，继续加热回流 10min，放冷，用适量水冲洗冷凝管，冲洗液并入消化液中，将消化液经玻璃棉过滤于 100mL 容量瓶内，用少量水洗涤锥形瓶、过滤器，洗涤液并入容量瓶内，加水至刻度，混匀。同时做空白实验。

（3）结果计算

试样中总汞含量的计算：

$$X=\frac{(c-c_0)V\times 1000}{m\times 1000\times 1000} \tag{6-14}$$

式中　X——试样中汞的含量，mg/kg；

c——测定样液中汞含量，ng/mL；

c_0——空白样液中汞含量，ng/mL；

V——试样消化液定容体积，mL；

m——试样质量，g。

2. 甲基汞的测定

（1）原理

食品中甲基汞经超声辅助 5mol/L 盐酸溶液提取后，用 C_{18} 反相色谱柱分离，色谱流出液进入在线紫外消解系统，在紫外线照射下与强氧化剂过硫酸钾反应，甲基汞转变为无机汞。酸性环境下，无机汞与硼氢化钾在线反应生成汞蒸气，由原子荧光光谱仪测定。

（2）分析步骤（按 GB 5009.17—2014 测定）

称取试样 0.5～2.0g（精确至 0.001g），置于 15mL 塑料离心管中，加入 10mL 5mol/L 盐酸溶液，放置过夜。室温下超声水浴提取 60min，期间振摇数次。4℃下以 8000r/min 转速离心 15min，准确吸取 2.0mL 上清液至 5mL 容量瓶或刻度试管中，逐滴加入 6mol/L 氢氧化钠溶液，使样液 pH 值为 2～7. 加入 0.1mL 10g/L 的 L-半胱氨酸溶液，用水定容至刻度，0.45μm 有机滤膜过滤，待测。同时做空白实验。

（3）结果计算

试样中甲基汞含量的计算：

$$X=\frac{f(c-c_0)V\times 1000}{m\times 1000\times 1000} \tag{6-15}$$

式中　X——试样中甲基汞的含量，mg/kg；

f——稀释因子；

c——经标准曲线得到的测定样液中甲基汞含量，ng/mL；

c_0——经标准曲线得到的空白样液中甲基汞含量，ng/mL；

V——加入提取试剂体积，mL；

m——试样质量，g。

根据 GB 2762—2017 的要求，动物源性食品中汞的限量指标见表 6-5。水产动物及其制品可先测定总汞，当总汞水平不超过甲基汞限量值时，不必测定甲基汞；否则，需再测定甲基汞的含量。

表 6-5　动物源性食品中汞的限量指标

食品类别	限量(以 Hg 计)/(mg/kg)	
	总汞	甲基汞
水产动物及其制品(肉食性鱼类及其制品除外)	—	0.5
肉食性鱼类及其制品	—	1.0
肉及肉制品	0.05	—

（二）畜禽肉、水产品中砷的测定

动物源性食品中砷元素的测定分为总砷的测定和无机砷的测定。

1. 总砷的测定

（1）原理

样品经酸消解处理为样品溶液，样品溶液经雾化由载气送入 ICP 矩管中，经过蒸发、解离、原子化和离子化等过程，转化为带电荷的离子，经离子采集系统进入质谱仪，质谱仪根据质荷比进行分离。对于一定的质荷比，质谱的信号强度与进入质谱仪的离子数成正比，即样品浓度与质谱信号强度成正比。通过测量质谱的信号强度对试样溶液中的砷元素进行测定。

（2）分析步骤（按 GB 5009.11—2014 测定）

微波消解法：称取试样 0.2～0.5g（精确至 0.001g）置于消解罐中，加入 5mL 硝酸，放置 30min，盖好安全阀，将消解罐放入微波消解系统中，按照微波消解仪的标准操作步骤进行消解；消解完全后赶酸，将消化液转移至 25mL 容量瓶中，用少量水分 3 次洗涤内罐，洗涤液合并于容量瓶中并定容至刻度，混匀备用；同时做空白实验。

高压密闭消解法：称取固体试样 0.2～1.0g（精确至 0.001g）置于消解内罐中，加入 5mL 硝酸浸泡过夜；盖好内盖，旋紧不锈钢外套，放入恒温干燥箱，140～160℃保持 3～4h，在箱内自然冷却至室温，然后缓慢旋松不锈钢外套，将消解内罐取出，用少量水冲洗内盖，放在控温电热板上 120℃，赶去棕色气体；取出消解内罐，将消化液转移至 25mL 容量瓶中，用少量水分 3 次洗涤内罐，洗涤液合并于容量瓶中并定容至刻度，混匀备用；同时做空白实验。

（3）结果计算

试样中总砷含量的计算：

$$X=\frac{(c-c_0)V\times 1000}{m\times 1000\times 1000} \tag{6-16}$$

式中　X——试样中砷的含量，mg/kg；

c——测定样液中砷含量，ng/mL；

c_0——空白样液中砷含量，ng/mL；

V——试样消化液定容体积，mL；

m——试样质量，g。

2. 无机砷的测定

(1) 原理

样品中无机砷经提取、净化后，用液相色谱仪对砷的各种形态进行分离，并直接导入电感耦合等离子体质谱仪测定，与标准样品进行比较。

(2) 分析步骤（按 GB/T 23372—2009 测定）

试样用粉碎机粉碎，称取肉类样品 2g（精确至 0.01g），加入 38mL 水，涡旋混匀后，超声萃取 40min，加入 2mL 3%乙酸溶液混匀沉淀蛋白，于 4℃冰箱中静置 5min 后，取上清液过 0.45μm 滤膜于 1.5mL 离心管中，以 8000r/min 转速离心 10min，吸取上清液注入液相色谱仪进行分析。油脂含量高的样品经前处理柱去除油脂（以聚乙烯基苯基聚合物为填料）。同时制备试剂空白溶液。样品以液相色谱-电感耦合等离子体质谱进行测定。

(3) 结果计算

试样中无机砷的含量计算：

$$X = \sum_{i=1}^{2} [(A_{1i} - A_{2i}) \times V \times 1000/m \times 1000] \tag{6-17}$$

式中　X——试样中无机砷[As(Ⅲ)和 As(Ⅴ)的总和]的含量，mg/kg；

A_{1i}——测定样液中无机砷[As(Ⅲ)和 As(Ⅴ)的总和]的含量，ng/mL；

A_{2i}——空白样液中无机砷[As(Ⅲ)和 As(Ⅴ)的总和]的含量，ng/mL；

V——试样处理液的总体积，mL；

m——试样质量，g。

根据 GB 2762—2017 的要求，动物源性食品中砷的限量指标见表 6-6。水产动物及其制品可先测定总砷，当总砷水平不超过无机砷限量时，不必测定无机砷；否则，需再测定无机砷。

表 6-6　动物源性食品中砷的限量指标

食品类别	限量(以 As 计)/(mg/kg)	
	总砷	无机砷
水产动物及其制品(鱼类及其制品除外)	—	0.5
鱼类及其制品	—	0.1
肉及肉制品	0.5	—

(三) 动物源性食品中苯并（*a*）芘的检验

苯并（*a*）芘是一种已知的致癌物质，测定时应特别注意安全防护！测定时应在通风柜中进行并戴手套，尽量减少暴露。如已污染了皮肤，应采用 10%次氯酸钠水溶液浸泡和洗刷，在紫外光下观察皮肤上有无蓝紫色斑点，一直洗到蓝紫色斑点消失为止。

1. 原理

试样经过有机溶剂提取，中性氧化铝或分子印迹小柱净化，浓缩至干，乙腈溶解，反相液相色谱分离，荧光检测器检测，根据色谱峰的保留时间定性，外标法定量。

2. 分析步骤（按 GB 5009.27—2016 测定）

提取：称取 1g（精确到 0.001g）试样，加入 5mL 正己烷，旋涡混合 0.5min，40℃下超声提取 10min，4000r/min 离心 5min，转移出上清液，再加入 5mL 正己烷重复提取一次，合并上清液，任选下列 2 种净化方法进行净化。

净化方法 1：采用中性氧化铝柱，用 30mL 正己烷活化柱子，待液面降至柱床时，关闭底部旋塞。将待净化液转移进柱子，打开旋塞，以 1mL/min 的速度收集净化液到茄形瓶，再转入 70mL 正己烷洗脱，继续收集净化液。将净化液在 40℃下旋转蒸至约 1mL，转移至色谱仪进样小瓶，在 40℃氮气流下浓缩至近干。用 1mL 正己烷清洗茄形瓶，将洗涤液再次转移至色谱仪进样小瓶并浓缩至干。准确吸取 1mL 乙腈到色谱仪进样小瓶，涡旋复溶 0.5min，过微孔滤膜后供液相色谱测定。

净化方法 2：采用苯并（*a*）芘分子印迹柱，依次用 5mL 二氯甲烷及 5mL 正己烷活化柱子。将待净化液转移进柱子，待液面降至柱床时，用 6mL 正己烷淋洗柱子，弃去流出液。用 6mL 二氯甲烷洗脱并收集净化液到试管中。将净化液在 40℃下氮气吹干，准确吸取 1mL 乙腈涡旋复溶 0.5min，过微孔滤膜后供液相色谱测定，典型色谱图见图 6-11。

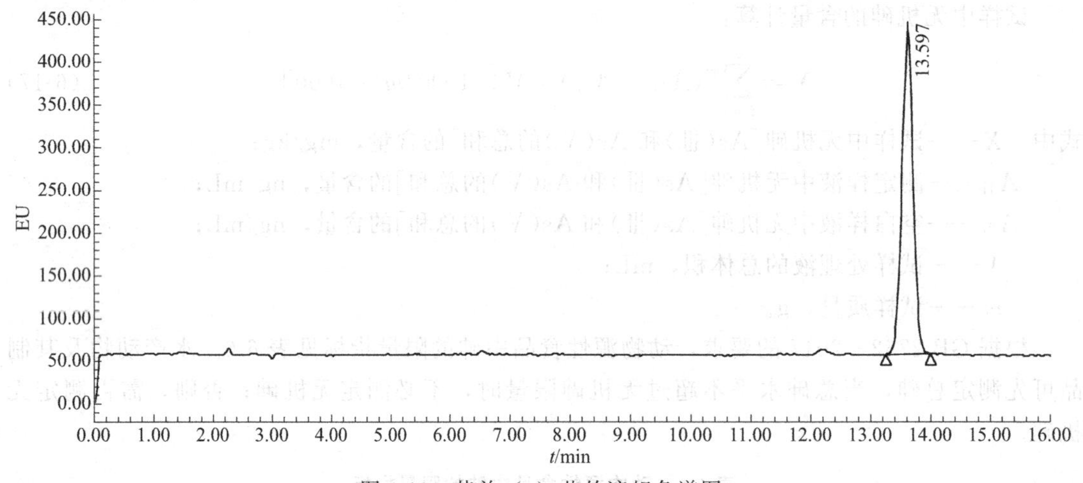

图 6-11　苯并（*a*）芘的液相色谱图

3. 结果计算

试样中苯并（*a*）芘的含量计算：

$$X=\frac{\rho V}{m}\times\frac{1000}{1000} \tag{6-18}$$

式中　X——试样中苯并（*a*）芘含量，μg/kg；

ρ——由标准曲线得到的样品净化溶液浓度，ng/mL；

V——试样最终定容体积，mL；

m——试样质量，g；

1000——由 ng/g 换算成 μg/kg 的换算因子。

（四）动物源性食品中多氯联苯的检验

1. 原理

应用稳定性同位素稀释技术，在试样中加入 $^{13}C_{12}$ 标记的 PCBs 作为定量标准，经过索氏提取后的试样溶液经柱色谱净化、分离，浓缩后加入内标，使用气相色谱-低分辨质谱联用仪，以四极杆质谱选择离子监测（SIM）或离子阱串联质谱多反应监测（MRM）模式进行分析，用内标法定量。

2. 分析步骤（按 GB 5009.190—2014 测定）

提取：提取前，将一空纤维素或玻璃纤维提取套筒装入索氏提取器中，以正己烷＋二氯甲烷（50＋50）为提取溶剂，预提取 8h 后取出晾干。将预处理试样 5.0～10.0g 装入上述处理的提取套筒中，加入 $^{13}C_{12}$ 标记的内标提取溶剂，用玻璃棉盖住试样，平衡 30min 后装入索氏提取器，以适量正己烷＋二氯甲烷（50＋50）为提取溶剂，提取 18～24h，回流速度控制在 3～4 次/h。提取完成后，将提取液转移到茄形瓶中，旋转蒸发浓缩至近干。如分析结果以脂肪计则需要测定试样的脂肪含量。

脂肪含量的测定：浓缩前准确称重茄形瓶，将溶剂浓缩至干后准确称重茄形瓶，两次称重结果的差值为试样的脂肪量。测定脂肪量后，加入少量正己烷溶解瓶中残渣。

酸性硅胶柱净化：玻璃柱底端用玻璃棉封堵后从底端到顶端依次填入 4g 活化硅胶、10g 酸化硅胶、2g 活化硅胶、4g 无水硫酸钠，然后用 100mL 正己烷预淋洗。将浓缩的提取液全部转移至柱上，用约 5mL 正己烷冲洗茄形瓶 3～4 次，洗液转移至柱上。待液面降至无水硫酸钠层时加入 180mL 正己烷洗脱，洗脱液浓缩至约 1mL。如果酸化硅胶层全部变色，表明试样中脂肪量超过了柱子的负载极限。洗脱液浓缩后，制备一根新的酸性硅胶净化柱，重复上述操作，直至硫酸硅胶层不再全部变色。

复合硅胶柱净化：玻璃柱底端用玻璃棉封堵后从底端到顶端依填入 1.5g 硝酸银硅胶、1g 活化硅胶、2g 碱性硅胶、1g 活化硅胶、4g 酸化硅胶、2g 活化硅胶、2g 无水硫酸钠，然后用 30mL 正己烷十二氯甲烷（97＋3）预淋洗。将经过净化后浓缩洗脱液全部转移至柱上，用约 5mL 正己烷冲洗茄形瓶 3～4 次，洗液转移至柱上。待液面降至无水硫酸钠层时加入 50mL 正己烷十二氯甲烷（97＋3）洗脱，洗脱液浓缩至约 1mL。

碱性氧化铝柱净化：玻璃柱底端用玻璃棉封堵后从底端到顶端依填入 2.5g 经过烘烤的碱性氧化铝、2g 无水硫酸钠，用 15mL 正己烷预淋洗。将经过净化后的浓缩洗脱液全部转移至柱上，用约 5mL 正己烷冲洗茄形瓶 3～4 次，洗液转移至柱上。当液面降至无水硫酸钠层时加入 30mL 正己烷（两次，每次 15mL）洗脱柱子，待液面降至无水硫酸钠层时加入 25mL 二氯甲烷＋正己烷（5＋95）洗脱，洗脱液浓缩至近干。

上机分析前的处理：将净化后的试样溶液转移至进样小管中，在氮气流下浓缩，用少量正己烷洗涤茄形瓶 3～4 次，洗涤液也转移至进样内插管中，氮气浓缩至约 50μL，加入适量内标，然后封盖待上机分析。

3. 结果计算

试样中 PCBs 含量的计算：

$$c_n = \frac{A_n m_s}{A_s \mathrm{RRF}_n m} \tag{6-19}$$

式中　c_n——试样中 PCBs 的含量，μg/kg；

A_n——目标化合物的峰面积；

m_s——试样中加入定量内标的量，ng；

A_s——内标的峰面积；

RRF_n——目标化合物对内标的相对响应因子；

m——取样量，g。

五、水产品中贝类毒素的检验

（一）贝类中失忆性贝类毒素的测定（液相色谱-串联质谱法）

1. 原理

试样经甲醇溶液（50%）提取，强阴离子固相萃取柱净化，液相色谱-串联质谱检测，外标法定量。

2. 分析步骤（按 GB 5009.198—2016 测定）

称取 5g（精确至 0.01g）试样于 50mL 离心管中，加入 12mL 甲醇溶液（50%），涡旋混合 1min，超声提取 10min，再涡旋混合 1min，以 4000r/min 离心 10min，移出上清液。残渣再用 5mL 甲醇溶液（50%）重复提取两次，合并上清液，以甲醇溶液（50%）定容至 25mL，混匀，于 −18℃放置 2h 后，5℃下 10000r/min 离心 15min，上清液待净化。准确吸取提取液 5mL 于预先活化好的强阴离子固相萃取柱中，控制流出液速度约为每秒 1 滴，然后分别用 5mL 乙腈溶液（10%）和 0.3mL 甲酸溶液（0.3%）淋洗，弃去流出液，用 4mL 甲酸溶液（0.3%）洗脱，收集洗脱液，用甲酸溶液（0.3%）稀释至 4mL（相当于 1g 试样），混匀后经 0.22μm 的水相微孔滤膜过滤，滤液供液相色谱-串联质谱测定，其多反应监测色谱图见图 6-12。

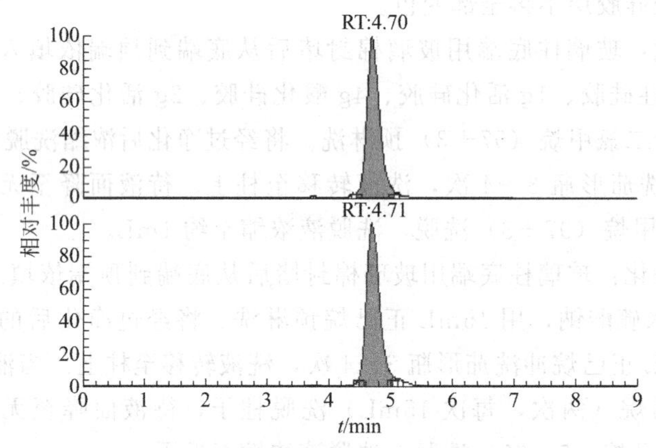

图 6-12　软骨藻酸的多反应监测色谱图

3. 结果计算

试样中软骨藻酸含量的计算：

$$X=\frac{\rho V}{m\times 1000} \tag{6-20}$$

式中　X——试样中软骨藻酸的含量，μg/g；

ρ——由标准工作曲线得到的试样溶液中软骨藻酸的质量浓度，ng/mL；

V——洗脱液的定容体积，mL；

m——与洗脱液相当的试样质量，g；

1000——换算因子。

（二）贝类中腹泻性贝类毒素的测定（液相色谱-串联质谱法）

1. 原理

液相色谱-串联质谱法适用于贝类可食部分及其制品（不包括盐渍制品）中腹泻性贝类

毒素大田软海绵酸（OA）、鳍藻毒素-1（DTX-1）和鳍藻毒素-2（DTX-2）的测定。试样经甲醇提取，在碱性条件下水解释放出酯化态腹泻性贝类毒素，液相色谱分离，串联质谱法测定，以基质标准曲线进行外标法定量。

2. 分析步骤（按 GB 5009.212—2016 测定）

腹泻性贝类毒素提取：将剪碎的试样均质，准确称取 2g（精确至 0.01g）于 50mL 具塞离心管中，加入 9mL 甲醇，涡旋混合 1min，超声提取 10min，8000r/min 下离心 5min，移出上清液于 20mL 刻度玻璃管中。残渣中加入 9mL 甲醇，重复提取一次，合并提取液，用甲醇定容至 20mL。

酯化态腹泻性贝类毒素水解释放：准确吸取提取液 1mL 置于螺纹口样品瓶中，加入氢氧化钠溶液（2.5mol/L）125μL，混匀后用密封膜将瓶密封，于 76℃下温育 40min，冷至室温后，加入盐酸溶液（2.5mol/L）125μL 并混匀，所得水解液（1.25mL 相当于 0.1g 试样）过 0.22μm 有机相微孔滤膜后，供液相色谱-串联质谱测定，或者必要时进行净化处理。

试样净化：所得水解液用 3mL 水稀释，涡旋混匀后，移入已预活化的聚合物型固相萃取柱，待液体以 1mL/min 的流速流出后，再用 1mL 甲醇溶液（20%）淋洗，弃去流出液，保持抽气 2min，最后用 1mL 氨水-甲醇溶液（0.3%）洗脱，保持抽气 2min，收集洗脱液，用甲醇定容至 1mL（相当于 0.1g 试样），过 0.22μm 的有机相微孔滤膜后，供液相色谱-串联质谱测定，其典型多反应色谱图见图 6-13。

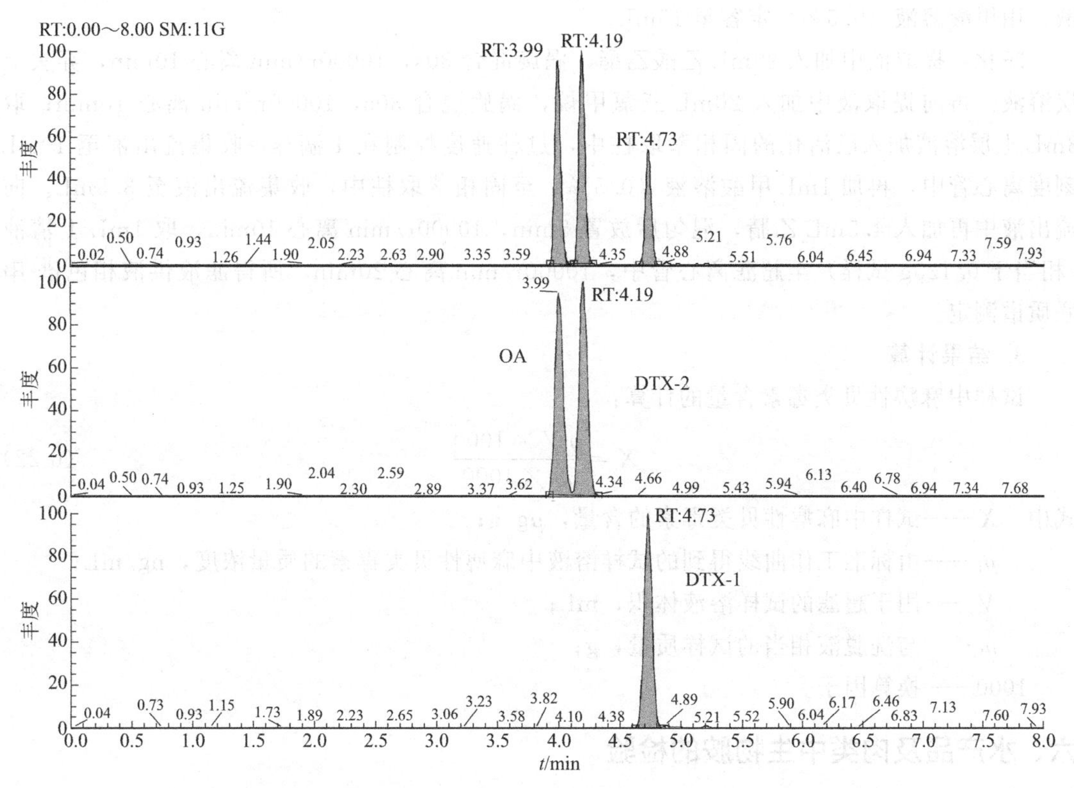

图 6-13　腹泻性贝类毒素［大田软海绵酸（OA）、鳍藻毒素-1（DTX-1）和鳍藻毒素-2（DTX-2）］的多反应监测色谱图

3. 结果计算

试样中腹泻性贝类毒素含量的计算：

$$X = \frac{\rho_i \times V \times 1000}{m \times 1000} \tag{6-21}$$

式中 X——试样中腹泻性贝类毒素的含量，μg/g；

ρ_i——由标准工作曲线得到的试样溶液中腹泻性贝类毒素的质量浓度，ng/mL；

V——洗脱液的定容体积，mL；

m——与洗脱液相当的试样质量，g；

1000——换算因子。

（三）贝类中麻痹性贝类毒素的测定（液相色谱-串联质谱法）

1. 原理

试样经甲酸溶液（0.5%）提取，分别经乙酸乙酯和三氯甲烷液-液分配去脂，固相萃取柱净化后，再经乙腈除蛋白，超滤离心，液相色谱-串联质谱检测，外标法定量。

2. 分析步骤（按 GB 5009.213—2016 测定）

提取：称取 5g（精确至 0.01g）试样于 50mL 塑料离心管中，加入 5mL 甲酸溶液（0.5%），涡旋混匀 1min，超声提取 5min，10000r/min 离心 10min，移出上清液至另一 50mL 塑料离心管中，残渣中再加入 4.5mL 甲酸溶液（0.5%）重复提取两次，合并上清液，用甲酸溶液（0.5%）定容至 15mL。

净化：提取液中加入 20mL 乙酸乙酯，涡旋混合 30s，10000r/min 离心 10min，弃去上层溶液。再向提取液中加入 20mL 三氯甲烷，涡旋混合 30s，10000r/min 离心 10min；取 3mL 上层溶液加入已活化的固相萃取柱中，过柱速度控制在 1 滴/s，收集流出液至 10mL 刻度离心管中，再加 1mL 甲酸溶液（0.5%）至固相萃取柱中，收集流出液至 3.5mL。向流出液中再加入 4.5mL 乙腈，混匀后放置 5min，10000r/min 离心 10min，取 1mL 上清液（相当于 0.125g 试样）至超滤离心管中，10000r/min 离心 20min，所得滤液供液相色谱-串联质谱测定。

3. 结果计算

试样中麻痹性贝类毒素含量的计算：

$$X = \frac{\rho_i V \times 1000}{m \times 1000} \tag{6-22}$$

式中 X——试样中麻痹性贝类毒素的含量，μg/g；

ρ_i——由标准工作曲线得到的试样溶液中麻痹性贝类毒素的质量浓度，ng/mL；

V——用于超滤的试样溶液体积，mL；

m——与洗脱液相当的试样质量，g；

1000——换算因子。

六、水产品及肉类中生物胺的检验

1. 原理

水产品（鱼类及其制品、虾类及其制品）、肉类中生物胺的测定采用 5%三氯乙酸提取，正己烷去除脂肪，三氯甲烷-正丁醇（1+1）液液萃取净化后，丹磺酰氯衍生，C_{18}色谱柱分离，高效液相色谱-紫外检测器检测，内标法定量。

2. 分析步骤（按 GB 5009.208—2016 测定）

（1）提取

准确称取已经绞碎或匀浆后的水产品、肉类 10g（精确至 0.01g），置于 100mL 具塞锥形瓶中，加入 500μL 内标使用液（1.0mg/mL）与样品充分混匀，加入 20mL 5%三氯乙酸溶液，振荡提取 30min，转移至 50mL 具塞离心管中，5000r/min 离心 10min，转移上清液至 50mL 容量瓶中，残渣用 20mL 5%三氯乙酸溶液再提取一次，合并上清液，用 5%三氯乙酸稀释至刻度，待净化。

（2）净化

除脂肪：移取上述试样提取液 10mL 于 25mL 具塞试管中，加入 0.5g 氯化钠，涡旋振荡至氯化钠完全溶解后，加入 10mL 正己烷，涡旋振荡 5min，静置分层后弃去上层有机相，下层试样溶液加入 10mL 正己烷再除脂一次。萃取：移取 5mL 上述除脂肪后的试样溶液于 10mL 具塞离心管中，用 5mol/L 氢氧化钠溶液（几滴）调节 pH 值至 12.0 左右，加入 5mL 的正丁醇-三氯甲烷（1+1）混合溶液，涡旋振荡 5min，5000r/min 离心 5min，转移上层有机相于另一个 10mL 具塞离心管中，下层样液再萃取一次，合并萃取液，用正丁醇-三氯甲烷（1+1）稀释至刻度。取 5mL 萃取液加入 200μL 盐酸（1mol/L），混匀后在 40℃水浴下氮气吹干，加入 1mL 盐酸（0.1mol/L）涡旋振荡，使残留物完全溶解，待衍生。

（3）衍生

在上述待衍生的试样溶液中依次加入 1mL 饱和碳酸氢钠溶液、100μL 氢氧化钠溶液（1mol/L）、1mL 衍生试剂，涡旋混匀 1min 后置于 60℃恒温水浴中衍生 15min，取出，加入 100μL 谷氨酸钠溶液，振荡混匀，60℃恒温反应 15min，取出，冷却至室温，于每个离心管中加入 1mL 水，涡旋混合 1min，40℃水浴下氮吹除去丙酮（约 1mL）。加入 0.5g 氯化钠，涡旋振荡至氯化钠完全溶解后加入 5mL 乙醚，涡旋振荡 2min，静置分层后，吸出上层有机相（乙醚层），再萃取一次，合并乙醚萃取液，40℃水浴下氮气吹干。加入 1mL 乙腈，涡旋振荡使残留物完全溶解，0.22μm 滤膜针头滤器过滤于进样小瓶，待测定，其液相色谱图见图 6-14。

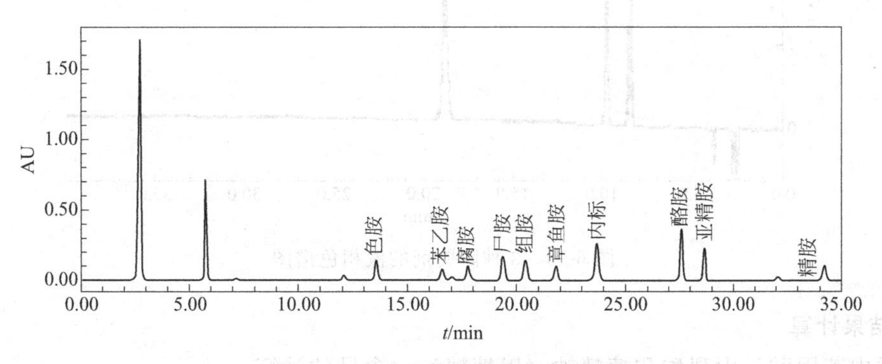

图 6-14　9 种生物胺的液相色谱图

3. 结果计算

试样中生物胺含量的计算：

$$X=\frac{cVf}{m} \tag{6-23}$$

式中　X——试样中被测组分的含量，μg/g；

　　　c——由标准工作曲线得到的被测组分的浓度，μg/mL；

　　　V——试样溶液体积，mL；

　　　m——试样质量，g；

　　　f——稀释倍数。

七、熟肉制品（腌腊肉、发酵肉、酱卤肉、熏烧烤肉、火腿制品、食用血制品）中食品添加剂的检验

（一）熟肉制品中防腐剂的测定

熟肉制品中的防腐剂主要包括苯甲酸、山梨酸和糖精钠，采用液相色谱法进行测定。

1. 原理

样品经水提取，高脂肪样品经正己烷脱脂，高蛋白样品经蛋白沉淀剂沉淀蛋白，采用液相色谱分离，紫外检测器检测，外标法定量。

2. 分析步骤（按 GB 5009.28—2016 测定）

准确称取约 2g（精确到 0.001g）试样于 50mL 具塞离心管中，加正已烷 10mL，于 60℃水浴加热约 5min，并不时轻摇以溶解脂肪，然后加氨水溶液（1＋99）25mL，乙醇 1mL，涡旋混匀，于 50℃水浴中超声 20min，冷却至室温后，加亚铁氰化钾溶液 2mL 和乙酸锌溶液 2mL，混匀，于 8000r/min 离心 5min，弃去有机相，水相转移至 50mL 容量瓶中。于残渣中加水 20mL，涡旋混匀后超声 5min，于 8000r/min 转速下离心 5min，将水相转移到同一 50mL 容量瓶中，并用水定容至刻度，混匀。取适量上清液过 0.22μm 滤膜，待液相色谱测定，其典型谱图见图 6-15。

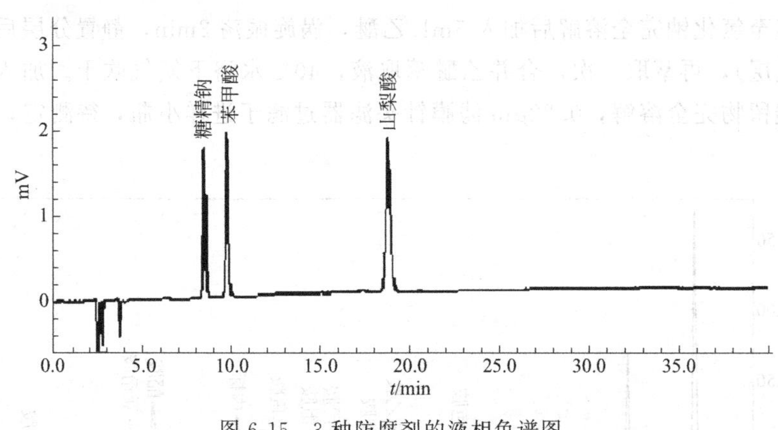

图 6-15　3 种防腐剂的液相色谱图

3. 结果计算

试样中苯甲酸、山梨酸和糖精钠（以糖精计）含量的计算：

$$X=\frac{\rho V}{m\times 1000} \tag{6-24}$$

式中　X——试样中待测组分的含量，g/kg；

　　　ρ——由标准工作曲线得到的试样溶液中待测物的质量浓度，mg/L；

　　　V——试样定容体积，mL；

m——试样质量，g；

1000——换算因子。

（二）熟肉制品中着色剂的测定

熟肉制品中的合成着色剂柠檬黄、新红、苋菜红、胭脂红、日落黄、亮蓝、赤藓红按GB 5009.35—2016测定。

1. 原理

食品中人工合成着色剂用聚酰胺吸附法或液-液分配法提取，制成水溶液，注入高效液相色谱仪，经反相色谱分离，根据保留时间定性和与峰面积比较进行定量。

2. 分析步骤（按GB 5009.35—2016测定）

聚酰胺吸附法：样品溶液加柠檬酸溶液调pH值到6，加热至60℃，将1g聚酰胺粉加少许水调成粥状，倒入样品溶液中，搅拌片刻，以G3垂融漏斗抽滤，用60℃pH值为4的水洗涤3～5次，然后用甲醇-甲酸混合溶液洗涤3～5次（含赤藓红的样品用液-液分配法处理），再用水洗至中性，用乙醇-氨水-水混合溶液解吸3～5次，直至色素完全解吸，收集解吸液，加乙酸中和，蒸发至近干，加水溶解，定容至5mL，经0.45μm微孔滤膜过滤，用高效液相色谱仪分析。

液-液分配法（适用于含赤藓红的样品）：将制备好的样品溶液放入分液漏斗中，加2mL盐酸、10～20mL三正辛胺-正丁醇溶液（5%），振摇提取，分取有机相，重复提取，直至有机相无色，合并有机相，用饱和硫酸钠溶液洗2次，每次10mL，分取有机相，放蒸发皿中，水浴加热浓缩至10mL，转移至分液漏斗中，加10mL正己烷，混匀，加氨水溶液提取2～3次，每次5mL，合并氨水溶液层（含水溶性酸性色素），用正己烷洗2次，氨水层加乙酸调成中性，水浴加热蒸发至近干，加水定容至5mL，经0.45μm微孔滤膜过滤，用高效液相色谱仪分析，其典型色谱图见图6-16。

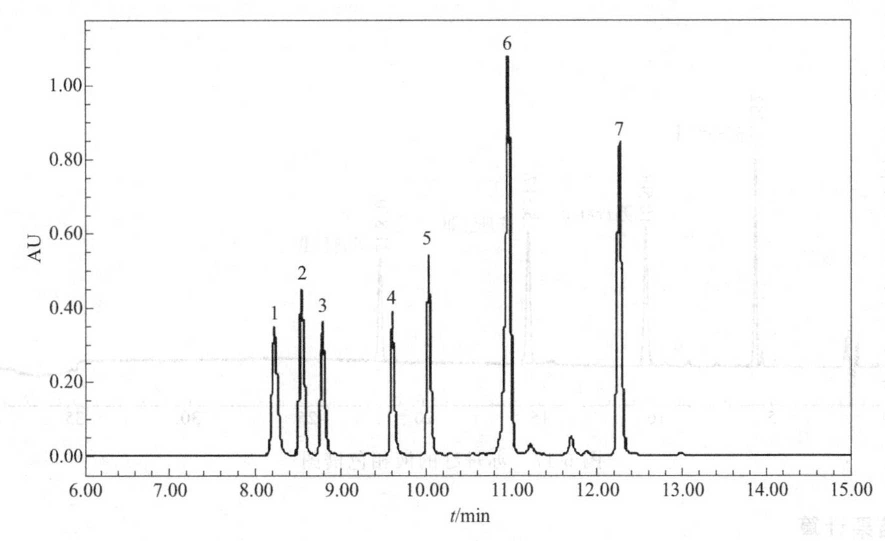

图6-16　7种着色剂的液相色谱图

1—柠檬黄；2—新红；3—苋菜红；4—胭脂红；5—日落黄；6—亮蓝；7—赤藓红

3. 结果计算

试样中合成着色剂含量的计算：

$$X=\frac{cV\times 1000}{m\times 1000} \tag{6-25}$$

式中　X——试样中着色剂的含量，g/kg；

c——进样液中着色剂的浓度，μg/mL；

V——试样稀释总体积，mL；

m——试样质量，g；

1000——换算因子。

（三）熟肉制品中苏丹红的测定

1. 原理

苏丹红属偶氮系列化工合成染料。样品经溶剂提取、固相萃取净化后，用反相高效液相色谱——紫外可见光检测器进行色谱分析，采用外标法定量。

2. 分析步骤（按 GB/T 19681—2005 测定）

称取粉碎样品 10～20g（准确至 0.01g）于三角瓶中，加入 60mL 正己烷充分匀浆 5min，滤出清液，再以 20mL 正己烷（分两次，每次 10mL）匀浆，过滤。合并 3 次滤液，加入 5g 无水硫酸钠脱水，过滤后于旋转蒸发仪上蒸至 5mL 以下，慢慢加入氧化铝色谱柱中，为保证层析效果，在柱中保持正己烷液面为 2mm 左右时上样，在全程的色谱分离过程中不应使柱干涸，用正己烷少量多次淋洗浓缩瓶，一并注入色谱柱。控制氧化铝表层吸附的色素带宽小于 0.5cm，待样液完全流出后，视样品中含油类杂质的多少用 10～30mL 正己烷洗柱，直至流出液无色，弃去全部正己烷淋洗液，用 60mL 含 5%丙酮的正己烷液洗脱，收集、浓缩后，用丙酮转移并定容至 5mL，经 0.45μm 有机滤膜过滤后待测，其液相色谱图见图 6-17。

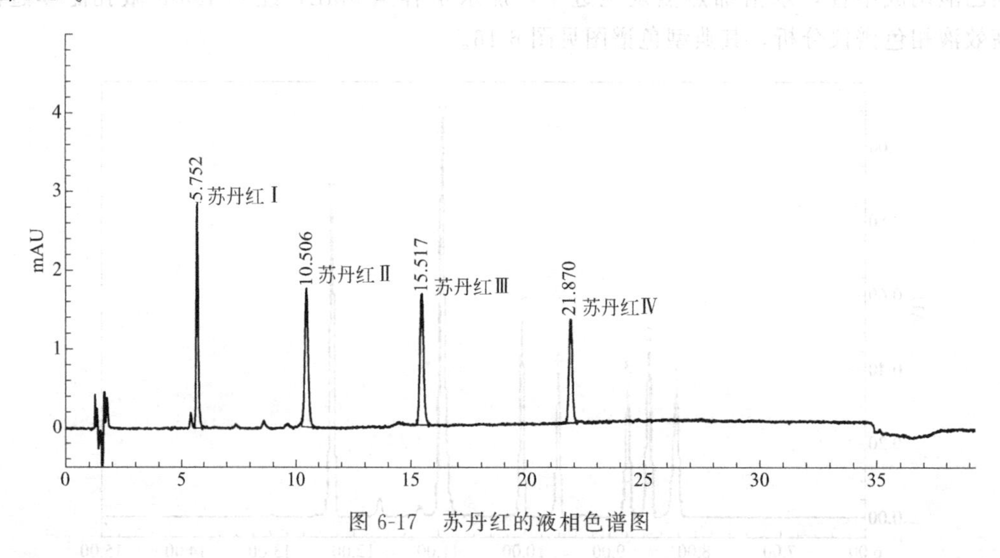

图 6-17　苏丹红的液相色谱图

3. 结果计算

试样中合成着色剂含量的计算：

$$X=\frac{cV}{m} \tag{6-26}$$

式中　X——试样中苏丹红的含量，mg/kg；

c——由标准工作曲线得到的试样溶液中苏丹红的浓度，μg/mL；

V——试样定容体积，mL；

m——试样质量，g。

本章小结

本章阐述了肉类样品的感官检验、理化检验的理论知识、检测方法及限量要求。

1. 感官检验

肉类样品的感官检验主要从色泽、气味、组织状态（弹性）、黏度等几个方面考察，主要依赖的检验手段包括目测、嗅觉检验、手触等。

2. 理化检测

肉类理化检测主要利用化学、仪器方法对肉中的理化指标（亚硝酸盐、亚硝胺、三甲胺、挥发性盐基氮）、兽药残留（磺胺类、二苯乙烯类、喹诺酮类、四环素类）、农药残留、污染物（汞、砷、苯并芘、多氯联苯）、贝类毒素（失忆性贝类毒素、腹泻性贝类毒素、麻痹性贝类毒素）、生物胺、食品添加剂（防腐剂、着色剂、苏丹红）等进行分析检测。

复习思考题

一、填空题

1. 肉品品质的感官检验主要包括______、______、______，主要依赖的检测手段有______、______、______。

2. 肉品理化检验，分为______检验、______检验、______检验、______检验和______检验。

3. 贝类毒素的检验，包括______贝类毒素和______贝类毒素。

4. 组胺含量的检测一般针对________鱼类。

二、选择题

1. 下列那一项属于常规理化检验（　　）。

A. 六六六　B. 苯并（a）芘　C. 蛋白质含量　D. 贝类毒素

2. 下列哪些鱼属于高组胺鱼类（　　）。

A. 鳗鱼　B. 金枪鱼　C. 鳕鱼　D. 草鱼

3. 下列哪项属于预制肉类食品特有的检测指标（　　）。

A. 氯霉素　B. 铅　C. 食品添加剂　D. 挥发性盐基氮

三、简答题

1. 简述肉类产品中磺胺类药物检测的前处理过程（液相色谱法和液相色谱-串联质谱法）。

2. 简述畜禽肉中β-受体激动剂测定的前处理过程（液相色谱-串联质谱法）。

3. 简述肉制品中无机砷的检测步骤。

4. 简述畜禽肉中四环素类抗生素的检测前处理过程（液相色谱-串联质谱法）。

第七章 生鲜乳检验

乳是各种哺乳动物为哺育其幼仔所分泌的一种液体，其色泽呈白色或微黄色，不透明，味微甜，有特有的乳香味。通常所说的乳是指乳用品种牛（奶牛）产的乳，俗称牛乳，是最古老的天然饮料之一。牛乳含有能促进人体生长发育以及维持健康水平的几乎一切必需的营养成分，易于消化吸收，是人类最理想的天然食物。现代乳品工业已成为食品工业的重要组成部分。在发达国家，乳品已成为人们日常饮食的主要食物之一。

第一节 乳品检验基础知识

乳品加工的原料乳即生乳，在奶牛的泌乳期中，由于泌乳时期、生理、病理等因素的影响，所产乳的成分会发生变化。奶牛产犊7天以内所产的乳称初乳，初乳色黄、浓厚并有特殊气味，干物质含量较高，干物质中以蛋白质和盐类为主，尤以对热不稳定的乳清蛋白（球蛋白和白蛋白）含量高，乳糖含量较低。初乳含有丰富的维生素，尤其是维生素A和维生素D，而且含有大量的免疫球蛋白。但初乳对热稳定性差，加热时容易凝固，因此不用作乳品加工的原料。奶牛干乳期前两周所产的乳称末乳或老乳，末乳除脂肪外其他成分均比常乳要高，有苦且微咸的味道，含脂酶多，常有油脂氧化味，也不适宜用作乳品加工的原料。初乳和末乳之间分泌的乳称常乳。常乳的成分及性质基本趋于稳定，是乳品加工的原料乳，常乳中所含的主要成分见图7-1。

乳品中的成分非常复杂，但主要成分是水、脂肪、糖类化合物、蛋白质、维生素和矿物质等。对这些成分进行检测是乳品检验的基础，也是检验的主要内容。

一、生鲜乳的概念

生鲜乳，是指从符合国家有关要求的健康奶畜乳房中挤出的无任何成分改变的常乳。产犊后7天的初乳、应用抗生素期间和休药期间的乳汁、变质乳不应用作生乳，其验收根据食品安全国家标准GB 19301—2010《食品安全国家标准 生乳》进行。

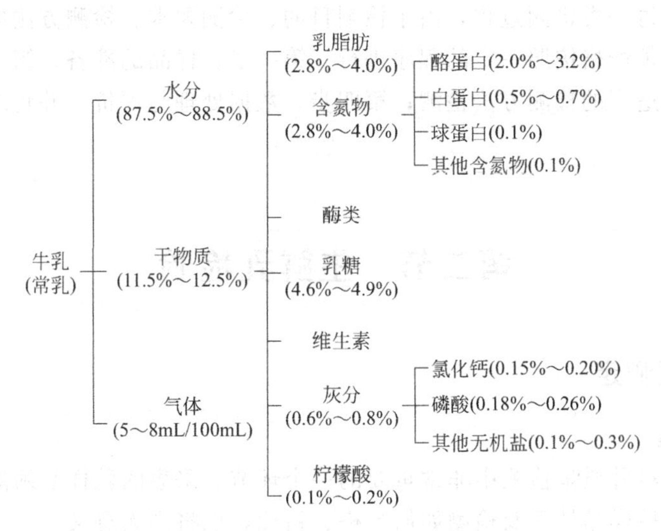

图 7-1 牛乳（常乳）主要成分

二、乳品检验操作规程

在乳品的检验工作中，不同的乳品含有的成分不同，检测的项目不同，而且要求的各项指标也不一样，所以，必须针对不同的乳品选择正确的检测方法，这样才能得到准确的检测数据。乳品检测技术主要包括感官检验、理化检测、微生物检测三个方面。

1. 感官检验

食品的感官检验是依靠人的感官感觉，即味觉、视觉、嗅觉、触觉和听觉，对食品的色泽、风味、气味、组织状态、硬度等外部特征进行评价的方法。

2. 理化检测

乳品理化检测主要利用物理、化学以及仪器等分析方法对乳品的各种营养成分、微量元素、有毒有害物质等进行分析检测。理化检测可分为物理分析法、化学分析法、仪器分析法三类。物理分析法主要是折射率、旋光度、沸点、透明度等的测定，可直接求出样品中某种成分的含量，判断被检样品的纯度和品质。化学分析法是以物质的化学反应为基础的分析方法，主要包括质量分析法和滴定分析法两大类。化学分析法适用于食品中常量组分的测定。化学分析法也是其他分析法的基础。仪器分析法具有高灵敏度、高分辨率的特点，应用于乳品分析。现代仪器分析也经常需要用化学分析处理样品，而且仪器分析测定的结果必须与已知标准进行对照，所用标准往往要用化学分析法进行测定，所以化学分析法仍是乳与乳制品分析中最重要的方法之一。

3. 微生物检测

微生物检测主要是对乳品本身和在生产过程中污染微生物进行检测与监测，以保证乳品的食用性和安全性。微生物检测方法条件温和，方法的选择性也比较高，广泛应用于微生物、抗生素残留量和激素等成分的分析。

三、生鲜乳检测过程

生鲜乳的检测必须按照一定的检测程序进行。实际检测过程中，往往是由不同的职能检测部门分别进行。每一类检测过程，由于检测目的、检测要求、检测方法的不同，都有其相应的检测程序，必须严格按照一定的程序进行。第一步，样品的准备；第二步，样品的预处理；第三步，选择适当的检测方法检测；第四步，数据处理与评价，并将结果以检测报告的形式表达出来。

第二节　生鲜乳检验

一、乳的新鲜度测定

1. 乳样的采集

采集乳样是原料乳质量检测中非常重要的一个环节。采集的乳样必须能代表整批乳的特点。否则，无论以后样品处理及检测如何严格、精确，也将毫无意义。

用于化学分析的采样用具必须洗净后干燥。用于微生物检验用的器具，必须清洗后灭菌。灭菌方法根据不同材料与质地，采用国家标准中指定的适当灭菌法。作感官评定的样品可按上述方法之一处理，但用具不应给样品增加滋、气味。通常要求采样用具为不锈钢制品或玻璃器具。

在实验室中，从样品瓶中采样的温度应在 20℃左右，冷藏取出的牛乳须在水浴中加热至 40℃，然后充分混合，使乳中脂肪完全溶化并混匀后，冷却至 20℃立即采样。因乳脂肪的比重较小，当乳静止时，乳的上层较下层脂肪多。为了保证样品的混合均匀，采样前必须将乳样充分搅拌，使乳的组成均匀一致。

取样量决定于检查的内容，一般只测定酸度和脂肪度时取 50mL 即可。如做全分析应取乳 200mL 左右。采样时应采取两份平行乳样。一份为分析样品，另一份为保存样品，当一份样品发现错误时，可用保存样品重新测定。

将采得的乳样注入带有瓶塞的干燥而清洁的玻璃瓶中，并在瓶上贴上标签，注明样品名称、编号等。

2. 乳样的保存

采取的乳样如不能立即进行检查时，必须放入冰箱中保存或加入适当的防腐剂（做细菌学检查时不准加防腐剂），以防止微生物的生长和繁殖。

（1）低温保存法

乳样采取后，在 1h 以内不能进行检验的乳样，应该储存于 0～5℃的冷库或冰箱中，一般保存期为 1～2 天。

（2）添加防腐剂保存法

过氧化氢保存法：过氧化氢的性质不稳定，易分解产生［O］，使微生物生命活动停止。其方法是用市售过氧化氢（浓度约为 30%），每 100mL 乳加入 2～3 滴，密闭，保存期为 6～10 天。

3. 乳的新鲜度测定

（1）感官鉴定

正常乳应为乳白色或略带黄色，具有特殊的乳香味，稍有甜味，组织状态均匀一致，无凝块和沉淀，不黏滑。乳的感官要求应该符合表 7-1 的规定（GB 19301—2010）。

表 7-1 感官要求

项目	要求	检验方法
色泽	呈乳白色或微黄色	取适量试样置于 50mL 烧杯中，在自然光下观察色泽和组织状态。闻其气味，用温开水漱口，品尝滋味
滋味、气味	具有乳固有的香味，无异味	
组织状态	呈均匀一致液体，无凝块、无沉淀、无正常视力可见异物	

（2）鉴定方法

色泽：将少量乳倒入 50mL 烧杯中观察其颜色。

气味：将一定数量乳加入三角瓶中置沸水浴中加热沸腾后，用手扇动瓶口上方的气体，闻其气味。

滋味：将加热沸腾后的牛乳冷却至 30℃左右，取少量用口尝之。温度不能过冷或过热，过冷会使味蕾麻木，失去敏感性；过热会刺激甚至损伤味蕾，失去品味功能。

舌面上同一部位对不同滋味的敏感性不同，因此样品必须在口内充分流动，使整个舌头都接触到样品，否则会造成评味不全面。这就要求进入口中的样品量应足够，同时样品应在口内停留一定的时间。对同类样品进行系列品尝时，停留时间应该相同。需要注意的是评定后口中的样品应全部吐出，不能吞吃下去。

每评完一个样品，用清水或含有少量盐分的温水彻底漱口，以免口中残余物对下个样品的品评产生干扰作用。

组织状态：将少量乳倒入小烧杯内静置 1h 左右后，再小心将其倒入另一小烧杯内，仔细观察第一个小烧杯内底部有无沉淀和絮状物，再取 1 滴乳于大拇指上，检查是否黏滑。

（3）鉴别标准

生鲜牛乳鉴别标准见表 7-2。

表 7-2 生鲜牛乳感官鉴别标准

感官鉴别	良质鲜乳	次质鲜乳	劣质鲜乳
色泽鉴别	为乳白色或稍带微黄色	色泽较良质鲜乳差，白色中稍带青色	呈浅粉色或显著的黄绿色，或是色泽灰暗
组织状态鉴别	呈均匀的流体，无沉淀、凝块和机械杂质，无黏稠和浓厚现象	呈均匀的流体，无凝块，但可见少量微小的颗粒，脂肪聚黏表层呈液化状态	呈稠而不匀的溶液状，有乳凝结成的致密凝块或絮状物
气味鉴别	具有乳特有的乳香味，无其他任何异味	有乳中固有的香味，稍有异味	有明显的异味，如酸臭味、牛粪味、金属味、鱼腥味
滋味鉴别	具有鲜乳独具的纯香味，滋味可口稍甜，无其他任何异常滋味	有微酸味（表明乳已开始酸败），或有其他轻微的异味	有酸味、咸味、苦味等

4. 滴定酸度的测定（按 GB 5009.239—2016）

（1）原理

牛乳的酸度分为固有酸度和发酵酸度。固有酸度来源于牛乳中的蛋白质、柠檬酸盐及磷酸盐等；发酵酸度来源于牛乳在挤出后及存放过程中微生物的繁殖，微生物分解乳糖产生乳酸，从而使牛乳的酸度升高。通常测定的乳滴定酸度是固有酸度和发酵酸度之和，也称为乳的总酸度。刚挤出的牛乳酸度为16～18°T，测定酸度可推测微生物的生长繁殖程度。因此牛乳的酸度是反映牛乳新鲜程度和热稳定性的重要指标。

一般情况下，乳品工业中的酸度是指以标准碱液用滴定法测定的滴定酸度。GB 5009.239—2016《食品安全国家标准 食品酸度的测定》中就规定酸度检测以滴定酸度为标准。滴定酸度有多种测定方法及表示形式。我国滴定酸度用吉尔涅尔度（简称°T）或乳酸度（乳酸%）来表示。

吉尔涅尔度（°T）是以中和100mL乳中的酸所消耗的0.1mol/L NaOH的毫升数来表示。消耗1mL 0.1mol/L NaOH为1°T；乳酸度（乳酸%）是指乳中酸的含量。

（2）仪器药品

除非另有规定，本方法所用试剂均为分析纯或以上规格，水为GB/T 6682—2008规定的三级水。

① 10mL吸管、150mL锥形瓶、25mL酸式滴定管、0.5mL吸管、25mL碱式滴定管、滴定架、1mg感量天平、电位滴定仪。

② 0.1mol/L NaOH标准溶液。称取NaOH 120g于250mL烧杯中，加入蒸馏水100mL振摇使其溶解，冷却后置于聚乙烯塑料瓶中，密封，放置数日澄清后，取上清液5.6mL，加新煮沸过并已冷却的蒸馏水至1000mL，摇匀。

③ 邻苯二甲酸氢钾。将分析纯邻苯二甲酸氢钾在105～110℃干燥至恒重，冷却，称取0.4～0.6g（精确至0.001g）于250mL锥形瓶中，加入100mL水。

④ 酚酞指示剂。称取0.5g酚酞溶于75mL体积分数为95%的乙醇中，并加入20mL水，然后滴加NaOH标准溶液至微粉色，再加入水定容至100mL。

（3）分析步骤（按GB 5009.239—2016测定）

采用酸碱滴定法：以酚酞为指示剂，用0.1mol/L NaOH标准溶液滴定100g试样至终点所消耗的NaOH溶液的体积，来计算试样的酸度。

乳酸度的滴定：称取乳样10mg（精密到0.001g）于150mL锥形瓶中，再加入20mL新煮沸冷却至室温的蒸馏水，混匀，用0.1mol/L NaOH标准溶液电位滴定至pH＝8.3为终点，或于溶解混匀的试样中加2.0mL酚酞指示剂，混匀后用0.1mol/L NaOH标准溶液滴定至微红色，并在30s内不褪色为止，记录消耗0.1mol/L NaOH标准溶液的体积。平行测定两次，两次平行试验结果差值不得大于0.5°T，保留三位有效数字。

（4）结果计算

试样中的酸度数值（用°T表示）按下式计算：

$$X=\frac{cV\times 100}{m\times 0.1} \tag{7-1}$$

式中 X——试样的酸度，°T；

c——NaOH标准溶液浓度，mol/L；

V——滴定时消耗NaOH标准溶液体积，mL；

m——试样的质量，g；

0.1——酸度理论定义的NaOH标准溶液浓度，mol/L。

根据测定的结果判定乳的品质，见表7-3。

表 7-3　滴定酸度与牛乳品质关系表

滴定酸度/°T	牛乳品质	滴定酸度/°T	牛乳品质
低于 14	加碱或加水等异常的乳	高于 25	酸性乳
14～18	正常新鲜乳	高于 27	加热凝固
高于 18	微酸的乳	60 以上	酸化乳，能自身凝固

5. 酒精试验

（1）原理

酒精具有脱水作用，浓度愈大，脱水作用愈强。通过酒精的脱水作用，确定酪蛋白的稳定性。新鲜牛乳对酒精的作用表现出相对稳定；而不新鲜的牛乳，其中蛋白质胶粒已呈现不稳定状态，当受到酒精的脱水作用时，则加速其聚沉。酒精试验是检验蛋白质热稳定性的重要试验。

（2）仪器药品

68%、70%、72%酒精的配置：用 95%的分析纯酒精，利用公式 $V_1 \times 95\% = V_2 \times 68\%$（70%、72%）（$V_1$ 为所加 95%的酒精体积，V_2 为所配制浓度酒精的体积，$V_2 - V_1$ 为所加蒸馏水的体积）加入蒸馏水，充分混匀。1～2mL 吸管、试管。

（3）分析步骤

取试管 3 支，编号（1、2、3 号），分别加入同一乳样 1～2mL，1 号管加入等量的 68%酒精，2 号管加入等量的 70%酒精，3 号管加入等量的 72%酒精，摇匀 15s 后，观察有无出现絮片，确定乳的酸度。试验时温度以 20℃为标准。判定标准见表 7-4。

表 7-4　酒精浓度与酸度关系判定标准表

酒精浓度/%	不出现絮片酸度
68	20°T 以下
70	19°T 以下
72	18°T 以下

6. 煮沸试验

（1）原理

乳的酸度较高（或钙镁离子含量较高）时，乳中蛋白质对热的稳定性低，易凝固。根据乳中蛋白质在不同温度时凝固的特征，可判断乳的质量。

（2）仪器

20mL 吸管、试管、水浴箱。

（3）分析步骤

取 10mL 乳样，放入试管中，用沸水浴加热至沸腾，保持 5min，取出观察管壁有无絮片出现或发生凝固现象。判定标准见表 7-5。如果产生絮片或发生凝固，则表示酸度大于26°T。

表 7-5　煮沸试验判定牛乳的酸度标准表

乳的酸度/°T	凝固条件	乳的酸度/°T	凝固条件
18	煮沸时不凝固	40	加热 63℃以上凝固

续表

乳的酸度/°T	凝固条件	乳的酸度/°T	凝固条件
20	煮沸时不凝固	50	加热 40℃以上凝固
26	煮沸时不凝固	60	22℃时自行凝固
28	煮沸时不凝固	65	16℃时自行凝固
30	加热 77℃以上凝固		

二、乳相对密度的测定（GB 5009.2—2016）

相对密度是物质重要的物理常数。各种液态食品都具有一定的相对密度，当其组成成分及浓度发生改变时，其相对密度往往也随之改变。通过测定液态乳的相对密度，可以检测乳的纯度、浓度及判断其质量。

乳的相对密度在挤乳后 1h 内最低，之后逐渐上升，大约升高 0.001，这是由于气体的逸散、蛋白质的水合作用及脂肪的凝固使容积发生变化，故不宜在挤乳后立即测定相对密度。

测定牛乳的相对密度通常采用比重计（或称乳稠计、乳汁计），测定范围为 1.015～1.045。在乳稠计上刻有 15°～45°的刻度，以度来表示。如刻度读数为 30°，则相当于相对密度为 1.030。

1. 原理

乳的密度是指乳在 20℃时的质量与同体积水在 4℃时的质量之比。乳的比重是指乳在 15℃时的质量与同体积水在 15℃时的质量之比。

乳的密度和比重均可用乳稠计（图 7-2）测定。乳稠计有 20℃/4℃（密度计）和 15℃/15℃（比重计）两种。在同温度下比重和密度的绝对值差异很小。因为测定的温度不同，乳的密度较比重小 0.002。在乳品工业中可用此数来进行乳比重和密度的换算。如乳的密度为 1.030 时，其比重即为 1.032（1.030+0.002）。

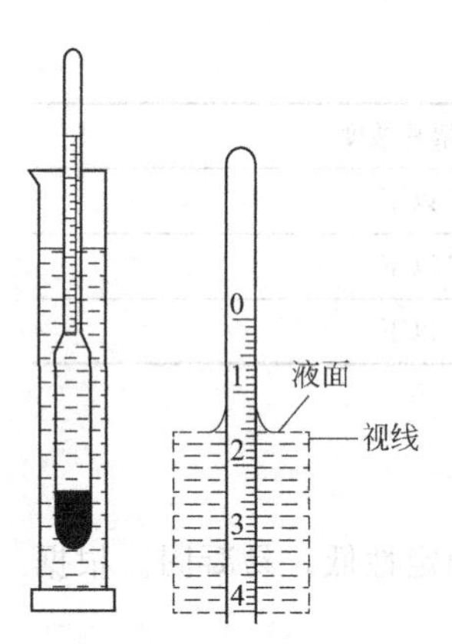

图 7-2　乳密度的测定

乳的密度也可用度数来表示：

$$度数=(读数-1)\times 1000$$

例如，乳的密度为 1.031 时，其度数为：

$$度数=(1.031-1)\times 1000=31°$$

利用乳稠计在乳中取得浮力与重力相平衡的原理测定乳的密度。

2. 仪器

牛乳密度计或比重计、温度计、250mL 量筒、200～300mL 烧杯。

3. 分析方法

沿筒壁小心将乳样注入 250mL 量筒中至容积的 3/4 处，如有泡沫形成，可用滤纸条吸去。然后将乳稠计小心地沉入乳样中，使其沉到 30°刻度处，使其在乳中自由浮动（注意防止乳稠计与量筒壁接触），静置 2～3min 后进行读数，读取凹液面的上缘的数值。同时用温度计测定乳温。查乳温换算表，把乳稠计上的读数进行温度校正，乳的密度随温度升高而减小，随温度降低而增大。

4. 测定值的校正

测定值的校正可用计算法进行，即温度每升高或降低 1℃，乳的密度在乳汁计上减小或增加 0.0002（0.2°）。

例：乳温为 18℃，密度计读数为 1.034。求乳的密度。

解：密度＝1.034－[0.0002×(20－18)]＝1.0336

密度的度数＝(1.0336－1)×1000＝33.6°

取同一牛乳在 15～25℃之间不同温度的三份样品，测定温度及密度，验证其规律。

三、乳中杂质度的测定（GB 5009.6—2016）

测定乳中杂质度可以判断原料乳的卫生状况。

1. 原理

利用过滤的方法，使乳中肉眼可见的不溶性杂质与乳分开，然后与杂质度标准板比较而定量。用样品杂质板和标准杂质板对照即可得出乳样每千克含杂质的毫克数（mg/kg）。

2. 仪器与试剂

500mL 抽滤瓶、真空泵、瓷质布氏漏斗、棉质过滤垫、杂质度标准板、直径 28.6mm 的空心圆柱体、镊子、750mL 烧杯、500mL 量筒、干燥箱。

3. 分析方法

取 500mL 乳样，加热至 60℃后，将乳倒入放有空心圆柱体棉质过滤垫的布氏漏斗内进行过滤。为了加快过滤速度，可用真空抽滤，并用温水冲洗黏附在过滤板上的牛乳；用镊子取下过滤垫放于 102～105℃的烘箱内烘干，然后取出与杂质度标准板比较，求出乳中杂质度。

4. 结果计算

因杂质度标准板上杂质量是以 500mL 乳为基础计量的，则：

$$杂质度=\frac{相当于某标准板的杂质量\times 1000}{500}=相当于某标准板的杂质量\times 2 \quad (7\text{-}2)$$

四、原料乳中菌落总数的测定（GB 4789.2—2016）

菌落总数是原料乳样品经过处理，在一定的条件下（如培养基、培养温度和培养时间）培养后，所得每克（每毫升）检样中形成的微生物菌落总数。

1. 仪器与设备

恒温培养箱，36℃±1℃；冰箱，2～5℃；恒温水浴锅，46℃±1℃；天平，感量 0.1g；无菌吸管，1mL（0.01 分度值）、10mL（0.1 分度值）；无菌锥形瓶，250mL、500mL；无菌培养皿，ϕ90mm；均质器；振荡器；试管；试管架；酒精灯；灭菌刀或剪刀；菌落计数器。

2. 培养基和试剂

① 乙醇，75%。

② 无菌生理盐水，0.85%。

③ 磷酸盐缓冲溶液：磷酸二氢钾 34.0g，蒸馏水 500mL，pH7.2。

④ 琼脂培养基：胰蛋白胨 5.0g，酵母浸膏 2.5g，葡萄糖 1.0g，琼脂 15.0g，蒸馏水 1000mL，pH7.0±0.2。

3. 检样

待检原料乳。

4. **操作步骤**

(1) 检验程序

检验程序见图 7-3。

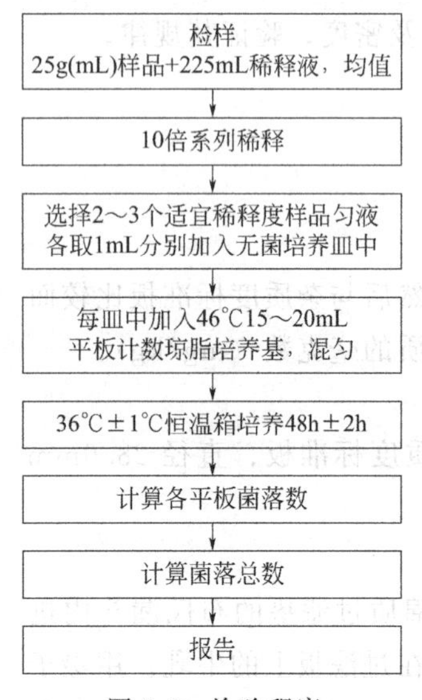

图 7-3　检验程序

(2) 检样稀释及培养

① 用吸管取 25mL 鲜牛乳，放于含有 225mL 灭菌生理盐水的 500mL 灭菌玻璃锥形瓶内（瓶内预先置适当数量的玻璃珠），经充分振摇做成 1∶10 的均匀稀释液。

② 用 1mL 灭菌吸管吸取 1∶10 稀释液 1mL，沿管壁徐徐注入含有 9mL 灭菌生理盐水的试管内（注意吸管尖端不要触及管内稀释液，下同），振摇试管混合均匀，做成 1∶100 的稀释液。

③ 另取 1mL 的灭菌吸管，按上述操作顺序做 10 倍递增稀释液，如此每递增稀释一次，即换用 1 支 1mL 灭菌吸管。

④ 根据 GB 4789.2—2016 要求和检样的菌落数量，选择 3 个连续适宜稀释度即 10、10^{-1}、10^{-2}，分别在做 10 倍递增稀释的同时，即以吸取该稀释度的吸管移 1mL 稀释液于灭菌平皿内，每个稀释度做两个平皿。

⑤ 稀释液移入平皿后，应及时将 15～20mL 凉至 46℃的营养琼脂培养基注入平皿，并转动平皿使其与稀释检样混合均匀，同时将营养琼脂培养基倾入加有 1mL 稀释液（不含样品）的灭菌平皿内做空白对照。

⑥ 等琼脂凝固后，翻转平板，置于 (36±1)℃恒温箱内培养 (48±2) h 取出，平板内菌落数目乘以倍数，即为 1mL 样品所含菌落总数。

5. **结果计算**

① 菌落总数的计算方法。若只有一个稀释度平板上的菌落数在适宜计数范围内，计算两个平板菌落数的平均值，再将平均值乘以相应稀释倍数，作为每克（毫升）样品中菌落总数结果。

② 若有两个连续稀释度的平板菌落数在适宜计数范围内时，按下式计算：

$$N=\frac{\sum c}{(n_1+0.1n_2)d} \tag{7-3}$$

式中　N——样品中菌落数；

$\sum c$——平板（含适宜范围菌落数的平板）菌落数之和；

n_1——第一稀释度（低稀释倍数）平板个数；

n_2——第二稀释度（高稀释倍数）平板个数；

d——稀释因子（第一稀释度）。

五、乳脂肪含量测定（GB 5009.6—2016）

1. **巴布科克氏法和盖勃法**

(1) 原理

用浓硫酸破坏乳脂肪球膜，同时使牛乳中的酪蛋白钙盐转变成可溶性的重硫酸酪蛋白，增加液体的相对密度，使脂肪更容易浮出。脂肪游离出来，再利用加热离心，使脂肪完全迅速分离，直接读取脂肪层的数值，便可知被测乳的含脂率。具体过程如下：

① 牛乳中加入一定浓度的硫酸，可破坏乳中的胶质性，使乳中的酪蛋白钙盐形成可溶性的重硫酸酪蛋白化合物，减小脂肪球的附着力，同时还可增加液体的相对密度，使脂肪更容易浮出，反应式为：

$$NH_2R(COO)_6Ca_3 + 3H_2SO_4 = NH_2R(COOH)_6 + 3CaSO_4$$

$$NH_2R(COOH)_6 + H_2SO_4 = H_2SO_4 \cdot NH_2R(COOH)_6$$

② 牛乳中加入异戊醇能促使脂肪从蛋白质中游离出来，并能强烈地降低脂肪球的表面张力，促使其结合成为脂肪基团，反应式为：

$$H_2SO_4 + C_5H_{11}OH = C_5H_{11}OSO_2OH + H_2O$$

③ 在操作过程中加热（60～65℃）和离心，目的是使脂肪能完全而迅速地分离。

巴布科克氏法和盖勃法都是测定乳脂肪的标准方法，适用于鲜乳及乳制品脂肪的测定。对含糖多的乳品（如甜炼乳、加糖乳粉等），采用上述方法时糖易焦化，使结果误差较大，故不适宜。此法操作简便、迅速，对大多数样品来说测定精度可满足要求，但不如重量法准确。

（2）试剂

① 硫酸：分析纯，ρ_{20}约为 1.84。

② 异戊醇：分析纯，ρ_{20}＝0.811±0.002，沸程为 128～132℃。

（3）仪器

① 巴布科克氏乳脂瓶：颈部刻度有 0.0%～8.0%，0.0%～10.0%两种，最小刻度值为 0.1%，见图 7-4。

② 盖勃氏乳脂计：颈部刻度为 0.0%～8.0%，最小刻度为 0.1%，见图 7-5。

③ 乳脂离心机。

④ 盖勃氏离心机。

⑤ 标准移乳管（17.6mL，11mL）。

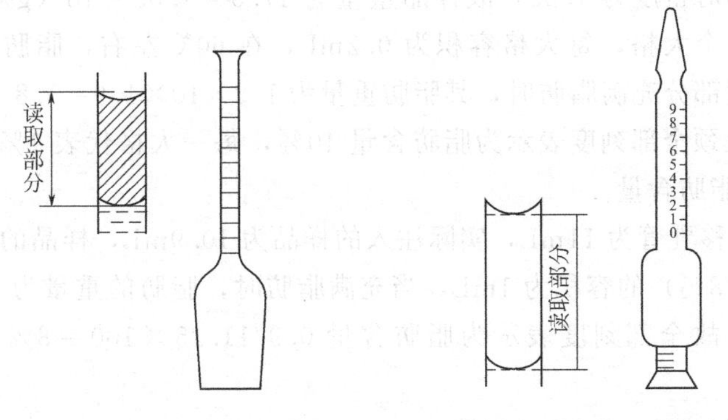

图 7-4 巴布科克氏乳脂瓶　　图 7-5 盖勃氏乳脂计

（4）测定方法

① 巴布科克氏法。吸取 17.6mL 均匀鲜乳，注入巴布科克氏乳脂瓶中，再量取 17.5mL 硫酸，沿瓶颈壁分 2～3 次缓缓注入瓶中，同时转动，加完后，晃动 2～3min，使液体充分混合，至无凝块并呈均匀的咖啡色。置于乳脂离心机上，以约 1000r/min 的速度离心 5min，取出置于 60℃以上水浴，并加入 60℃以上的热水至瓶颈基部，以 1000r/min 的速度离心

2min，取出置于60℃以上水浴，并加入60℃以上的热水至脂肪浮到2或3刻度处，再置离心机中离心1min。取出后置于55～60℃水浴中，5min后立即读取脂肪层最高与最低点所占的格数，即为样品含脂肪的百分率。

② 盖勃法（按GB 5009.6—2016检验）。在乳脂计中先加入10mL硫酸（颈口勿沾湿硫酸），再沿管壁小心地加入混匀的牛乳10.75mL，使样品和硫酸不要混合，然后加1mL异戊醇，塞上橡皮塞，用布把瓶口包裹住（以防振摇时酸液冲出溅蚀衣着），使瓶口向外向下，用力振摇使凝块完全溶解，呈均匀棕色液体。静置数分钟后瓶口向下置于65～70℃水浴中放5min，取出擦干，调节橡皮塞使脂肪柱在乳脂计的刻度内。放入离心机中，以1100r/min的转速离心5min，取出乳脂计，再置于65～70℃水浴中（注意水浴水面应高于乳脂计脂肪层），5min后取出立即读数，脂肪层上下弯月形下缘数字之差，即为脂肪的质量分数。

（5）说明

① 硫酸的浓度要严格遵守规定的要求，如过浓会使乳炭化成黑色溶液而影响读数；过稀而不能使酪蛋白完全溶解，会使测定值偏低或使脂肪层浑浊。

② 硫酸除可破坏球膜，使脂肪游离出来外，还可增加液体的相对密度，使脂肪容易浮出。

③ 盖勃法中所用异戊醇的作用是促使脂肪析出，并能降低脂肪球的表面张力，以利于形成连续的脂肪层。

④ 1mL异戊醇应能完全溶于酸中，但由于不纯，可能有部分析出掺入到油层，而使结果偏高。因此在使用未知规格的异戊醇之前，应先做试验，其方法如下：将硫酸、水（代替牛乳）及异戊醇按测定样品时的数量注入乳脂计中，振摇后静置24h澄清，如在乳脂计的上部狭长部分无油层析出，认为适用，否则表明异戊醇质量不佳，不能采用。

⑤ 加热（65～70℃水浴中）和离心的目的是促使脂肪离析。

⑥ 巴布科克法中采用17.6mL标准吸管取样，实际上注入巴氏瓶中的样品只有17.5mL，牛乳的相对密度为1.03，故样品重量为17.5×1.03＝18（g）。巴氏瓶颈的刻度（0%～10%）共10个大格，每大格容积为0.2mL，在60℃左右，脂肪的平均相对密度为0.9，故当整个刻度部分充满脂肪时，其脂肪重量为1.2×10×1.9＝1.8（g）。18g样品中含有1.8g脂肪，即瓶颈全部刻度表示为脂肪含量10%，每一大格代表1%的脂肪，故瓶颈刻度读数即为样品中脂肪含量。

⑦ 盖勃法所用移乳管为11mL，实际注入的样品为10.9mL，样品的重量为11.25g，乳脂计刻度部分（0～8%）的容积为1mL，当充满脂肪时，脂肪的重量为0.9g，11.25g样品中含有0.9g脂肪，故全部刻度表示为脂肪含量0.9/11.25×100＝8%，刻度数即为脂肪含量。

2. 罗紫-哥特里（Rose-Gottlieb）法

（1）原理

利用氨-乙醇溶液破坏乳的胶体性状及脂肪球膜，使非脂肪成分溶解于氨-乙醇溶液中，而脂肪游离出来，再用乙醚石油醚提取出脂肪，蒸馏去除溶剂后，残留物即为乳脂肪。

本法适用于各种液状乳、各种炼乳、奶粉、奶油及冰淇淋等能在碱性溶液中溶解的乳制品，也适用于豆乳或加水呈乳状的食品。

本法被国际标准化组织、联合国粮农组织、世界卫生组织等采用，为乳及乳制品脂类定量的国际标准法。

（2）试剂

① 25%氨水（相对密度为0.91）；

② 95%乙醇。

③ 乙醚，不含过氧化物，不含氧化剂。

④ 石油醚，沸程为30～60℃。

（3）仪器

① 抽脂瓶，内径2.0～2.5cm、容积100mL（图7-6）。

② 离心机，转速500～600r/min。

③ 分析天平，感量0.1mg。

④ 烘箱。

⑤ 水浴锅。

（4）操作方法

取一定量样品于抽脂瓶中，加入1.25mL氨水，充分混匀，置于60℃水浴中加热5min，再振摇2min，加入10mL乙醇，充分摇匀，于冷水中冷却后，加入25mL乙醚，振摇30s，加入25mL石油醚，再摇30s，静置30min，待上层液澄清时，读取醚层体积，放出一定体积醚层于一已恒重的烧瓶中，蒸馏回收乙醚和石油醚，挥干残余醚后，放入100～105℃烘箱中干燥1.5h，取出冷却至室温后称重，重复操作直至恒重。

（5）结果计算

样品中脂肪含量按下式计算：

$$\text{脂肪含量}=\frac{m_2-m_1}{m\times\frac{V_1}{V}}\times 100\% \tag{7-4}$$

式中 m_2——烧瓶中脂肪质量，g；

m_1——烧瓶质量，g；

m——样品质量，g；

V——读取醚层总体积，mL；

V_1——放出醚层体积，mL。

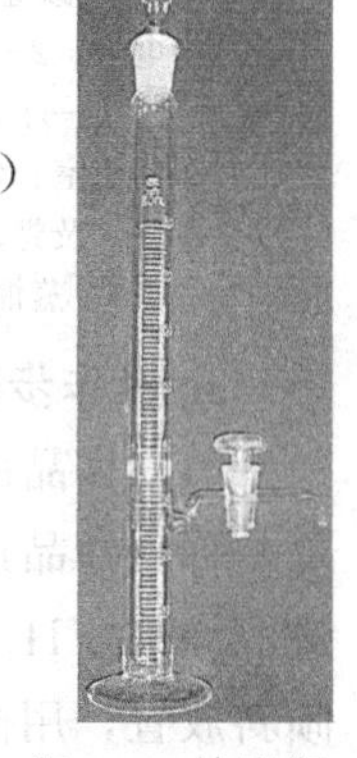

图7-6 抽脂瓶

六、牛乳蛋白质含量测定（凯氏定氮法）（GB 5009.5—2016）

1. 原理

每一种蛋白质都具有其恒定的含氮量。通过总氮量的测定，并经氮-蛋白质替换系数（F）求得样品蛋白质含量。凯氏定氮法的基本原理是将蛋白质用浓硫酸分解，并使其中的氮变成铵盐状态，再与浓碱作用，放出的氨被硼酸吸收，用标准HCl溶液滴定并计算蛋白质含量。虽然定氮法有不少改良，但基本原理和步骤还是一致的，整个定氮过程包括3个过程，即消化、蒸馏和滴定。

① 消化。有机含氮化合物与浓硫酸混合加热消化，使有机含氮化合物全部分解，氧化成二氧化碳逸散，所含的氮生成氨，并与硫酸化合形成硫酸铵残留于消化液中。

有机物(含N、C、H、O、P、S等元素)$+H_2SO_4 \longrightarrow CO_2\uparrow+(NH_4)_2SO_4+H_3PO_4+SO_2\uparrow$

为了加速有机含氮化合物分解反应的进行，常用K_2SO_4和$CuSO_4$的混合物作为反应催化剂。

② 蒸馏。消化所得的硫酸铵与浓氢氧化钠（饱和 NaOH）反应，分解出氢氧化铵，然后用水蒸气将氨蒸出，用酸液吸收。

$$(NH_4)_2SO_4+2NaOH = 2NH_4OH+Na_2SO_4$$

③ 滴定。直接滴定法采用硼酸溶液作吸收液，氨被吸收后，指示剂颜色变化，再用盐酸滴定，直至恢复至原来的氢离子浓度为止，用去盐酸的物质的量即相当于未知物中氨的物质的量。滴定方程式为：

$$2NH_3+4H_3BO_3 = (NH_4)_2B_4O_7+5H_2O$$

$$(NH_4)_2B_4O_7+5H_2O+2HCl = 2NH_4Cl+4H_3BO_3$$

$$\text{总反应：}NH_3+HCl = NH_4Cl$$

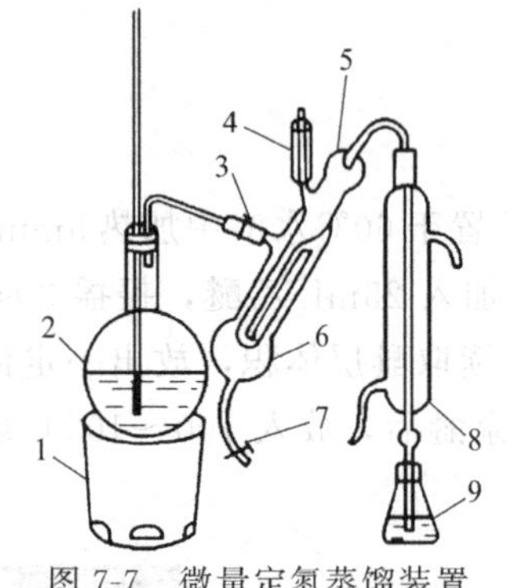

图 7-7 微量定氮蒸馏装置

1—电炉；2—水蒸气发生器；3—螺旋夹；4—小玻璃杯及棒状玻璃塞；5—反应室；6—反应室外层；7—橡皮管及螺旋夹；8—冷凝管；9—蒸馏液接收瓶

2. 仪器与试剂

① 定氮仪器装置全套（图 7-7）：包括凯氏消化管、蒸气发生器、冷凝蒸汽收集器、定氮蒸馏瓶、冷凝管、50mL 滴定管、250mL 三角烧瓶等。

② 热源（消化、蒸馏的热源）。

③ 浓硫酸（分析纯）。

④ 催化剂 $CuSO_4$-K_2SO_4（分析纯）。

⑤ 混合指示剂：0.1%溴甲酚绿与 0.1%甲基红以 95%的乙醇分别配好后按 5∶1 混合。

⑥ 4%硼酸溶液：取 40g 硼酸，溶解在 1L 水中。

⑦ 40%氢氧化钠溶液：400g NaOH 定容至 1L 水中。

⑧ 0.1mol/L 盐酸标准溶液。

⑨ 30%过氧化氢溶液。

3. 操作步骤

（1）样品的消化

称取样品适量，精确至±0.2mg，放入凯氏消化管内，加入 10g K_2SO_4 与 1g $CuSO_4$，量取 20mL H_2SO_4，慢慢加入烧瓶（消化管内）混合，瓶口放一小漏斗，烧瓶在消化炉上倾斜放置，用微火加热（小心瓶内泡沫冲出影响结果），当瓶内发泡停止时稍加大火，同时，可分数次加入 10mL 30%H_2O_2溶液（但必须将烧瓶冷却数分钟以后加入）。当烧瓶内容物的颜色渐成透明的淡绿色时，关小火焰，继续消化 30～60min（因为消化液澄清并不说明消化一定充分，为保证反应充分，应继续沸腾约 60min）。若凯氏消化管（烧瓶）壁上粘有炭化粒时，进行摇动或等瓶内的内容物冷却数分钟后，用 H_2O_2溶液冲下，继续消化至透明为止，消化完毕，取下静置使之冷却，待蒸馏用。

（2）氨的蒸馏吸收

将澄清的消化液小心移入定氮蒸馏瓶中，在冷凝器下端放置一个盛有 50mL 硼酸和加有 3 滴混合指示剂的 250mL 三角烧瓶，使冷凝器下端的玻璃管正好在液面以下。然后将 30mL 左右的 NaOH 溶液慢慢加入蒸馏瓶中，待刚流完或还剩余一点的时候，关闭开关，并在漏斗中加入少量的水封闭。溶液应呈碱性且立刻加热，待蒸气发生时，关闭废液排出口开关。蒸气通入约 10min 后蒸馏水冲洗冷凝管下部，将洗液一并收集于硼酸溶液中待滴定。

（3）滴定

用硫酸或盐酸标准溶液滴定接收液，滴定至灰色或蓝紫色为终点。记录所用硫酸标准溶液的体积。同时进行空白试验，并在结果中加以校正。

4. 结果计算

以下式计算样品中的蛋白质含量：

$$蛋白质含量=\frac{(V_2-V_1)c\times0.014\times6.38}{W}\times100\% \tag{7-5}$$

式中 V_1——滴定时消耗盐酸标准溶液的体积，mL；

V_2——空白试验消耗盐酸标准溶液的体积，mL；

c——盐酸标准溶液的物质的量浓度，mol/L；

W——样品重量，g；

0.014——1mL 盐酸标准液相当于氮的克数；

6.38——氮-蛋白质换算系数。

七、乳中水分和总干物质的测定

1. 乳中水分的测定

（1）原理

通过干燥箱加热，使原料乳中的水分蒸发，乳样干燥至恒重。

（2）仪器和药品

带盖铝皿或带盖扁形称量瓶（ϕ50mm）、分析天平（感量 0.1mg）、干燥箱、干燥器、坩埚钳、海砂。

（3）操作方法

取精制海砂 20g 于铝皿或称量瓶中，在 98～105℃干燥 2h，放入干燥器中冷却 30min，称重，并反复干燥至恒重。吸取乳样 5mL，置于已恒重的器皿中，称重（准确至 0.1mg）。将器皿置于水浴上蒸干，擦去器皿外的水分，于 98～105℃干燥箱内干燥 3h，取出放入干燥器中冷却 30min，称重后再于 98～100℃干燥 1h，取出冷却 30min 后再称重，并反复干燥至恒重（前后两次重量之差不超过 1mg）。

（4）结果计算

$$水分含量=\frac{W_1-W_2}{W_1-W_3}\times100\% \tag{7-6}$$

式中 W_1——器皿＋海砂＋乳样的重量，g；

W_2——器皿＋海砂＋乳样中的干物质的重量，g；

W_3——器皿＋海砂的重量，g。

2. 乳中总干物质的测定

（1）原理

乳经加热，除去水分后，所剩余的物质，就是总干物质。

（2）仪器与药品

带盖铝皿或带盖扁形称量瓶（ϕ50mm）、分析天平（精度 0.1mg）、干燥箱、干燥器、坩埚钳、海砂。

（3）操作方法

测定方法与乳中水分的测定相同，只是计算不同。

(4) 结果计算

$$总干物质含量=\frac{W_2-W_3}{W_1-W_3}\times 100\% \tag{7-7}$$

式中 W_1——器皿+海砂+乳样的重量，g；

W_2——器皿+海砂+乳样中的干物质的重量，g；

W_3——器皿+海砂的重量，g。

八、乳中过氧化物酶和磷酸酶试验

1. 过氧化物酶试验（淀粉碘化钾法）

(1) 原理

原料乳中含有过氧化物酶，它能使过氧化物分解产生［O］，而［O］能氧化还原性其他物质。

$$H_2O_2 \xrightarrow{过氧化物酶} [O] + H_2O$$

$$2KI + [O] \longrightarrow I_2 + 2KOH$$

I_2遇淀粉，产生蓝色反应。而当原料乳经过63℃、30min巴氏杀菌后，过氧化物酶失活，加入淀粉碘化钾溶液不显色。

(2) 仪器与药品

试管、5mL吸管、3%KI淀粉溶液、2%过氧化氢溶液。

(3) 操作方法

吸取3～5mL乳样于试管中，加5滴3%KI淀粉溶液和2滴2% H_2O_2，摇匀，然后观察乳样在1min内有无颜色变化。

(4) 判定标准：

无蓝色变化：乳中无过氧化物酶，说明乳已经过63℃、30min巴氏杀菌。

有蓝色变化：乳中有过氧化物酶，说明乳未经巴氏杀菌或经杀菌后又混入了生乳。

特别要注意：颜色反应如在1min后发生，这并不是过氧化物酶的作用，而是H_2O_2性质不稳定，能逐渐分解产生［O］。所以，检查时必须注意变化的时间。

2. 磷酸酶试验（酚酞磷酸钠法）

(1) 原理

原料乳中含有磷酸酶，它能分解有机磷酸化合物生成磷酸及原来与磷酸相结合的有机单体。牛乳经加热杀菌后，磷酸酶失去活性，在同样条件下就不能分解有机磷酸化合物。酚酞磷酸钠在磷酸酶的作用下分解，产生酚酞和磷酸氢二钠。反应式如下：

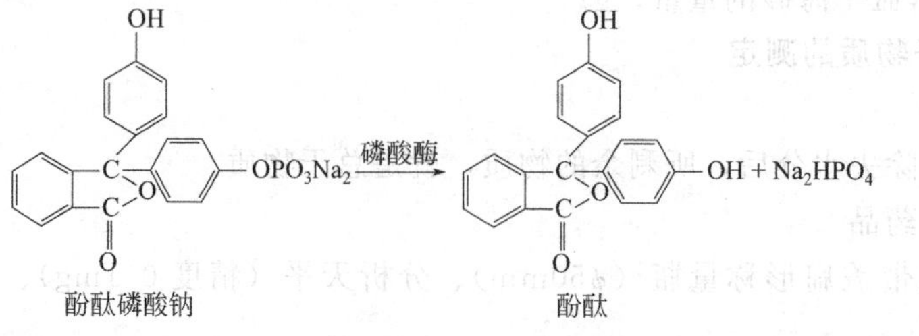

$$酚酞磷酸钠 (-OPO_3Na_2) \xrightarrow{磷酸酶} 酚酞 (-OH) + Na_2HPO_4$$

酚酞磷酸钠　　　　酚酞

氨缓冲溶液为碱性，所产生的酚酞使溶液变红。根据颜色有无变红，可确定乳中有无磷酸酶的存在。

（2）仪器与药品

试管、1mL 吸管、2mL 吸管、水浴箱、氨缓冲溶液、酚酞磷酸钠溶液。

（3）操作方法

吸取 2mL 乳样于试管中，加 1mL 酚酞磷酸钠溶液，摇匀，放于 40～45℃的水浴箱内加热，每隔 10min 或 1h 观察一次内容物的颜色变化情况。

（4）判定标准

无颜色变化：磷酸酶已破坏，乳经过 80℃以上的巴氏杀菌。

出现红色或鲜红色：磷酸酶未破坏，乳未经巴氏杀菌或杀菌后又混入生乳。

九、生鲜乳中三聚氰胺的测定

三聚氰胺（melamine）是一种有机含氮杂环化合物，学名为 1,3,5-三嗪-2,4,6-三胺，或称为 2,4,6-三氨基-1,3,5-三嗪，简称三胺、蜜胺、氰尿酰胺，是一种重要的化工原料。从它的分子式 $C_3H_6N_6$ 不难算出，三聚氰胺含氮量很高，达到 66%。在原料乳中，每增加 1 个百分点的三聚氰胺，会使通常以凯氏定氮法测定的蛋白质虚长 4 个多百分点，加之其生产工艺简单、成本很低，给了掺假、造假者极大的利益驱动，所以“增加”产品的表观蛋白质含量是添加三聚氰胺的主要原因，婴幼儿配方乳粉的“三聚氰胺”事件就是利用三聚氰胺代替原料乳中蛋白质的造假行为的极端表现。

1. 检测原理

原料乳和乳粉中的三聚氰胺经乙腈溶液（乙腈：水=60：40）提取后，通过液相色谱经 C_{18} 柱分离，于最大吸收波长 236nm 下检测三聚氰胺的含量，检出限是 2.0mg/L。

2. 仪器和设备

高效液相色谱仪（带自动进样器和二极管阵列检测器）；万分之一分析天平；高速旋转离心机；超声波清洗器；溶剂过滤器；微孔膜过滤器。

实验中所用玻璃器皿，均指实验室常规玻璃器皿。

3. 试剂

所有试剂，如未注明规格，均为分析纯；所有实验用水，如未注明其他要求，均指三级水。

乙腈（色谱纯）；盐酸；辛烷磺酸钠。

0.01mol/L 盐酸：称取浓盐酸 9mL，用水定容至 1000mL。

三聚氰胺标准储备液：精密称取三聚氰胺 0.0100g，用乙腈溶液（乙腈：水=60：40）溶解并定容至 100mL 的容量瓶中，混匀。此溶液每毫升含 100μg 的三聚氰胺。

三聚氰胺标准工作液：吸取三聚氰胺标准储备液 0.5mL 于 10.0mL 容量瓶，加乙腈溶液（乙腈：水=60：40）溶解并定容至刻度后，即得 5μg/mL 三聚氰胺标准工作液。

4. 色谱条件

色谱柱：C_{18} 4.6mm×250mm，5.0μm

流动相：取蒸馏水 800mL，溶解 2.02g 辛烷磺酸钠，加入 100mL 乙腈，再加入 500μL 浓盐酸，用 NaOH 调节 pH 值至 3.0，最后定容至 1000mL。

流速：1mL/min。

进样量：10μL。

检测波长：236nm。根据保留时间定性，外标峰面积法定量。

5. 操作步骤

(1) 样品处理

原料乳样品：准确吸取 20.0mL 原料乳，加乙腈定容至 50mL，超声提取 20min 后离心，过滤，滤液经 0.45μm 滤膜过滤，HPLC 分析。

(2) 标准曲线的绘制

将三聚氰胺标准工作液 0.0mL、0.5mL、1.0mL、1.5mL、2.0mL、2.5mL 分别加水定容至刻度 5mL，经 0.45μm 滤膜过滤，分别进行 HPLC 分析。以浓度为横坐标，峰面积为纵坐标，绘制标准曲线。三聚氰胺标准品、原料乳样品中三聚氰胺的色谱图见图 7-8、图7-9。

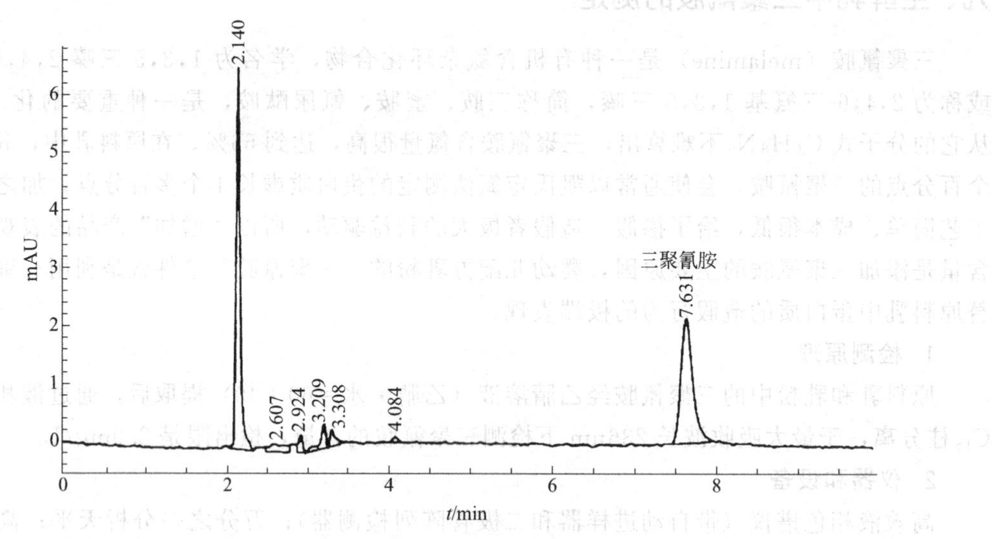

图 7-8　三聚氰胺标准品的色谱图

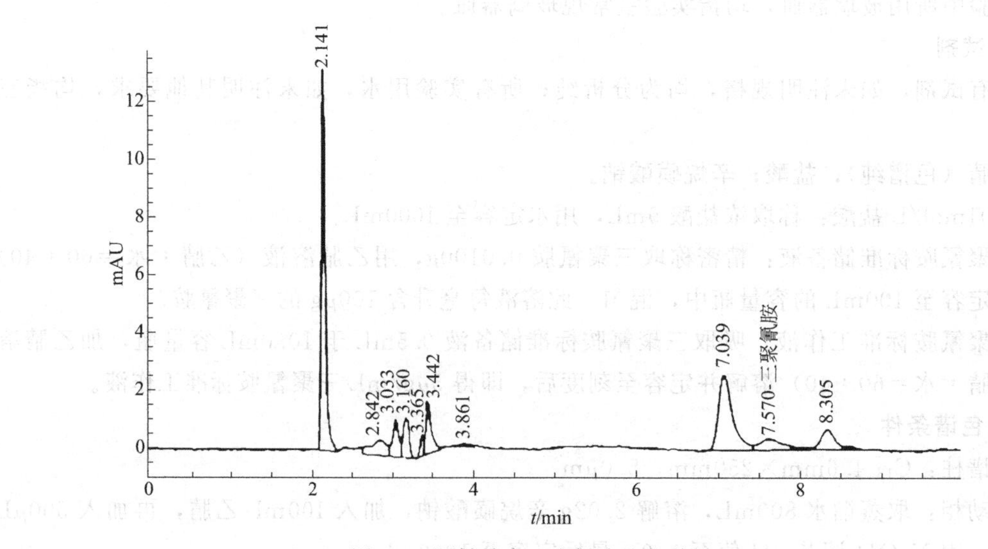

图 7-9　原料乳中三聚氰胺的色谱图

6. 结果计算

用下式计算样品中三聚氰胺的含量：

$$A = \frac{\rho V}{m \times 1000} \times 1000 \tag{7-8}$$

式中　A——样品中三聚氰胺的含量，mg/L；

ρ——从标准曲线上查出的样品溶液中三聚氰胺的质量浓度，μg/mL；

V——样品溶液的体积，mL；

m——样品的体积（质量），mL（g）。

在重复条件下获得的两次独立测定结果的绝对差值不得超过算术平均值的5%。

本章小结

本章阐述生鲜乳的取样原则、感官检验、理化检测的理论知识和检测方法及检测中注意的事项。

1. 取样原则

采集乳样是原料乳质量检测中非常重要的一个环节。采集的乳样必须能代表整批乳的特点。

2. 感官检验

食品的感官检验是依靠人的感官感觉，即味觉、视觉、嗅觉、触觉和听觉，对食品的色泽、风味、气味、组织状态、硬度等外部特征进行评价的方法。

3. 理化检测

乳品理化检测主要利用物理、化学以及仪器等分析方法对乳品的各种营养成分、微量元素、有毒有害物质等进行分析检测。理化检测可分为物理分析法、化学分析法、仪器分析法三类。物理分析法主要是折射率、旋光度、沸点、透明度等的测定，可直接求出样品中某种成分的含量，作为判断被检样品的纯度和品质的依据。化学分析法是以物质的化学反应为基础的分析方法，主要包括质量分析法和滴定分析法两大类。化学分析法适用于食品中常量组分的测定。

4. 微生物检测

微生物检测主要是对乳品本身和在生产过程中污染微生物进行检测与监测，以保证乳品食用性和安全性。

复习思考题

一、填空题

1. 乳制品是指以乳为主要原料，经加热________、冷冻或发酵等工艺加工制成的液体或固体产品。

2. 乳制品主要包括液体乳类、________及其他乳制品类。

3. 生鲜牛乳的感官检验包括________、组织状态、滋味和气味的检验。

4. 乳制品中水分测定的方法有________、________、________。

5. 在婴儿乳粉测定中灰化的温度为________℃。

6. 在灰分测定中，新买的瓷坩埚处理：用1∶4的盐酸煮1～2h，洗净晾干后，用三氯化铁与蓝墨水的等体积混合液在坩埚外壁及盖上编号，置于______的高温炉中灼烧______h。

7. 在乳制品蛋白质测定中，试样处理过程是在取完样品后，移入干燥、合适的定氮瓶中，加入一定量的硫酸铜、硫酸钾及硫酸，轻摇后于瓶口放一小漏斗，将瓶以__________角斜支于有小孔的石棉网上，小心加热。

8. 在蛋白质测定中，接收瓶内吸收液是__________溶液__________。

9. 蛋白质测定中用的蒸馏水是__________蒸馏水。

10. 蛋白质测定中，蒸馏完毕，先将蒸馏出口离开液面，继续蒸馏__________min，将附着在尖端的吸收液完全洗入吸收瓶内，再将吸收瓶移开。

11. 蛋白质测定中，硼酸吸收液的温度不应超过__________，否则氨吸收减弱，造成损失，可置于冷水浴中。

12. 在检样固体样品时，将______检样剪碎，加大稀释液后置于均质器中以______速度处理1min。

13. 菌落总数快速测定的方法有：_________、_________、_________、_________、_________。

14. 菌落总数的其他检验方法有__________、__________。

15. 大肠菌群主要由肠杆菌科中__________、__________、__________及克雷伯菌属的一部分及沙门菌属的Ⅲ亚属的细菌组成。

16. 大肠埃希菌Ⅰ型和Ⅲ型的特点是：对靛基质、甲基红、V-P和柠檬酸盐的生化反应结果是__________、__________、__________、__________。

17. 食品中大肠菌群快速测定的方法有__________、__________、__________。

18. 食品中常见的残留化学物质有__________、__________、__________、__________。

19. 食品中抗生素残留检测的方法__________、__________、__________。

20. TTC法测定抗生素残留，灭菌脱脂乳应稀释到__________备用。

21. 嗜热脂肪芽孢杆菌纸片法斜面保存菌种应在__________℃或__________℃培养。

二、选择题

1. 生鲜牛乳采样时，需用特制搅拌器在奶桶中自上至下和自下至上螺旋式转动(　　)次。

A. 15　　B. 20　　C. 30　　D. 40

2. 测定生鲜乳、消毒乳的酸度时，企业一般应(　　)混合均匀的试样(　　)g/mL。

A. 吸取，10.00　　B. 吸取，5.00　　C. 称取，10.00　　D. 称取，5.00

3. 盖勃氏法测定酸乳中脂肪含量时，应先加(　　)。

A. 硫酸　　B. 试样　　C. 异戊醇　　D. 碱液

4. 牛乳的总固体量减去脂肪量得(　　)的量。

A. 非脂乳固体　　B. 水分　　C. 乳干物质　　D. 全乳固体

5. 测定牛乳中乳固体含量时，在称样后试样第一次放入干燥箱前的操作步骤是(　　)。

A. 放在沸水浴上蒸干　　B. 边搅拌边蒸干

C. 用短玻璃棒将试样与海砂混合均匀　　D. 用滤纸擦去皿外的水渍

6. 乳制品感官评定的内容不包括（　　）。

A. 色泽　　B. 粒度　　C. 滋味　　D. 气味

7. 罗紫-哥特里法测定乳脂肪含量时，精确称取充分混匀试样10g于抽脂瓶中，下一步是（　　）。

A. 加入2.0mL氨水　　B. 将其放入（65±5）℃的水浴中加热

C. 加入10mL硫酸溶液　　D. 加入10mL乙醇

8. 培养后，平皿菌落数的选择时，应选取菌落数在（　　）的平皿作为菌落总数的测定标准。

A. 50～100　　B. 30～300　　C. 30～100　　D. 50～300

9. 配制普通琼脂培养基的成分是（　　）。

A. 蛋白胨、琼脂、牛肉膏、氯化钠　　B. 蛋白胨、酵母膏、琼脂、氢氧化钠

C. 蛋白胨、琼脂、葡萄糖、氯化钠　　D. 蛋白胨、牛肉膏、乳糖、明胶

10. 下面不是菌落总数快速测定方法的是（　　）。

A. 旋转平皿计数方法　　B. ATP荧光测定法

C. TTC法　　D. 阻抗法

11. 下列对菌落总数测定的意义描述错误的是（　　）。

A. 作为判定食品被污染程度的标志　　B. 了解从原料到包装受外界污染的情况

C. 菌落总数越多说明食品的卫生质量越高　　D. 反映了食品的卫生质量

12. 下列能分解乳糖的细菌是（　　）。

A. 大肠埃希菌　　B. 变形杆菌　　C. 伤寒沙门菌

D. 铜绿假单胞菌　　E. 猪霍乱沙门菌

13. 检查哪种细菌指数可判断水、食品是否被粪便污染（　　）？

A. 葡萄球菌　　B. 链球菌　　C. 志贺菌属

D. 沙门菌属　　E. 大肠菌群

14. 下列选项中对于大肠菌群和金黄色葡萄球菌革兰氏染色结果描述正确的是（　　）。

A. 金黄色葡萄球菌革兰阴性菌呈紫色，大肠菌群革兰阳性菌呈红色

B. 金黄色葡萄球菌革兰阳性菌呈紫色，大肠菌群革兰阴性菌呈红色

C. 金黄色葡萄球菌革兰阴性菌呈紫色，大肠菌群革兰阴性菌呈红色

D. 金黄色葡萄球菌革兰阳性菌呈紫色，大肠菌群革兰阳性菌呈红色

15. 下述不属于常见的致病菌的是（　　）。

A. 大肠杆菌　　B. 葡萄球菌　　C. 肉毒梭菌　　D. 沙门菌属

16. 不是大肠菌群检验中经常使用抑菌剂的是（　　）。

A. 胆盐　　B. 洗衣粉　　C. 十二烷基硫酸钠　　D. 甲基红

三、判断题

1. 乳粉溶解速度鉴别中，用冷开水冲时，需搅拌才能溶解成乳白色混悬液，用热水冲时，有悬漂物上浮现象，搅拌时粘住调羹的是假乳粉。（　　）

2. 全乳加糖乳粉冲调性的检验方法为取11.2g试样放入盛有100mL 60℃水的200mL烧杯中，用搅拌棒搅拌均匀。（　　）

四、简答题

1. 乳制品中乳糖测定中为什么要进行预滴定？

2. 测定乳制品中蔗糖含量时，为什么要进行水解？如何进行？

3. 简述乳与乳制品鉴别后的处理原则。

4. 简述乳粉的感官检验方法。

5. 谈谈凯氏定氮法的原理，在消化过程中加入硫酸铜试剂有哪些作用？

6. 乳脂肪测定时样品处理应注意些什么问题？测定脂肪有何意义？测定乳脂肪的方法有哪些？

7. 巴布科克法测乳脂时，为什么测定取样量规定使用17.6mL的吸量管？

8. 乳脂肪的测定方法有哪几种？

9. 简述菌落总数的检测意义。

10. 简述涂布平板法的操作过程。

11. 简述菌落总数测定的过程。

12. 大肠菌群作为粪便指标菌有何意义？

13. 简述粪便污染指标菌的选择依据。

14. 简述大肠菌群测定的方法与步骤。

15. 简述食品中抗生素残留的危害性。

16. 抗生素以非治疗目的用药包括哪几方面。

17. 简述嗜热脂肪芽孢杆菌纸片法的优点。

18. 简述TTC法检验抗生素的步骤。

第八章 禽蛋检验

禽蛋富含蛋白质、脂肪、矿物质和维生素，是人们日常生活中具有很高营养价值的重要副食品之一。禽蛋生产在我国已有4000多年的历史。在禽类的人工孵化方面，我国也是最早的国家之一。随着养禽业的发展，蛋品生产也得到了相应的发展。我国禽蛋资源丰富，品种多样，是生产和消费大国，禽蛋产量已连续多年雄居世界第一位。

第一节 禽蛋检验基础知识

一、禽蛋的种类和作用

禽蛋是禽类所产的卵。目前，用于人类使用的主要禽蛋有鸡蛋、鸭蛋、鹅蛋、鹌鹑蛋、鸽蛋、鸵鸟蛋和火鸡蛋等。其中使用最多的是鸡蛋。

根据其属性和加工程度分类，可分为鲜蛋类和蛋制品。而鲜蛋类又分为：鲜蛋和清洁蛋。蛋制品可分为：①粗加工蛋制品，比如，咸蛋、咸蛋黄、醋蛋、卤蛋、皮蛋、茶蛋等；②精加工蛋制品，比如，蛋液（全蛋液、蛋黄液、蛋清液等）、蛋粉（全蛋粉、蛋黄粉、蛋白粉、皮蛋粉等）、调制蛋制品（蛋肠、蛋干）。

禽蛋营养丰富，含有丰富的蛋白质、脂肪、维生素和铁、钙、钾等人体所需要的矿物质。禽蛋的蛋白质为优质蛋白。据分析，每100g鸡蛋含蛋白质14.7g，主要为卵白蛋白和卵球蛋白，其中含有人体必需的8种氨基酸，蛋白质和必需氨基酸含量比例与人体蛋白的组成极为近似，人体对鸡蛋蛋白质的吸收率可高达98%，禽蛋中蛋白质对肝脏组织损伤也有一定的修复作用。脂肪主要分布在蛋黄中，分散成小颗粒，容易消化吸收。蛋黄中也含有丰富的卵磷脂、卵黄素，对神经系统和身体发育有利。鸡蛋中还含有较多的维生素A、维生素D、B族维生素及铁、锌、磷等其他微量元素，是人体必不可少的营养物质。

二、禽蛋检验操作规程

随着生活水平的提高，人们对禽蛋的品质要求越来越高。禽蛋品质是禽蛋质量的重要反映。禽蛋的品质主要通过检验禽蛋的感官指标、等级规格、理化指标及微生物指标来确定。

1. 感官及等级检验

禽蛋的感官检验主要包括对蛋壳质量（蛋壳强度、蛋壳结构、蛋壳颜色）、蛋重、蛋形指数、清洁度等的检验。等级规格检验主要是通过哈氏单位法、感官检验法等方法对鸡蛋进行分级评价。

2. 理化检验

禽蛋的理化检验，主要有常规理化指标检、农兽药残留检验、重金属检验和食品添加剂检验。常规的理化检验主要包括水分、脂肪、游离脂肪酸、挥发性盐基氮、酸度、pH 值等的检验。农兽药残留检验主要包括六六六、滴滴涕、氯丹、狄氏剂、艾氏剂、五氯硝基苯、氯霉素、喹诺酮类、四环素类药物的检验。重金属污染主要检验铅、锌、无机砷、总汞、铜等项目。部分禽蛋制品还需进行相关食品添加剂的检验。

3. 微生物检验

禽蛋的微生物检验主要包括菌落总数、大肠杆菌、霉菌、酵母菌、微生物致病菌（沙门氏菌、志贺氏菌、金黄色葡萄球菌）等项目的检测。

三、禽蛋感官检验

1. 感官检验

禽蛋的感官检验通过色泽、组织形态、气味、杂质等几个方面进行。这些主要的感官指标应符合表 8-1 的规定。品质合格的鲜蛋应具有以下特征：蛋壳清洁完整，灯光透视时整个蛋呈微红色，蛋黄不见或略见阴影，打开后蛋黄凸起完整，并带有韧性，蛋白澄清透明，稀稠分明。

表 8-1　鲜蛋的感官指标要求

项目	指标要求
色泽	具有禽蛋固有的色泽
组织形态	蛋壳清洁、无破裂，打开后蛋黄凸起、完整、有韧性，蛋黄澄清透明、稀稠分明
气味	具有产品固有的气味，无异味
杂质	无杂质，内容物不得有血块及其他组织异物

2. 等级规格检验

鲜鸡蛋的等级规格分级方法主要有哈氏单位（Haugh unit）分级法、鲜鸡蛋感官分级法。

(1) 哈氏单位分级法

哈氏单位（Haugh unit）是用来评定蛋白品质，表示浓厚蛋白稀薄化程度的单位。其方法是取产出 24h 内的蛋，称蛋重；测量破壳后蛋黄边缘与浓蛋白边缘中点的浓蛋白高度（避开系带），测量呈正三角形的单个点，取平均值。按照公式计算哈氏单位：

$$\text{哈氏单位}=100\times\lg(H-1.7W\times0.37+7.57)$$

式中，H 是测量的浓蛋白高度值，mm；W 是测量的蛋重值。

鲜鸡蛋的哈氏单位分级见表 8-2。

表 8-2　鲜鸡蛋哈氏单位分级

等别	哈氏单位
特级	＞72
一级	60～72
二级	31～59
三级	＜31

(2) 鲜鸡蛋感官分级法

鲜鸡蛋的感官分级主要是通过对蛋壳、气室、蛋白、蛋黄等指标进行评价，综合这些参数结果得出的等级评价。鲜鸡蛋的感官分级见表 8-3。

表 8-3　鲜鸡蛋感官分级

项目	指标			
	特级	一级	二级	三级
蛋壳	清洁无污物、坚固、无损伤	基本清洁、无损伤	不太清洁、无损伤	不太清洁、有粪污、无损伤
气室	高度＜5mm，不移动	高度＜8mm，不移动	高度＜11mm，略能移动	高度＜13mm，移动或有气泡
蛋白	清澈透明且浓厚	透明且浓厚	浓厚	稀薄
蛋黄	居中，不偏移，呈球形	居中或稍偏，不偏移，呈球形	略偏移，稍扁平	移动自如，偏移，形状不规则

第二节　禽蛋检验技术

一、禽蛋样品的采集和保存

1. 禽蛋样品的采集

禽蛋样品采集是禽蛋样品质量检测的重要环节。采集的禽蛋样品必须能够代表整批样品的特点。抽样场所应清洁，无污染物，光线充足，并有必要的抽样工具。抽样工具、容器应清洁卫生，防止容器不洁污染样品。需要进行微生物检测的样品，其采样工具、容器应经灭菌处理。抽取感官检验样品，鲜蛋每件取样数量不少于 5%。理化检验样品按四分法缩取，每份样品不少于 500g。所有样品一式两份，供检验和留样。抽取的样品容器上应标明报检号、样品名称、生产日期、数量、产品批号、取样人等信息。标记应牢固。

2. 禽蛋样品的保存

取样结束后应尽快将样品送往实验室检测。如不能及时运送或者实验室不能立即进行检测应妥善保存。冷冻样品应存放在－18℃以下冰箱或冷藏库内。

二、禽蛋水分的测定（GB 5009.3—2016）

1. 原理

禽蛋样品一般含水量＞70%，含水量高，适于采用直接干燥法测定样品中的水分，主要是利用样品中水分的物理性质，在101.3kPa（一个大气压），101～105℃下采用挥发方法测定样品中干燥减少的重量，包括吸湿水、部分结晶水和该条件下能挥发的物质，再通过干燥前后的称量数值计算出水分的含量。

2. 仪器药品

除非另有说明，本方法所用试剂均为分析纯，水为GB/T 6682—2008规定的三级水。

① 扁形铝制或玻璃制称量瓶、电热恒温干燥箱、干燥器（内附有效干燥剂）、0.1mg感量天平。

② 盐酸溶液（6mol/L）：量取50mL盐酸，加水稀释至100mL。氢氧化钠溶液（6mol/L）：称取24g氢氧化钠，加水溶解并稀释至100mL。海砂：取用水洗去泥土的海砂、河砂、石英砂或类似物，先用盐酸溶液（6mol/L）煮沸0.5h，用水洗至中性，再用氢氧化钠溶液（6mol/L）煮沸0.5h，用水洗至中性，经105℃干燥备用。

3. 分析步骤（GB 5009.3—2016）

取洁净的称量瓶，内加10g海砂（实验过程中可根据需要适当增加海砂的质量）及一根小玻璃棒，置于101～105℃干燥箱中，干燥1.0h后取出，放入干燥器内冷却0.5h后称量，并重复干燥至恒重。然后称取5～10g试样（精确至0.0001g），置于称量瓶中，用小玻璃棒搅匀放在沸水浴上蒸干，并随时搅拌，擦去瓶底的水滴，置于101～105℃干燥箱中干燥4h后盖好取出，放入干燥器内冷却0.5h后称量。然后再放入101～105℃干燥箱中干燥1h左右，取出，放入干燥器内冷却0.5h后再称量。重复以上操作至前后两次质量差不超过2mg，即为恒重。

4. 分析结果

试样中的水分含量，按下式进行计算：

$$x=\frac{m_1-m_2}{m_1-m_3}\times 100 \tag{8-1}$$

式中 X——试样中水分的含量，g/100g；

m_1——称量瓶（加海砂、玻璃棒）和试样的质量，g；

m_2——称量瓶（加海砂、玻璃棒）和试样干燥后的质量，g；

m_3——称量瓶（加海砂、玻璃棒）的质量，g；

100——单位换算系数。

水分含量≥1g/100g时，计算结果保留三位有效数字；水分含量＜1g/100g时，计算结果保留两位有效数字。

三、禽蛋中游离脂肪酸的测定（GB/T 5009.228—2016）

1. 原理

游离脂肪酸是当为肌肉活动提供能量的肝糖原耗尽时，中性脂肪分解出来的物质，是进行持久活动所需的物质。禽蛋中游离脂肪酸的测定原理是：将蛋中油脂用三氯甲烷提取后以乙醇钠标准滴定溶液滴定，测定其游离脂肪酸（以油酸计）的含量。

2. 仪器药品

① 脂肪浸抽管（玻璃质，管长150mm，内径18mm，缩口部填脱脂棉）；脂肪瓶（标准磨口，容量约150mL）；电热恒温干燥箱；干燥器（内附有效干燥剂）；0.1mg感量天平。

② 中性三氯甲烷：内含无水乙醇（1%）。取三氯甲烷，以等量的水洗一次，同时按三

氯甲烷体积 20∶1 的比例加入氢氧化钠溶液（100g/L），洗涤两次，静置分层。倾出洗涤液，再用等量的水洗涤 2～3 次，至呈中性。将三氯甲烷用无水氯化钙脱水时，于 80℃水浴上进行蒸馏，接取中间馏出液并检查是否为中性。于每 100mL 三氯甲烷中加入无水乙醇 1mL，储于棕色瓶中。

③ 酚酞指示液：乙醇溶液（10g/L）。

④ 乙醇钠标准滴定溶液[$c(CH_3CH_2ONa)=0.05mol/L$]：量取 800mL 无水乙醇，置于锥形瓶中，将 1g 金属钠切成碎片，分次加入无水乙醇中，待作用完毕后，摇匀，密塞，静置过夜，将澄清液倾入棕色瓶中（配置乙醇钠溶液时，钠与乙醇作用放出氢气，故应离火远些。金属钠与切下的表面碎片应放回原煤油液中保存，切勿接触水，以免着火，配置时戴上眼镜与手套以做好防护），并按下述方法标定。

标定方法：准确称取约 0.2g 在 105～110℃干燥至恒量的基准邻苯二甲酸氢钾，加入 50mL 新煮沸过的冷水，振摇使溶解，加 3 滴酚酞指示液，用上述配置的乙醇钠溶液滴定至初显粉红色 30s 不褪，同时做试剂空白试验。

乙醇钠标准溶液的实际浓度按下式进行计算。

$$c=\frac{m}{(V_1-V_2)\times 0.2040} \tag{8-2}$$

式中 c——乙醇钠标准溶液的实际浓度，mol/L；

m——邻苯二甲酸氢钾的质量，g；

V_1——邻苯二甲酸氢钾消耗乙醇钠溶液的体积，mL；

V_2——试剂空白消耗乙醇钠的体积，mL；

0.2040——与 1.00mL 乙醇钠标准滴定溶液相当的邻苯二甲酸氢钾的质量，g。

3. 分析步骤（GB/T 5009.228—2016）

称取 2.00～2.50g 禽蛋试样于 100mL 烧杯中，加入 15g 无水硫酸钠粉末，以玻璃棒搅匀，充分研细，小心移入脂肪浸抽管中，用少许脱脂棉拭净烧杯及玻璃棒上附着的试样，将脱脂棉一并移入脂肪浸抽管内。用 100mL 中性三氯甲烷分 10 次浸提管内试样，使脂肪提净为止，将三氯甲烷滤入已知质量的脂肪瓶中，移脂肪瓶于水浴上接冷凝器回收三氯甲烷。将脂肪瓶置于 70～75℃恒温真空干燥箱中干燥 4h，取出，移入干燥器内放置 30min，称量，每干燥 1h 称量 1 次，至前后两次称量相差不超过 2.0mg。将此脂肪测定的干燥浸出物以 30mL 中性三氯甲烷溶解，加入 3 滴酚酞指示液，用乙醇钠标准滴定溶液滴定，至溶液出现粉红色 30s 不褪为终点。

4. 结果计算

试样中游离脂肪酸的含量按下式进行计算：

$$x(\text{以油酸计})=\frac{Vc\times 0.2820}{m}\times 100 \tag{8-3}$$

式中 x——试样中游离脂肪酸的含量，g/100g；

V——试样消耗乙醇钠标准滴定液的体积，mL

c——乙醇钠标准溶液的实际浓度，mol/L；

m——测定脂肪时所得干燥浸出物的质量，g；

0.2820——与 1.00mL 乙醇钠标准滴定溶液相当的邻苯二甲酸氢钾的质量，g。

计算结果保留两位有效数字。

四、蛋及蛋制品中六六六、滴滴涕残留量的测定（GB/T 5009.19—2008）

1. 原理

六六六：六氯化苯，对昆虫有触杀、熏杀和胃毒作用，在工业上由苯与氯气在紫外线照射下合成，过去主要用于防治蝗虫、稻螟虫、小麦吸浆虫和蚊、蝇、臭虫等，由于对人、畜都有一定毒性，20 世纪 60 年代末停止生产或禁止使用。滴滴涕：即 DDT，化学名为 1,1,1-三氯-2,2-双(对氯苯基)乙烷，对害虫有极强的触杀和胃毒作用，对害虫都有很好的效果，跟六六六一样因为对人畜有毒和对环境有害而被禁用。六六六和滴滴涕可能随着食物链进入禽类体内，最终可能会在禽蛋中残留。根据 GB 2763—2016《食品安全国家标准 食品中农药最大残留限量》的规定，蛋类中六六六、滴滴涕的最大残留限量均为 0.1mg/kg。试样中六六六、滴滴涕经有机溶剂提取、凝胶色谱净化，用毛细管柱气相色谱分离，电子捕获检测器检测，以保留时间定性，外标法定量。

2. 仪器药品

除非另有说明，本方法所用试剂均为分析纯。

① 气相色谱仪（配有电子捕获检测器）；凝胶净化柱［长 30cm，内径 2.3～2.5cm，具活塞玻璃色谱柱，柱底垫少许玻璃棉，用洗脱剂乙酸乙酯＋环己烷（1＋1）浸泡的凝胶，以湿法装入柱中，柱床高约 26cm，凝胶始终保持在洗脱剂中］；全自动凝胶色谱系统［带有固定波长（254nm）紫外检测器，供选择使用］；旋转蒸发仪；组织匀浆器；振荡器；氮吹仪。

② 丙酮、石油醚、乙酸乙酯、环己烷、正己烷、氯化钠、无水硫酸钠：将无水硫酸钠置于干燥箱中，于 120℃ 干燥 4h，冷却后，密闭保存。聚苯乙烯凝胶（Bio-Beads S-X3）：200～400 目，或同类产品。六六六、滴滴涕标准品。

3. 分析步骤（GB/T 5009.19—2008）

（1）提取

称取试样 20g（精确到 0.01g）于 200mL 具塞三角瓶中，加水 5mL（视试样水分含量加水，使总水量约为 20g。通常鲜蛋水分含量约为 75%，加水 5mL 即可），再加入 40mL 丙酮，振摇 30min 后，加入氯化钠 6g，充分摇匀，再加入 30mL 石油醚，振摇 30mL。静置分层后，将有机相全部转移至 100mL 具塞三角瓶中经无水硫酸钠干燥，并量取 35mL 于旋转蒸发瓶中，浓缩至约 1mL，加入 2mL 乙酸乙酯-环己烷（1＋1）溶液再浓缩，重复 3 次，浓缩至约 1mL，供凝胶色谱净化使用，或将浓缩液转移至全自动凝胶渗透色谱系统配套的进样试管中，用乙酸乙酯-环己烷溶液洗涤旋转蒸发瓶数次，将洗涤液合并至试管中，定容至 10mL。

（2）净化

选择手动或者全自动净化方法的任何一种进行。

手动凝胶色谱净化：将试样浓缩液经凝胶柱以乙酸乙酯-环己烷（1＋1）溶液洗脱，弃去 0～35mL 流分，收集 35～70mL 流分。将其旋转蒸发浓缩至约 1mL，再经凝胶柱净化收集 35～70mL 流分，蒸发浓缩，用氮吹仪去除溶剂，用正己烷定容至 1mL，待 GC 分析。

全自动凝胶渗透色谱系统净化：试样由 5mL 试样环注入凝胶渗透色谱柱，泵流速为 5mL/min，以乙酸乙酯-环己烷（1＋1）溶液洗脱，弃去 0～7.5min 流分，收集 7.5～15min 流分，15～20min 冲洗色谱柱。将收集的流分旋转蒸发浓缩至约 1mL，用氮吹仪吹至近干，用正己烷定容至 1mL，待 GC 测定。

(3) 测定

气相色谱条件，色谱柱：DM-5 毛细管柱，长 30m、内径 0.32mm、膜厚 0.25μm，或等效柱，柱温：程序升温，初始 90℃，保持 1min，40℃/min 升至 170℃，2.3℃/min 升至 230℃，保持 17min，40℃/min 升至 280℃，保持 5min，进样口温度：280℃，不分流进样，进样量：1μL，检测器：电子捕获检测器，温度 300℃；载气流速：氮气，流速 1mL/min，尾吹：25mL/min；柱前压：0.5MPa。

分别吸取 1μL 六六六、滴滴涕标准溶液及试样净化液注入气相色谱仪中，记录色谱图，以保留时间定性，以试样和标准溶液的峰面积比较定量。

4. 结果计算

试样中六六六、滴滴涕的含量按下式进行计算：

$$X=\frac{m_1 V_1 f \times 1000}{m V_2 \times 1000} \tag{8-4}$$

式中 X——试样中六六六、滴滴涕的含量，mg/kg；

m_1——被测样液中各农药的含量，ng；

V_1——样液进样体积，μL；

f——稀释因子；

m——试样质量，g；

V_2——样液最后定容体积，mL；

计算结果保留两位有效数字。

五、蛋及蛋制品中铅的测定（GB 5009.12—2017）

铅是一种对人体危害极大的有毒重金属，随着工业市场的迅速发展，铅被广泛应用到各行各业，铅对环境的污染越来越重，对人体的健康危害也越来越大。目前铅主要是通过食物、饮用水、空气等方式影响人体健康。金属铅进入人体后，少部分会随着身体代谢排出体外，其余大量则会在体内沉积。铅及其化合物进入机体后将对神经、造血、消化、肾脏、心血管和内分泌等多个系统造成危害，若含量过高则会引起铅中毒。根据 GB 2762—2017《食品安全国家标准 食品中污染物限量》的规定，蛋及蛋制品（除皮蛋和皮蛋肠）中铅的最大残留限量均为 0.2mg/kg，皮蛋和皮蛋肠中铅的最大残留限量均为 0.5mg/kg。铅的测定主要有原子吸收法和二硫腙比色法等。

1. 石墨炉原子吸收法

(1) 原理

试样消解处理后，经石墨炉原子化，在 283.3nm 处测定吸光度。在一定浓度范围内铅的吸光度值与铅含量成正比，与标准系列比较定量。

(2) 仪器药品

除非另有说明，本方法所用试剂均为分析纯，水为 GB/T 6682—2008 规定的二级水。

原子吸收光谱仪（配石墨炉原子化器，附铅空心阴极灯）；0.1mg 及 1mg 感量分析天平；可调电热炉；可调电热板；微波消解系统（配四氟乙烯消解内罐）；恒温干燥箱；压力消解罐（配四氟乙烯消解内罐）。

硝酸溶液（5+95）：量取 50mL 硝酸，缓慢加入到 950mL 水中，混匀。硝酸溶液（1+9）：量取 50mL 硝酸，缓慢加入到 450mL 水中，混匀。磷酸二氢铵-硝酸钯溶液：称取

0.02g 硝酸钯，加少量硝酸溶液（1+9）溶解后，再加入 2g 磷酸二氢铵，溶解后用硝酸溶液（5+95）定容至 100mL，混匀。铅标准品：纯度≥99.99%，配置合适标准品溶液。

（3）分析步骤

① 样品前处理

ⅰ. 湿法消解：称取固体试样 0.2～3g（精确至 0.001g）于带刻度消化管中，加入 10mL 硝酸和 0.5mL 高氯酸，在可调式电热炉上消解［参考条件：120℃/(0.5～1h)，升至 180℃/(2～4h)，升至 200～220℃］。若消化液呈棕褐色，再加少量硝酸，消解至冒白烟，消化液呈无色透明或略带黄色，取出消化管，冷却后用水定容至 10mL，混匀备用。同时做试剂空白试验。亦可采用锥形瓶，于可调式电热板上，按上述操作方法进行湿法消解。

ⅱ. 微波消解：称取固体试样 0.2～0.8g（精确至 0.001g）或于微波消解罐中，加入 5mL 硝酸，按照微波消解的操作步骤消解试样。冷却后取出消解罐，在电热板上于 140～160℃赶酸至 1mL 左右。消解罐放冷后，将消化液转移至 10mL 容量瓶中，用少量水洗涤消解罐 2～3 次，合并洗涤液于容量瓶中并用水定容至刻度，混匀备用。同时做试剂空白试验。

ⅲ. 压力罐消解：称取固体试样 0.2～1g（精确至 0.001g）于消解内罐中，加入 5mL 硝酸。盖好内盖，旋紧不锈钢外套，放入恒温干燥箱，于 140～160℃下保持 4～5h。冷却后缓慢旋松外罐，取出消解内罐，放在可调式电热板上于 140～160℃赶酸至 1mL 左右。冷却后将消化液转移至 10mL 容量瓶中，用少量水洗涤内罐和内盖 2～3 次，合并洗涤液于容量瓶中并用水定容至刻度，混匀备用。同时做试剂空白试验。

② 测定。根据各自仪器性能调至最佳状态。参考条件见表 8-4。

表 8-4 石墨炉原子吸收光谱法仪器参考条件

元素	波长/nm	狭缝/nm	灯电流/mA	干燥	灰化	原子化
铅	283.3	0.5	8～12	85～120℃/(40～50s)	750℃/(20～30s)	2300℃/(4～5s)

标准曲线的制作：按质量浓度由低到高的顺序分别将 10μL 铅标准系列溶液和 5μL 磷酸二氢铵-硝酸钯溶液（可根据所使用的仪器确定最佳进样量）同时注入石墨炉，原子化后测其吸光度值，以质量浓度为横坐标，吸光度为纵坐标，制作标准曲线。

在与测定标准溶液相同的实验条件下，将 10μL 空白溶液或试样溶液与 5μL 磷酸二氢铵-硝酸钯溶液（可根据所使用的仪器确定最佳进样量）同时注入石墨炉，原子化后测其吸光度值，与标准系列比较定量。

（4）结果计算

试样中铅的含量按下式计算：

$$X=\frac{(\rho-\rho_0)V}{m\times 1000} \tag{8-5}$$

式中 X——试样中铅的含量，mg/kg；

ρ——试样溶液中铅的质量浓度，μg/L；

ρ_0——空白溶液中铅的质量浓度，μg/L；

V——试样消化液的定容体积，mL；

m——试样称样量，g；

1000——换算系数。

当铅含量≥1.00mg/kg 时，计算结果保留三位有效数字；当铅含量＜1.00mg/kg 时，计算结果保留两位有效数字。

2. 二硫腙比色法

(1) 原理

试样经消化后，在 pH＝8.5～9.0 时，铅离子与二硫腙生成红色络合物，溶于三氯甲烷。加入柠檬酸铵、氰化钾和盐酸羟胺等，防止铁、铜、锌等离子干扰，于波长 510nm 处测定吸光度，与标准系列比较定量。

(2) 仪器药品

除非另有说明，本方法所用试剂均为分析纯，水为 GB/T 6682—2008 规定的三级水。

① 仪器。分光光度计；0.1mg 及 1mg 感量分析天平；可调电热炉；可调电热板。

② 试剂。硝酸溶液（5＋95）：量取 50mL 硝酸，缓慢加入到 950mL 水中，混匀；硝酸溶液（1＋9）：量取 50mL 硝酸，缓慢加入到 450mL 水中，混匀；氨水溶液（1＋1）：量取 100mL 氨水，加入 100mL 水，混匀；氨水溶液（1＋99）：量取 10mL 氨水，加入 990mL 水，混匀；盐酸溶液（1＋1）：量取 100mL 盐酸，加入 100mL 水，混匀；酚红指示液（1g/L）：称取 0.1g 酚红，用少量多次乙醇溶解后移入 100mL 容量瓶中并定容至刻度，混匀；铅标准品：纯度＞99.99％，配置合适标准品溶液。

二硫腙-三氯甲烷溶液（0.5g/L）：称取 0.5g 二硫腙，用三氯甲烷溶解，并定容至 1000mL，混匀，保存于 0～5℃下，必要时用下述方法纯化。称取 0.5g 研细的二硫腙，溶于 50mL 三氯甲烷中，如不全溶，可用滤纸过滤于 250mL 分液漏斗中，用氨水溶液（1＋99）提取三次，每次 100mL，将提取液用棉花过滤至 500mL 分液漏斗中，用盐酸溶液（1＋1）调至酸性，将沉淀出的二硫腙用三氯甲烷提取 2～3 次，每次 20mL，合并三氯甲烷层，用等量水洗涤两次，弃去洗涤液，在 50℃水浴上蒸去三氯甲烷。精制的二硫腙置于硫酸干燥器中，干燥备用。或将沉淀出的二硫腙用 200mL、200mL、100mL 三氯甲烷提取三次，合并三氯甲烷层为二硫腙-三氯甲烷溶液。

盐酸羟胺溶液（200g/L）：称 20g 盐酸羟胺，加水溶解至 50mL，加 2 滴酚红指示液（1g/L），加氨水溶液（1＋1），调 pH 值至 8.5～9.0（由黄变红，再多加 2 滴），用二硫腙-三氯甲烷溶液（0.5g/L）提取至三氯甲烷层绿色不变为止，再用三氯甲烷洗两次，弃去三氯甲烷层，水层加盐酸溶液（1＋1）至呈酸性，加水至 100mL，混匀。

柠檬酸铵溶液（200g/L）：称取 50g 柠檬酸铵，溶于 100mL 水中，加 2 滴酚红指示液（1g/L），加氨水溶液（1＋1），调 pH 值至 8.5～9.0，用二硫腙-三氯甲烷溶液（0.5g/L）提取数次，每次 10～20mL，至三氯甲烷层绿色不变为止，弃去三氯甲烷层，再用三氯甲烷洗两次，每次 5mL，弃去三氯甲烷层，加水稀释至 250mL，混匀。

氰化钾溶液（100g/L）：称取 10g 氰化钾，用水溶解后稀释至 100mL，混匀。

二硫腙使用液：吸取 1.0mL 二硫腙-三氯甲烷溶液（0.5g/L），加三氯甲烷至 10mL，混匀。用 1cm 比色杯，以三氯甲烷调节零点，于波长 510nm 处测吸光度（A），用下式算出配制 100mL 二硫腙使用液（70％透光率）所需二硫腙-三氯甲烷溶液（0.5g/L）的毫升数（V）。量取计算所得体积的二硫腙-三氯甲烷溶液，用三氯甲烷稀释至 100mL。

$$V=\frac{10\times(2-\lg 70)}{A}=\frac{1.55}{A} \tag{8-6}$$

(3) 分析步骤

① 样品前处理。湿法消解：称取固体试样 0.2～3g（精确至 0.001g）于带刻度消化管

中，加入10mL硝酸和0.5mL高氯酸，在可调式电热炉上消解［参考条件：120℃/(0.5～1h)，升至180℃/(2～4h)，升至200～220℃］。若消化液呈棕褐色，再加少量硝酸，消解至冒白烟，消化液呈无色透明或略带黄色，取出消化管，冷却后用水定容至10mL，混匀备用。同时做试剂空白试验。亦可采用锥形瓶，于可调式电热板上，按上述操作方法进行湿法消解。

② 测定。根据各自仪器性能调至最佳状态。测定波长：510nm。

标准曲线的制作：吸取0mL、0.100mL、0.200mL、0.300mL、0.400mL和0.500mL铅标准使用液（相当于0μg、1.00μg、2.00μg、3.00μg、4.00μg和5.00μg铅）分别置于125mL分液漏斗中，各加硝酸溶液（5+95）至20mL。再各加2mL柠檬酸铵溶液（200g/L），1mL盐酸羟胺溶液（200g/L）和2滴酚红指示液（1g/L），用氨水溶液（1+1）调至红色，再各加2mL氰化钾溶液（100g/L），混匀。各加5mL二硫腙使用液，剧烈振摇1min，静置分层后，三氯甲烷层经脱脂棉滤入1cm比色杯中，以三氯甲烷调节零点于波长510nm处测吸光度，以铅的质量为横坐标，吸光度为纵坐标，制作标准曲线。

试样溶液的测定：将试样溶液及空白溶液分别置于125mL分液漏斗中，各加硝酸溶液至20mL。于消解液及试剂空白液中各加2mL柠檬酸铵溶液（200g/L），1mL盐酸羟胺溶（200g/L）和2滴酚红指示液（1g/L），用氨水溶液（1+1）调至红色，再各加2mL氰化钾溶液（100g/L），混匀。各加5mL二硫腙使用液，剧烈振摇1min，静置分层后，三氯甲烷层经脱脂棉滤入1cm比色杯中于波长510nm处测吸光度，与标准系列比较定量。

（4）结果计算

试样中铅的含量按下式计算：

$$X=\frac{m_1-m_0}{m_2} \tag{8-7}$$

式中　X——试样中铅的含量，mg/kg；

m_1——试样溶液中铅的质量，μg；

m_0——空白溶液中铅的质量，μg；

m_2——试样称样量，g。

当铅含量≥10.0mg/kg时，计算结果保留三位有效数字；当铅含量＜10.0mg/kg时，计算结果保留两位有效数字。

六、蛋及蛋制品中氯霉素残留量的测定（GB/T 22338—2008）

1. 原理

氯霉素是第一种人工合成的广谱抗生素，因其效高价廉，在中国畜牧业中得到广泛应用，对畜禽疾病的控制和治疗起到了重要的作用。随着氯霉素的广泛应用及研究的深入，发现其有许多不良反应，因此，必须控制氯霉素在动物性食品中的残留，保障消费者的健康与安全。农业部235号公告《动物性食品中兽药最高残留限量》中规定，氯霉素属于禁用药物，不得在鸡蛋中检出。氯霉素的检测主要采用有机溶剂提取，提取液用固相萃取柱净化，液相色谱-质谱仪测定，氯霉素采用内标法定量。

2. 仪器药品

除非另有说明，本方法所用试剂均为分析纯，水为GB/T 6682—2008规定的三级水。

① 液相色谱-串联质谱仪（配有电喷雾离子源）；高速组织匀浆机；均质器；旋转蒸发

仪；分析天平；200mL分液漏斗；离心机；涡旋混合器；固相萃取装置。

② 甲醇，液相色谱级；乙腈，液相色谱级；丙酮，液相色谱级；正丙醇，液相色谱级；正己烷，液相色谱级；乙酸乙酯，液相色谱级；乙醚；乙酸钠；乙酸铵；β-葡萄糖醛酸苷酶（约40000活性单位）；乙腈饱和正己烷（取200mL正己烷于250mL分液漏斗中，加入少量乙腈，剧烈振摇，静置分层后，弃去下层乙腈层即得）；丙酮-正己烷（1+9）（丙酮、正己烷按体积比1∶9混匀）；氯霉素，纯度>99.0%，按需配制成合适浓度标准溶液。

3. 分析步骤

（1）样品提取净化

称取试样5g（精确至0.01g），置于50mL离心管中，加入100μL氯霉素氘代内标（氯霉素-D5）溶液和30mL乙腈，匀浆，离心5min。将上清液移入250mL分液漏斗中，加入15mL乙腈饱和正己烷，振荡5min，静置分层，转移乙腈层至100mL棕色心形瓶中。残渣再重复提取一次，合并提取液，加入5mL正丙醇，于40℃水浴中旋转蒸发近干，氮气吹干后，加入5mL丙酮-正己烷溶解残渣。将此残渣溶解液转移到LC-Si固相小柱上，弃去流出液，用5mL丙酮-正己烷洗脱，收集洗脱液于心形瓶中，于40℃水浴中旋转蒸发近干，氮气吹干后，1mL水定容，溶液过0.45μm尼龙膜，待测。

（2）液相色谱质谱条件

色谱柱：Zorbax SB-C18，5μm，2.1mm×150mm，或与之相当者。流动相：水-乙腈-10mmol/L乙酸铵溶液。流速：0.6mL/min。进样量：20μL。柱温：40℃。离子源：电喷雾离子源。扫描方式：负离子扫描。检测方式：多重反应监测。电喷雾电压：−4500V。雾化气压力：0.276MPa。气帘气压力：0.172MPa。离子源温度：550℃。

4. 结果计算

试样中氯霉素残留量按下式计算：

$$X=\frac{cc_{i}AA_{si}V}{c_{si}A_{i}A_{s}W}\times\frac{1000}{1000} \tag{8-8}$$

式中 X——试样中氯霉素的含量，μg/kg；

c——标准工作溶液的浓度，ng/mL；

c_{si}——标准工作溶液中内标物的浓度，ng/mL；

c_{i}——样液中内标物的浓度，ng/mL；

A_{s}——标准工作溶液的峰面积；

A——样液中氯霉素的峰面积；

A_{si}——标准工作溶液中内标物的峰面积；

A_{i}——样液中内标物的峰面积；

V——试样定容体积，mL；

W——样品称样量，g。

七、禽蛋中喹诺酮类药物残留量的测定（GB/T 21312—2007）

1. 原理

喹诺酮类抗生素是一类人畜通用的药物。因其具有抗菌谱广、抗菌活性强、与其他抗菌药物无交叉耐药性和不良反应小等特点，被广泛应用于畜牧、水产等养殖业中，包括在鸡、鸭、鹅、猪、牛、羊、鱼、虾、蟹等的养殖中用于疾病防治。由于喹诺酮类药物在动物机体组织中的残留，人食用动物组织后喹诺酮类抗生素就在人体内残留蓄积，造成人体疾病对该药物的严重耐药性。且大多数喹诺酮类药物均可产生胃肠道刺激，透过血脑屏障进入脑组织，引起神经系统的不良反应。农业部 235 号公告还明确指出，恩诺沙星在产蛋鸡中禁用；农业部 2292 号公告明确指出，食品动物中禁止使用洛美沙星、培氟沙星、氧氟沙星、诺氟沙星及其盐、酯和各种制剂。喹诺酮类药物残留的检测主要采用 0.1mol/LEDTA-Mcllvaine 缓冲液提取样品，经过滤和离心后上清液经 HLB 固相萃取柱净化，高效液相色谱-质谱/质谱测定，外标法定量。

2. 仪器药品

除非另有说明，本方法所用试剂均为分析纯，水为 GB/T 6682—2008 规定的三级水。

① 液相色谱-串联质谱仪（配有电喷雾离子源）；高速组织匀浆机；0.0001g 和 0.01g 感量天平；离心机；涡旋混合器；酸度计，固相萃取装置。

② 甲醇，液相色谱级；乙腈，液相色谱级；甲酸；氢氧化钠；柠檬酸；磷酸氢二钠；乙二胺四乙酸二钠；磷酸氢二钠溶液（0.2mol/L，称取 71.63g 磷酸氢二钠，用水溶解，定容至 1000mL）；柠檬酸溶液（0.1mol/L，称取 21.01g 柠檬酸，用水溶解，定容至 1000mL）；Mcllvaine 缓冲溶液（将 1000mL 0.1mol/L 柠檬酸溶液与 625mL 0.2mol/L 磷酸氢二钠溶液混合，必要时用盐酸或氢氧化钠调节 pH 值至 4.0）；EDTA-Mcllvaine 缓冲溶液（0.1mol/L，称取 60.5g 乙二胺四乙酸二钠放入 1625mL Mcllvaine 缓冲溶液中，振摇使其溶解）；恩诺沙星、培氟沙星、氧氟沙星、诺氟沙星、洛美沙星标准物质，纯度＞99.0%，按需配制成合适浓度标准溶液。

3. 分析步骤

（1）样品提取净化

称取均质样品 5.0g（精确到 0.01g），置于 50mL 聚丙烯离心管中，用 40mL 0.1mol/L EDTA-Mcllvaine 缓冲溶液溶解，1000r/min 旋涡混合 1min，超声提取 10min，10000r/min 离心 10min，取上清液。将上清液加入活化的 HLB 固相萃取柱，以 2～3mL/min 的速度过柱，弃去滤液，用 2mL5%甲醇水溶液淋洗，弃去淋洗液，将小柱抽干，再用 6mL 甲醇洗脱并收集洗脱液。洗脱液用氮气吹干，用 1mL 0.2%甲酸溶液溶解，1000r/min 旋涡混合 1min，待测。

（2）液相色谱质谱条件

色谱柱：Waters BEH C_{18}，1.7μm，2.1mm×100mm，或与之相当者；流动相：甲醇-乙腈-0.2%甲酸水溶液；流速：0.2mL/min；进样量：20μL；柱温：40℃；离子源：电喷雾离子源；扫描方式：正离子扫描；检测方式：多重反应监测；毛细管电压：2000V；离子源温度：110℃；脱溶剂气温度：350℃；脱溶剂气流量：500L/h。

4. 结果计算

试样中的喹诺酮类含量按下式计算：

$$X=\frac{cV\times 1000}{m\times 1000} \tag{8-9}$$

式中 X——试样中被测组分残留量，μg/kg；

c——从标准工作曲线得到的被测组分溶液浓度，ng/mL；

V——试样溶液定容体积，mL；

m——试样溶液所代表试样的质量，g。

八、禽蛋中四环素类药物的测定（GB/T 21317—2007）

1. 原理

四环素类抗生素是由放线菌产生的一类广谱抗生素，包括金霉素、土霉素、四环素、强力霉素、二甲氨基四环素等，其结构均含并四苯基本骨架，作为广谱抑菌剂，对抑制革兰阳性菌、革兰阴性菌以及厌氧菌、多数立克次体属、支原体属、衣原体属、非典型分枝杆菌属、螺旋体都有很好的效果。但是四环素类药物能够与骨骼中的钙结合，集中在骨骼和牙齿中，可引起牙齿荧光、变色和釉质发育障碍，严重时发生骨骼畸形、骨质生成抑制和婴幼儿骨骼生长抑制，造成暂时性的生长障碍。农业部235号公告规定，四环素类药物不得在禽蛋中检出。

四环素类药物残留的检测主要采用0.1mol/L EDTA-Mcllvaine缓冲溶液提取样品，经过滤和离心后上清液经HLB固相萃取柱净化，高效液相色谱-质谱/质谱测定，外标法定量。

2. 仪器药品

① 液相色谱-串联质谱仪（配有电喷雾离子源）；高速组织匀浆机；0.0001g和0.01g感量天平；离心机；涡旋混合器；酸度计；超声提取仪；固相萃取装置。

② 甲醇，液相色谱级；乙腈，液相色谱级；乙酸乙酯；三氟乙酸；柠檬酸；磷酸氢二钠；乙二胺四乙酸二钠；磷酸氢二钠溶液（0.2mol/L，称取71.63g磷酸氢二钠，用水溶解，定容至1000mL）；柠檬酸溶液（0.1mol/L，称取21.01g柠檬酸，用水溶解，定容至1000mL）；Mcllvaine缓冲溶液（将1000mL 0.1mol/L柠檬酸溶液与625mL 0.2mol/L磷酸氢二钠溶液混合，必要时用盐酸或氢氧化钠调节pH值至4.0）；EDTA-Mcllvaine缓冲溶液（0.1mol/L，称取60.5g乙二胺四乙酸二钠放入1625mL Mcllvaine缓冲溶液中，振摇使其溶解）；三氟乙酸水溶液（0.765mL三氟乙酸于1000mL容量瓶中，用水溶解定容至刻度）；金霉素、土霉素、四环素、强力霉素标准物质，纯度＞99.0%，按需配制成合适浓度标准溶液。

3. 分析步骤

（1）样品提取净化

称取均质样品5.0g（精确到0.01g），置于50mL聚丙烯离心管中，用50mL 0.1mol/L EDTA-Mcllvaine缓冲溶液溶解，1000r/min旋涡混合1min，冰水浴超声提取10min，5000r/min离心10min，快速滤纸过滤取上清液。将10mL上清液加入活化的HLB固相萃取柱，弃去滤液，用5mL水和5%甲醇溶液淋洗，弃去淋洗液，再用10mL甲醇＋乙酸乙酯溶液洗脱并收集洗脱液。洗脱液用氮气吹干，用1mL三氟乙酸水溶液溶解，过膜待测。

（2）液相色谱质谱条件

色谱柱：Inertsil C8，3.5μm，2.1mm×150mm，或与之相当者；流动相：甲醇-10mmol/L三氟乙酸酸水溶液；流速：0.3mL/min；进样量：30μL；柱温：30℃；离子源：电喷雾离子源；扫描方式：正离子扫描；检测方式：多重反应监测；喷雾电压：4000V；雾化气：6L/min；气帘气：10L/min；脱溶剂气温度：500℃；脱溶剂气流量：7L/min。

4. 结果计算

试样中的四环素类药物含量按下式计算：

$$X=\frac{A_i c_s V}{A_s m} \tag{8-10}$$

式中　X——试样中被测组分残留量，μg/kg；

A_i——测定液中待测组分的峰面积；

c_s——标准液中被测组分的含量，μg/L；

V——试样溶液定容体积，mL；

A_s——标准液中被测组分的峰面积；

m——试样溶液所代表试样的质量，g。

本章小结

本章阐述了禽蛋样品的感官检测、规格分级、理化检测的理论知识，以及相关的检测方法和限量要求。

1. 感官、等级规格检验

禽蛋的感官检验主要包括蛋壳质量（蛋壳强度、蛋壳结构、蛋壳颜色）、蛋重、蛋形指数、清洁度等指标。等级规格检验主要是通过哈氏单位法、感官检验法等方法对鸡蛋进行分级评价。

2. 理化检验

禽蛋的理化检验，主要利用相关化学仪器方法对禽蛋及制品中常规理化指标（水分、游离脂肪酸）、农兽药残留（六六六、滴滴涕、氯霉素、喹诺酮类、四环素类药物）、重金属污染（铅）进行分析检测。

复习思考题

1. 禽蛋根据其属性和加工程度有哪些分类？
2. 简述禽蛋感官检测的主要指标。
3. 简述鲜鸡蛋等级规格检验的主要方法。
4. 简述哈市单位法的主要过程。
5. 简述禽蛋水分检测原理。
6. 简述游离脂肪酸测定过程。
7. 六六六、滴滴涕在蛋类中的最大残留限量是多少？
8. 石墨炉原子吸收法测定蛋及蛋制品中铅的样品前处理方法有哪些？
9. 简述二硫腙比色法测定蛋及蛋制品中铅的原理。
10. 禽蛋中不得检出的喹诺酮类药物有哪些？

第九章　食用菌检验

第一节　食用菌检验基础知识

一、食用菌概念与种类

1. 食用菌概念

蘑菇、香菇、草菇、平菇、黑木耳、银耳、松茸等被人们食用的菌类，均称为食用菌，这些菌类和我们通常所见的霉菌，酵母菌一样，在生物分类学上都属于同一生物类群——真菌。

广义的食用菌是指一切可以食用的真菌，包括大型和小型的食用真菌。在形态发生和个体发育上，菇类与霉菌，酵母菌有显著的区别，食用菌能形成形体较大的子实体。

2. 食用菌种类

中国已知的食用菌有350多种，全世界可供食用的有2000余种，能大面积人工栽培的只有40～50种。常见的食用菌有：香菇、草菇、平菇、滑子蘑、冬蘑（金针菇）、杏鲍菇、榛蘑、牛肝菌、竹荪、木耳、银耳、猴头等。

二、食用菌产业现状及发展趋势

1. 食用菌行业产业现状

中国食用菌产业获得了迅猛发展，现已成为世界上第一食用菌生产大国。现今食用菌已成为继粮、棉、油、果、菜之后的第六大类农产品。但是，高速发展过程中所隐藏的产业系统的不稳定性以及产业化程度偏低、市场不完善、产品质量不高、食用菌加工产业发展缓慢、产业链条较短等问题，对我国食用菌产业的健康发展形成了制约性的影响。

2. 食用菌行业发展趋势

当前，我国食用菌工厂化生产步入一个相对调整期，生产企业和从业者应从加强技术研发、完善生产标准、规范市场秩序、挖掘产业内涵、注重人才建设等方面入手，完成我国食用菌工厂化、智能化发展阶段的新跨越。

① 随着城镇化进程的加快、农业现代化的推进，食用菌工厂化生产品种将向多菌类方向延伸，工厂化产品朝差异化、多样化方向发展，食用菌多品种工厂化生产格局将逐步形成。

② 随着市场竞争的加剧，许多规模偏小的企业会亏损甚至倒闭，但不排除小型企业聚小为大后形成技术先进、资金雄厚的规模化大型企业，让企业运营更佳，获得更大的利润。

③ 食用菌工厂作为现代化、精准化农业企业，要健康发展，产品就要有市场竞争力，就必须严格实施管理标准化、操作标准化、产品变准化，建立和完善产品企业标准，进行自主管理，保障产品质量。

④ 菌种研发和设备创新需要高科技人才的参与，未来会更加注重培养既有食用菌理论知识又有食用菌工厂化生产实践经验的专业技术人员。

⑤ 优秀的品牌及较高的知名度会给企业在市场竞争中带来优势。同时，企业还应多方开拓销售渠道，根据市场需求情况，灵活选择产品流向，重视市场开发，最终实现自身产品的价值。

⑥ 食用菌工业化生产的发展很大程度上依赖于设备的更新与完善，未来食用菌工厂化生产在设备、设施的投入方面将更加趋于理性，食用菌工厂化生产的配套行业将逐步兴起。

第二节　食用菌检验技术

食用菌味道鲜美，蛋白质含量高、脂肪含量低，富含多种氨基酸、维生素、微量元素和生理功能活性成分，营养丰富，味道鲜美，对某些疾病还具有一定的治疗和预防作用，深受广大消费者喜爱，被世界公认为“健康食品”。食用菌中含有生物活性物质如高分子多糖、β-葡萄糖和 RNA 复合体、天然有机锗、核酸降解物、cAMP 和三萜类化合物等对维护人体健康有重要的利用价值。经常需对食用菌及其制品进行成分分析和对致病微生物及农药残留、荧光物质、重金属、食用菌总糖、还原糖、多糖、三萜类物质的含量等进行检验。

一、食用菌杂质测定（GB/T 12533—2008）

杂质：从样品中分离得到的除食用菌及其干制品以外的一切有机物和无机物。

1. 仪器与设备

① 分样筛：20 目，带盖。

② 镊子。

③ 天平：感量 0.001g，0.1g。

④ 表面皿。

2. 测定步骤

（1）取样

① 取样方法和数量。在整批货物中，包装产品以同类货物的小包装袋（盒、箱等）为基数，散装产品以同类货物的质量（kg）或件数为基数，从整批货物的不同位置按下列整

批货物件数的基数进行随机取样：

a. 整批货物 50 件以下，抽样基数为 2 件；

b. 整批货物 51～100 件，抽样基数为 4 件；

c. 整批货物 101～200 件，抽样基数为 5 件；

d. 整批货物 201 件以上，以 6 件为最低限度，每增加 50 件加抽 1 件。

小包装质量不足检验所需质量时，适当加大抽样量。

② 缩减样品和试验样品。样品量过大时，将样品混合，均匀平铺成方形，随机取样缩减。试验样品从缩减样品中获得，按照检验项目所需样品量的四倍取样，其中一份作检样，两份作复检样，一份作存样。

（2）测定

称取样品 500～1000g，精确至 0.001g，先用分样筛筛分出肉眼不容易发现的细小杂质；再用镊子拣出样品中大块杂质（包括非试验样品的杂菌），并分离黏附在食用菌上的杂质。仔细收集上述所有杂质，放入表面皿中，称量，精确至 0.001g。

3. 结果计算

① 按下式计算样品中的杂质含量：

$$X=\frac{m_2-m_1}{m}\times 100 \tag{9-1}$$

式中 X——样品中杂质的含量，%；

m_2——表面皿和杂质的质量，g；

m_1——表面皿的质量，g；

m——样品的质量，g。

② 同一样品取三个平行样测定，以测定结果的算术平均值作为测定结果，保留小数点后两位数字。

二、食用菌中粗多糖的测定-可见分光光度法(NY/T 1676—2008)

多糖是由 10 个以上单糖分子组成的大分子化合物。它一般都是天然高分子化合物。据国内外大量研究资料表明，食用菌中香菇多糖、灵芝多糖等多糖具有免疫调节功能、抗肿瘤作用。因此常需检测食用菌中粗多糖含量。

1. 原理

多糖在硫酸作用下，先水解成单糖，并迅速脱水生成糖醛衍生物，与苯酚反应生成橙黄色溶液，在 490nm 处有特征吸收，与标准系列比较定量。

2. 试剂和材料

① 硫酸（H_2SO_4），ρ=1.84g/mL。

② 无水乙醇（C_2H_6O）。

③ 苯酚（C_6H_6O），重蒸馏。

④ 80%乙醇溶液。

⑤ 葡萄糖（$C_6H_{12}O_6$），使用前应于 105℃恒温烘干至恒重。

⑥ 80%苯酚溶液：称取 80g 苯酚于 100mL 烧杯中，加水溶解，定容至 100mL 后转至棕色瓶中，置于 4℃冰箱中避光储存。

⑦ 5%苯酚：吸取 5mL 80%苯酚溶液，溶于 75mL 水中，混匀，现用现配。

⑧ 100mg/L 标准葡萄糖溶液：称取 0.1000g 葡萄糖于 100mL 烧杯中，加水溶解，定容至 1000mL，置于 4℃冰箱中储存。

3. 仪器

① 可见分光光度计。

② 分析天平，感量为 0.001g。

③ 超声提取器。

④ 离心机。

⑤ 涡旋振荡器。

⑥ 水浴加热装置。

4. 分析步骤

(1) 样品的提取

称取 0.5～1.0g 粉碎过 20mm 孔径筛的样品，精确到 0.001g，置于 50mL 具塞离心管内。用 5mL 水浸润样品，缓慢加入 20mL 无水乙醇，同时使用涡旋振荡器振摇，使混合均匀，置超声提取器中超声提取 30min。提取结束后，4000r/min 离心 10min，弃去上清液。不溶物用 10mL 80%乙醇溶液洗涤、离心。用水将上述不溶物转移入圆底烧瓶，加入 50mL 蒸馏水，装上磨口的空气冷凝管，于沸水浴中提取 2h，冷却至室温，过滤，将上清液转移至 100mL 容量瓶中，残渣洗涤 2～3 次，洗涤液转至容量瓶中，加水定容。此溶液为样品测定液。

(2) 标准曲线绘制

分别吸取 0mL、0.2mL、0.4mL、0.6mL、0.8mL、1.0mL 的 100mg/L 标准葡萄糖工作溶液于 20mL 具塞玻璃试管中，用蒸馏水补至 1.0mL。向试液中加入 1.0mL 5%苯酚溶液，然后快速加入 5.0mL 浓硫酸（与液面垂直加入，勿接触试管壁，以便与反应液充分混合），静置 10min。使用涡旋振荡器使反应液充分混合，然后将试管放置于 30℃水浴中反应 20min，490nm 测吸光度。以葡聚糖或葡萄糖质量浓度为横坐标，吸光度为纵坐标，制定标准曲线。

(3) 测定

吸取 1.00mL 样品溶液于 20mL 具塞试管中，按分析步骤（2）操作，测定吸光度。同时做空白试验。

5. 结果计算

① 样品中多糖含量以质量分数 w 计，单位以克每百克（g/100g）表示，按下式计算：

$$w=\frac{m_1V_1}{m_2V_2}\times 0.9\times 10^{-4} \tag{9-2}$$

式中 m_1——从标准曲线上查得的样品测定液中含糖量，μg；

V_1——样品定容体积，mL；

V_2——比色测定时所移取样品测定液的体积，mL；

m_2——样品质量，g；

0.9——葡萄糖换算成葡聚糖的校正系数。

② 计算结果保留至小数点后两位。

6. 注意事项

① 食用菌中分子量＞1000 的高分子物质在 80%乙醇溶液中沉淀，与水溶性单糖和低聚

糖分离，粗多糖在硫酸的作用下，水解成单糖，并迅速脱水生成糖醛衍生物，与苯酚缩合成有色化合物，用分光光度法测定样品中粗多糖含量。

② 苯酚-H_2SO_4溶液可以和多种糖类进行显色反应，常用于总糖的测定。所以测定过程中应注意容器及试剂中其他糖类的干扰。洗涤粗多糖沉淀时，一定要将离心管壁上沾污的其他糖分和糖类化合物用80%乙醇洗净，否则结果会受影响。

③ 苯酚-H_2SO_4溶液和不同类的糖反应，显色的强度略有不同，反映在标准曲线的斜率不同。如果已知样品中糖的结构，应尽量以同类糖的纯品作标准品，或以含有已知浓度的同类产品作对照品进行检测分析；如果样品中糖的类型未知或结构多样，则只能以葡萄糖计或其他糖计报告结果。

三、食用菌中硒的测定-氢化物原子荧光光谱法(GB 5009.93—2017)

硒是一种非金属元素，是人体的必需的微量元素之一，但过量的硒又能引起中毒。在天然食品中，富硒大米、富硒小麦、蘑菇等含硒都比较高，缺硒的人群可以适当增加这方面的食物，正常人群，只需要保持饮食均衡就可以摄取充足的硒。硒的检测方法有氢化物原子荧光光谱法、荧光分光光度法、电感耦合等离子体质谱法等。本节学习氢化物原子荧光光谱法。

1. 原理

试样经酸加热消化后，在6mol/L盐酸介质中，将试样中的六价硒还原成四价硒，用硼氢化钠或硼氢化钾作还原剂，将四价硒在盐酸介质中还原成硒化氢，由载气（氩气）带入原子化器中进行原子化，在硒空心阴极灯照射下，基态硒原子被激发至高能态，在去活化回到基态时，发射出特征波长的荧光，其荧光强度与硒含量成正比，与标准系列比较定量。

2. 试剂和材料

（1）试剂

① 硝酸（HNO_3）：优级纯。

② 高氯酸（$HClO_4$）：优级纯。

③ 盐酸（HCl）：优级纯。

④ 氢氧化钠（NaOH）：优级纯。

⑤ 过氧化氢（H_2O_2）。

⑥ 硼氢化钠（$NaBH_4$）：优级纯。

⑦ 铁氰化钾［$K_3Fe(CN)_6$］。

（2）试剂的配制

① 硝酸-高氯酸混合酸（9+1）：将900mL硝酸与100mL高氯酸混匀。

② 氢氧化钠溶液（5g/L）：称取5g氢氧化钠，溶于1000mL水中，混匀。

③ 硼氢化钠碱溶液（8g/L）：称取8g硼氢化钠，溶于1000mL氢氧化钠溶液（5g/L）中，混匀。现配现用。

④ 盐酸溶液（6mol/L）：量取50mL盐酸，缓慢加入40mL水中，冷却后用水定容至100mL，混匀。

⑤ 铁氰化钾溶液（100g/L）：称取10g铁氰化钾，溶于100mL水中，混匀。

⑥ 盐酸溶液（5+95）：量取25mL盐酸，缓慢加入475mL水中，混匀。

(3) 标准品

硒标准溶液：1000mg/L，或经国家认证并授予标准物质证书的一定浓度的硒标准溶液。

(4) 标准溶液的制备

① 硒标准中间液（100mg/L）：准确吸取10.00mL硒标准溶液（1000mg/L）于100mL容量瓶中，加盐酸溶液（5+95）定容至刻度，混匀。

② 硒标准使用液（1.00mg/L）：准确吸取硒标准中间液（100mg/L）1.00mL于100mL容量瓶中，用盐酸溶液（5+95）定容至刻度，混匀。

③ 硒标准系列溶液：分别准确吸取硒标准使用液（1.00mg/L）0mL、0.500mL、1.00mL、2.00mL和3.00mL于100mL容量瓶中，加入铁氰化钾溶液（100g/L）10mL，用盐酸溶液（5+95）定容至刻度，混匀待测。此硒标准系列溶液的质量浓度分别为0μg/L、5.00μg/L、10.0μg/L、20.0μg/L和30.0μg/L。

可根据仪器的灵敏度及样品中硒的实际含量确定标准系列溶液中硒元素的质量浓度。

3. 仪器和设备

所有玻璃器皿及聚四氟乙烯消解内罐均需硝酸溶液（1+5）浸泡过夜，用自来水反复冲洗，最后用水冲洗干净。

① 原子荧光光谱仪：配硒空心阴极灯。

② 天平：感量为1mg。

③ 电热板。

④ 微波消解系统：配聚四氟乙烯消解内罐。

4. 分析步骤

(1) 试样制备

在采样和制备过程中，应避免试样污染。样品用水洗净，晾干，取可食部分，制成匀浆，储于塑料瓶中。

(2) 试样消解

① 湿法消解。称取固体试样0.5～3g（精确至0.001g）或准确移取液体试样1.00～5.00mL，置于锥形瓶中，加10mL硝酸-高氯酸混合酸（9+1）及几粒玻璃珠，盖上表面皿冷消化过夜。将上述溶液置于电热板上加热，并及时补加硝酸。当溶液变为清亮无色并伴有白烟产生时，再继续加热至剩余体积为2mL左右，切不可蒸干，冷却，再加5mL盐酸溶液(6mol/L)，继续加热至溶液变为清亮无色并伴有白烟出现。上述溶液冷却后转移至10mL容量瓶中，加入2.5mL铁氰化钾溶液（100g/L），用水定容，混匀待测。同时做试剂空白试验。

② 微波消解。称取固体试样0.2～0.8g（精确至0.001g）或准确移取液体试样1.00～3.00mL，置于消化管中，加10mL硝酸、2mL过氧化氢，振摇混合均匀，于微波消解仪中消化（可根据不同的仪器自行设定消解条件）。消解结束待冷却后，将消化液转入锥形烧瓶中，加几粒玻璃珠，在电热板上继续加热至近干，切不可蒸干。再加5mL盐酸溶液(6mol/L)，继续加热至溶液变为清亮无色并伴有白烟出现，冷却，转移至10mL容量瓶中，加入2.5mL铁氰化钾溶液（100g/L），用水定容，混匀待测。同时做试剂空白试验。

(3) 测定

① 仪器参考条件。根据各自仪器性能调至最佳状态。参考条件为：负高压340V；灯电流100mA；原子化温度800℃；炉高8mm；载气流速500mL/min；屏蔽气流速1000mL/min；

测量方式为标准曲线法；读数方式为峰面积；延迟时间 1s；读数时间 15s；加液时间 8s；进样体积 2mL。

② 标准曲线的制作。以盐酸溶液（5+95）为载流，硼氢化钠碱溶液（8g/L）为还原剂，连续用标准系列的零管进样，待读数稳定之后，将硒标准系列溶液按质量浓度由低到高的顺序分别导入仪器，测定其荧光强度，以质量浓度为横坐标，荧光强度为纵坐标，制作标准曲线。

③ 试样测定。在与测定标准系列溶液相同的实验条件下，将空白溶液和试样溶液分别导入仪器，测其荧光强度，与标准系列比较定量。

5. 结果计算

试样中硒的含量按下式计算：

$$X=\frac{(\rho-\rho_0)V}{m\times 1000} \tag{9-3}$$

式中 X——试样中硒的含量，mg/kg 或 mg/L；

ρ——试样溶液中硒的质量浓度，μg/L；

ρ_0——空白溶液中硒的质量浓度，μg/L；

V——试样消化液总体积，mL；

m——试样称样量，g；

1000——换算系数。

6. 注意事项

① 灯电流与检出信号强度有一定的关系，灯电流过低，灵敏度低，灯电流过大会降低灯的使用寿命，在满足荧光强度的条件下应尽量选择小的灯电流。

② 载气过大，会稀释氢化物，降低灵敏度，载气过小则使形成的氢化物无法迅速进入原子化器，有记忆效应。适当的屏蔽气流量可防止周围空气进入，保证火焰形状稳定。

③ 载流液酸度高会腐蚀仪器，缩短泵管寿命，5%～20%范围的盐酸、硝酸作为载流液时，待测物的荧光值大且稳定，一般选择 5%的盐酸叫作为载流液。

四、食用菌中汞的测定-原子荧光光谱分析法（GB 5009.17—2014）

汞是一种重金属，具有剧毒，其单质和化合物都能够在人的体内蓄积，对人的身体造成较为严重的伤害。食用菌中汞可以通过食物链的方式进入到人体，从而危害人的身体健康。汞是我国严格控制的一种重金属，汞含量的检测可以通过原子荧光光谱法完成，此检测方式具有灵敏度高、抗干扰性强、检出限低等诸多优点，因此得到了广泛的应用。

1. 原理

试样经酸加热消解后，在酸性介质中，试样中的汞被硼氢化钾或硼氢化钠还原成原子态汞，由载气（氩气）带入原子化器，在汞空心阴极灯照射下，基态汞原子被激发至高能态，在由高能态回到基态时，发射出特征波长的荧光，其荧光强度与汞含量成正比，与标准系列溶液比较定量。

2. 试剂与材料

（1）试剂配制

① 硝酸（1+9）：量取 50mL 硝酸，缓缓加入 450mL 水中。

② 硝酸（5+95）：量取 5mL 硝酸，缓缓加入 95mL 水中。

③ 氢氧化钾溶液（5g/L）：称取 5.0g 氢氧化钾，纯水溶解并定容至 1000mL，混匀。

④ 硼氢化钾溶液（5g/L）：称取 5.0g 硼氢化钾，用 5g/L 氢氧化钾溶液溶解并定容至 1000mL，混匀。现用现配。

⑤ 硝酸-重铬酸钾溶液（0.5g/L）：称取 0.05g 重铬酸钾溶于 100mL 硝酸溶液（5+95）中。

⑥ 硝酸-高氯酸混合溶液（5+1）：量取 500mL 硝酸，100mL 高氯酸，混匀。

（2）标准溶液配制

① 标准品（$HgCl_2$）：纯度≥99%。

② 汞标准储备溶液（1.00mg/mL）：精密称取 0.1354g 经干燥过的氯化汞，用重铬酸钾的硝酸溶液（0.5g/L）溶解并转移至 100mL 容量瓶中；并稀释至刻度，混匀；此溶液每毫升相当于 1mg 汞，于 4℃冰箱中避光保存，可保存 2 年，或用经国家认证并授予标准物质证书的一定浓度的汞标准溶液。

③ 汞标准中间液（10μg/mL）：用移液管吸取汞标准储备液（1.00mg/mL）1mL 于 100mL 容量瓶中，用重铬酸钾的硝酸溶液（0.5g/L）稀释至刻度，混匀，此溶液浓度为 10μg/mL。

④ 汞标准使用溶液（50ng/mL）：吸取 0.5mL 汞标准中间液（10μg/mL）于 100mL 容量瓶中，用重铬酸钾的硝酸溶液（0.5g/L）稀释至刻度，混匀，此溶液浓度为 50ng/mL。现用现配。

3. 仪器和设备

所有玻璃器皿及聚四氟乙烯消解内罐均需硝酸溶液（1+5）浸泡过夜，用自来水反复冲洗，最后用水冲洗干净。

① 原子荧光光谱仪：配汞空心阴极灯。

② 天平：感量为 0.1mg 和 1mg。

③ 电热板。

④ 微波消解系统：配聚四氟乙烯消解内罐。

⑤ 超声水浴箱。

4. 分析步骤

（1）试样消解

称取固体试样或新鲜样品 0.2～0.8g（精确至 0.001g）或准确移取液体试样 1.00～3.00mL，置于消化罐中，加 5～8mL 硝酸，加盖放置过夜，旋紧罐盖，于微波消解仪中消化（可根据不同的仪器自行设定消解条件）。消解结束待冷却后取出，缓缓打开罐盖排气，用少量水冲洗内盖，将消解罐放在控温电热板上或超声水浴箱中，于 80℃加热或脱气 2～3min；赶去棕色气体，取出消解内罐，将消化液转移至 25mL 塑料容量瓶中，用水定容，混匀待测。同时做空白试验。

（2）标准系列配制

分别吸取 50ng/mL 汞标准使用液 0.20mL、0.50mL、1.00mL、2.00mL、2.50mL 于 50mL 容量瓶中，用硝酸溶液（1+9）稀释至刻度，混匀。各自相当于汞浓度 0.20ng/mL、0.50ng/mL、1.00ng/mL、2.00ng/mL、2.50ng/mL。

（3）试样溶液的测定

设定好仪器最佳条件，逐步将炉温升至所需温度，稳定 10～20min 后开始测量。连续用硝酸溶液（1+9）进样，待读数稳定之后，转入标准系列测量，绘制标准曲线。转入试样测量，先用硝酸溶液（1+9）进样，使读数基本回零，再分别测定试样空白和试样消化液，每测不同的试样前都应清洗进样器。

（4）仪器参考条件

根据各自仪器性能调至最佳状态。参考条件为：负高压 240V；灯电流 30mA；原子化温度 300℃；载气流速 500mL/min；屏蔽气流速 1000mL/min。

5. 结果计算

① 试样测定结果按下面公式计算

$$X=\frac{(c-c_0)V\times 1000}{m\times 1000\times 1000} \qquad (9\text{-}4)$$

式中 X——试样中汞的含量，mg/kg；

c——试样消化液中汞的含量，ng/mL；

c_0——试剂空白液中汞的含量，ng/mL；

V——试样消化液总体积，mL；

m——试样质量，g。

② 计算结果保留三位有效数字。

6. 注意事项

① 负高压越大，放大倍数越大，但同时暗电流等噪声也相应增大，当负高压在 200～500V 之间时，光电倍增管的信号噪声比是恒定的，在满足分析要求的前提下，尽量不要把光电倍增管的负高压设置得太高。

② 灯电流的大小决定激发光源发射强度的大小，在一定的范围内灯电流增大，荧光强度增大，但是如果灯电流过大，会发生自吸现象，并且噪声也会增大，同时灯的寿命缩短。

③ 酸度对检测时灵敏度的影响很大，随盐酸浓度的增大，荧光的信号也增大，当盐酸的浓度到达 5%时，信号趋于稳定。

④ 载气流量小，氩氢火焰不稳定，测量的重现性差，载气流量大，原子蒸气被稀释，测量的荧光信号降低。测汞时选择 500mL/min 的载气量。

⑤ 冷原子吸收法和原子荧光法是测定微量、痕量汞的特效方法，虽然这两种方法都具有抗干扰能力强，灵敏度高的特点，但是原子荧光光度计的检出限更低，测量范围更大，因此在实际分析工作中常运用原子荧光光度计测量各种食品中的汞含量。

五、食用菌中多组分农药残留量的测定——气相色谱-质谱法(GB 23200.15—2016)

农药残留，是农药使用后一个时期内没有被分解而残留于生物体、收获物、土壤、水体、大气中的微量农药原体、有毒代谢物、降解物和杂质的总称。长期食用农药残留超标的农副产品，虽然不会导致急性中毒，但可能引起人和动物的慢性中毒，导致疾病的发生，诱发癌症，甚至影响到下一代。为提高食品的卫生质量，保证食品的安全性，保障消费者身体健康，《食品安全国家标准 食品中农药最大残留限量》（GB 2763—2016）规定了食品中 2,4-滴等 433 种农药 4140 项食品中农药最大残留限量。《食品安全国家标准 食用菌中 503 种农药及相关化学品残留量的测定 气相色谱-质谱法》（GB 23200.15—2016）规定食用菌中 503 种农药及相关化学品残留量的测定。

1. 原理

试样用乙腈匀浆提取，盐析离心，固相萃取柱净化，用乙腈＋甲苯（3＋1，体积比）洗脱农药及相关化学品，用气相色谱-质谱仪测定，内标法定量。

2. 试剂和材料

除另有规定外，所有试剂均为分析纯，水为符合 GB/T 6682 中规定的一级水。

（1）试剂

① 乙腈（CH_3CN，CAS 号为 75-05-8）：色谱纯。

② 甲苯（C_7H_8，CAS 号为 108-88-3）：色谱纯。

③ 正己烷（C_6H_{14}，CAS 号为 110-54-3）：色谱纯。

④ 丙酮（CH_3COCH_3，CAS 号为 67-64-1）：色谱纯。

⑤ 环己烷（C_6H_{12}，CAS 号为 110-82-7）：色谱纯。

⑥ 异辛烷（C_8H_{18}，CAS 号为 540-84-1）：色谱纯。

⑦ 乙酸乙酯（$CH_3COOCH_2CH_3$，CAS 号为 141-78-6）：色谱纯。

⑧ 氯化钠（NaCl，CAS 号为 7647-14-5）：优级纯。

⑨ 无水硫酸钠（Na_2SO_4，CAS 号为 7757-82-6）：分析纯，650℃灼烧 4h，储于干燥器中，冷却后备用。

（2）溶液配制

乙腈-甲苯溶液（3＋1）：取 300mL 乙腈，加入 100mL 甲苯，摇匀备用。

（3）标准品

农药及相关化学品标准物质：纯度≥95％，参见 GB 23200.15—2016 附录 A。

（4）标准溶液配制

① 标准储备溶液。准确称取 5～10mg（精确至 0.1mg）农药及相关化学品各标准物分别放入 10mL 容量瓶中，根据标准物的溶解性和测定的需要选甲苯、甲苯＋丙酮混合液、二氯甲烷等溶剂溶解并定容至刻度（溶剂选择参见 GB 23200.15—2016 附录 A）。标准储备溶液避光 4℃保存，保存期为一年。

② 内标溶液。准确称取 3.5mg 环氧七氯于 100mL 容量瓶中，用甲苯定容至刻度。

③ 混合标准溶液（混合标准溶液 A、B、C、D、E 和 F）。按照农药及相关化学品的性质和保留时间，将 503 种农药及相关化学品分成 A、B、C、D、E、F 六个组，并根据每种农药及相关化学品在仪器上的响应灵敏度，确定其在混合标准溶液中的浓度。本标准对 503 种农药及相关化学品的分组及其混合标准溶液浓度参见附录 A。依据每种农药及相关化学品的分组号、混合标准溶液浓度及其标准储备液的浓度，移取一定量的单个农药及相关化学品标准储备溶液于 100mL 容量瓶中，用甲苯定容至刻度。混合标准溶液避光 4℃保存，保存期为一个月。

④ 基质混合标准工作溶液。A、B、C、D、E、F 组农药及相关化学品基质混合标准工作溶液是将 40μL 内标溶液和一定体积的 A、B、C、D、E、F 组混合标准溶液分别加到 1.0mL 的样品空白基质提取液中，混匀，配成基质混合标准工作溶液 A、B、C、D、E 和 F。基质混合标准工作溶液应现用现配。

（5）材料

石墨化炭黑/氨基（Sep-Pak CarbonNH_2）固相萃取柱：6mL，1g 或相当者。

3. 仪器和设备

① 气相色谱-质谱仪：配有电子轰击源（EI）。

② 分析天平：感量 0.1mg 和 0.01g。

③ 离心管：80mL。

④ 高速组织捣碎机：最低转速不低于 12000r/min。

⑤ 离心机：最低转速不低于为 4200r/min。

⑥ 鸡心瓶：100mL。

⑦ 移液器：1mL 和 10mL。

⑧ 旋转蒸发器。

⑨ 样品瓶：2mL，带聚四氟乙烯旋盖。

⑩ 储液器：50mL。

4. 试样制备与保存

食用菌样品取样部位按 GB 2763 附录 A 执行，将样品切碎混匀制成匀浆，制备好的试样均分成两份，装入洁净的盛样容器内，密封并标明标记。将试样于−18℃冷冻保存。

5. 分析步骤

（1）提取

称取 20g 试样（精确至 0.01g）于 80mL 离心管中，加入 40mL 乙腈，15000r/min 匀浆提取 1min，加入 5g 氯化钠，再匀浆提取 1min，在 4200r/min 条件下离心 5min，取上清液 20mL（相当于 10g 试样量），40℃水浴中旋转浓缩至 1mL 左右，待净化。

（2）净化

在 Sep-Pak CarbonNH_2 固相萃取柱中加入约 2cm 高无水硫酸钠，置于下接废液瓶的固相萃取装置上。加样前先用 4mL 乙腈-甲苯溶液预洗柱，当液面到达无水硫酸钠的顶部时，迅速将样品浓缩液转移至净化柱中，并更换鸡心瓶接收。用 2mL 乙腈-甲苯溶液将残留样液转移于萃取柱中，此操作重复 3 次。在固相萃取柱顶端连接 50mL 储液器，用 25mL 乙腈-甲苯溶液洗脱农药及相关化学品，合并于 100mL 鸡心瓶中，40℃水浴旋转浓缩至 0.5mL 左右。加入 5mL 正己烷进行溶剂交换，重复两次，定容至 1mL 左右，加入 40μL 内标溶液，混匀，供气相色谱-质谱仪测定。

同时取不含农药及相关化学品的食用菌样品，按上述步骤制备样品空白提取液，用于配制基质混合标准工作溶液。

（3）测定

① 气相色谱-质谱参考条件

a. 色谱柱：DB-1701（14%氰丙基-苯基）-甲基聚硅氧烷，30m×0.25mm×0.25μm，石英毛细管柱或相当者；

b. 色谱柱温度：40℃保持 1min，然后以 30℃/min 升温至 130℃，再以 5℃/min 升温至 250℃，再以 10℃/min 升温至 300℃，保持 5min；

c. 载气：氦气，纯度≥99.999%，流速为 1.2mL/min；

d. 进样口温度：290℃；

e. 进样量：1μL；

f. 进样方式：无分流进样，1.5min 后打开阀；

g. 电子轰击源：70eV；

h. 离子源温度：230℃；

i. GC-MS 接口温度：280℃；

j. 溶剂延迟：A 组 8.30min，B 组 7.80min，C 组 7.30min，D 组 5.50min，E 组 6.10min，F 组 5.50min；

k. 选择离子监测：每种化合物分别选择一个定量离子，2～3 个定性离子。每组所有需要检测的离子按照出峰顺序，分时段分别检测。每种化合物的保留时间、定量离子、定性离子及定量离子与定性离子的丰度比值，参见 GB 23200.15—2016 附录 B。每组检测离子的开始时间和驻留时间参见 GB 23200.15—2016 附录 C。

② 定性测定。进行样品测定时，如果检出的色谱峰的保留时间与标准样品相一致，并且在扣除背景后的样品质谱图中，所选择的离子均出现，而且所选择的离子丰度比与标准样品的离子丰度比相一致（相对丰度＞50％，允许±10％偏差；相对丰度＞20％～50％，允许±15％偏差；相对丰度＞10％～20％，允许±20％偏差；相对丰度⩽10％，允许±50％偏差），则可判断样品中存在这种农药或相关化学品。如果不能确证，应重新进样，以扫描方式（有足够灵敏度）或采用增加其他确证离子的方式或用其他灵敏度更高的分析仪器来确证。

③ 定量测定。本标准采用内标法单离子定量测定。内标物为环氧七氯。为减少基质的影响，定量用标准应采用基质样品液配制混合标准工作溶液。标准溶液的浓度应与待测化合物的浓度相近。本标准的 A、B、C、D、E、F 六组标准物质在滑子菇基质中选择离子监测 GC-MS 图参见 GB 23200.15—2016 附录 D。按以上步骤对同一试样进行平行试验测定。同时做空白试验。

6. 结果计算

① 气相色谱-质谱测定结果可由色谱工作站按内标法自动计算，也可按下式计算：

$$X_i = c_s \times \frac{A}{A_s} \times \frac{c_i}{c_{si}} \times \frac{A_{si}}{A_i} \times \frac{V}{m} \times \frac{1000}{1000} \qquad (9\text{-}5)$$

式中 X_i——试样中被测物残留量，mg/kg；

c_s——基质标准工作溶液中被测物的浓度，μg/mL；

A——试样溶液中被测物的色谱峰面积；

A_s——基质标准工作溶液中被测物的色谱峰面积；

c_i——试样溶液中内标物的浓度，μg/mL；

c_{si}——基质标准工作溶液中内标物的浓度，μg/mL；

A_{si}——基质标准工作溶液中内标物的色谱峰面积；

A_i——试样溶液中内标物的色谱峰面积；

V——样液最终定容体积，mL；

m——试样溶液所代表试样的质量，g。

② 计算结果应扣除空白值，测定结果用平行测定的算术平均值表示，保留两位有效数字。

7. 注意事项

① GB 23200.15—2016 适用于滑子菇、金针菇、黑木耳、香菇中 503 种农药及相关化学品的定性鉴别，478 种农药及相关化学品的定量测定，其他食用菌可参照执行。

② GB 2763—2016 规定了食品中 2，4-滴等 433 种农药 4140 项食品中农药最大残留限量。

本章小结

本章阐述食用菌的概念与种类、食用菌中杂质、粗多糖、硒、汞及多组分农药残留量的测定。

① 食用菌是指一切可以食用的真菌。

② 食用菌检验技术

a. 食用菌中杂质：从样品中分离得到的除食用菌及其干制品以外的一切有机物和无机物。

b. 多糖是由10个以上单糖分子组成的大分子化合物。食用菌中粗多糖采用NY/T 1676—2008中可见分光光度法测定。

c. 硒是一种非金属元素，是人体必需的微量元素之一，但过量的硒又能引起中毒。硒的检测方法有氢化物原子荧光光谱法、荧光分光光度法、电感耦合等离子体质谱法等。

d. 汞是一种重金属，具有剧毒，采用GB 5009.17—2014中原子荧光光谱分析法测定其含量。

e. GB 23200.15—2016规定食用菌中503种农药及相关化学品残留量的测定。GB 2763—2016规定了食品中2,4-滴等433种农药4140项食品中农药最大残留限量。

复习思考题

1. 试说明食用菌的概念？
2. 请列举你生活中见到的食用菌种类。
3. 简述食用菌杂质测定过程。
4. 单糖和双糖属于粗多糖吗？
5. 简述分光光度法测定食用菌粗多糖的原理。
6. 食用菌中硒的检测方法有哪些？
7. 简述原子荧光光度法测定食用菌中汞含量的原理。
8. 简述GB 23200.15—2016测定食用菌中多组分农药残留量的原理。
9. GB 23200.15—2016适用多少种农药的定性与定量测定？

第十章　茶叶检验

第一节　茶叶检验基础知识

中国是茶的原产地。中国人对茶的熟悉，上至帝王将相、文人墨客、诸子百家，下至挑夫贩夫、平民百姓，无不以茶为好。人们常说：“开门七件事，柴米油盐酱醋茶”，由此可见茶已深入人民各阶层。同样少数民族也好茶，如藏族的酥油茶，蒙古族的奶茶。

茶叶以色泽（或制作工艺）通常分为六大类。

（1）绿茶

绿茶是我国产量最多的一类茶叶，其花色品种之多居世界首位。绿茶具有香高、味醇、形美、耐冲泡等特点。其制作工艺都经过杀青→揉捻→干燥的过程。由于加工时干燥的方法不同，绿茶又可分为炒青绿茶、烘青绿茶、蒸青绿茶和晒青绿茶。绿茶是我国产量最多的一类茶叶，全国18个产茶省（区）都生产绿茶。我国绿茶花色品种之多居世界之首，每年出口数万吨，占世界茶叶市场绿茶贸易量的70%左右。

（2）红茶

红茶与绿茶的区别，在于加工方法不同。红茶加工时不经杀青，而且萎凋，使鲜叶失去一部分水分，再揉捻（揉搓成条或切成颗粒），然后发酵，使所含的茶多酚氧化，变成红色的化合物。这种化合物一部分溶于水，一部分不溶于水，而积累在叶片中，从而形成红汤、红叶。红茶主要有小种红茶、工夫红茶和红碎茶三大类。

（3）青茶（乌龙茶）

青茶属半发酵茶，即制作时适当发酵，使叶片稍有变红，是介于绿茶与红茶之间的一种茶类。它既有绿茶的鲜浓，又有红茶的甜醇。因其叶片中间为绿色，叶缘呈红色，故有“绿叶红镶边”之称。

（4）黄茶

黄茶在制茶过程中，经过闷堆渥黄，因而形成黄叶、黄汤。黄茶分黄芽茶（包括湖南洞庭湖君山银芽，四川雅安、名山县的蒙顶黄芽，安徽霍山的霍内芽），黄小茶（包括湖南岳阳的北港毛尖，湖南宁乡的沩山毛尖，浙江平阳的平阳黄汤，湖北远安的鹿苑毛尖），黄大茶（包括安徽的霍山黄大茶）三类。

（5）黑茶

黑茶原料粗老，加工时堆积发酵时间较长，使叶色呈暗褐色，是藏族、蒙古族、维吾尔等民族不可缺少的日常必需品，有“湖南黑茶”“咸阳泾渭茯茶”“湖北老青茶”“广西六堡茶”、四川的“西路边茶”“南路边茶”、云南的“紧茶”“扁茶”“方茶”和“圆茶”等品种。

（6）白茶

白茶是我国的特产。它加工时不炒不揉，只将细嫩、叶背满茸毛的茶叶晒干或用文火烘干，而使白色茸毛完整地保留下来。白茶主要产于福建的福鼎、政和、松溪和建阳等县，有“银针”“白牡丹”“贡眉”“寿眉”几种。

据研究，茶叶主要成分有茶多酚、茶色素、茶氨酸、茶多糖等，具有抗氧化、抗肿瘤、提高免疫力的作用，还能降血糖，延缓衰老以及美容等功效，还能消除疲劳、提神、明目、消食、利尿解毒、防止龋齿、消除口臭。茶是碱性饮料，有利于酸性体质的纠正。因此，适当饮茶对人体起到一定的保健作用。

到目前为止，我国关于茶叶的相关国家标准、行业标准及地方标准达数百个，其中包括产品标准、方法标准、生产技术规程等相关标准。我国现行有关茶叶标准内容包括产品标准、检验方法标准和包装、储运标识、标准。其中有国际标准、出口商品茶标准、国内商品茶标准。国内商品茶标准分为国家标准、行业标准、地方标准和企业标准四大类。国家标准和行业标准又有强制性标准和推荐性标准之分。

第二节　茶叶检验

一、茶磨碎试样的制备及其干物质含量测定（GB/T 8303—2013）

1. 范围

本测定方法用于制备茶叶磨碎试样和测定其干物质含量。

2. 定义

干物质是磨碎试样在规定的温度下，加热至恒重所剩余的物质。

3. 原理

磨碎样品，并在规定温度下，用电热恒温干燥箱加热除去水分至恒重，称量。

4. 仪器和用具

① 磨碎机：由不吸收水分的材料制成；死角尽可能小，易于清扫；使磨碎样品能完全通过孔径为 0.6～1mm 的筛。

② 样品容器：应由清洁、干燥、避光、密闭的玻璃或其他不与样品反应的材料制成；大小能装满磨碎样为宜。

③ 铝质或玻璃烘皿：具盖，内径 75～80mm。

④ 电热恒温鼓风干燥箱：103℃±2℃。

⑤ 干燥器：内装有效干燥剂。

⑥ 分析天平：感量 0.001g。

5. **磨碎试样制备**

（1）取样

按 GB/T 8302—2013 的规定取样。

（2）试样制备

① 紧压茶以外的各类茶：先用磨碎机将少量试样磨碎，弃去，再磨碎其余部分试样，作为待测试样。

② 紧压茶：用锤子和凿子将紧压茶分成 4～8 份，再在每份不同处取样，用锤子击碎；或用电钻在紧压茶上均匀钻孔 9～12 个，取出粉末茶样，混匀，再按照非紧压茶试样的方法制备试样。

6. **干物质含量测定**

（1）烘皿的准备

取洁净铝制或玻璃制的扁形称量瓶，置于 101～105℃ 干燥箱中，瓶盖斜支于瓶边，加热 1.0h，取出盖好，置于干燥器内冷却 0.5h，称量，并重复干燥至前后两次质量差不超过 2mg，即为恒重。

（2）测定步骤

① 103℃±2℃恒重法（仲裁法）。称取 5g（准确至 0.001g）试样，放入已知质量的烘皿中，试样厚度不超过 5mm，如为疏松试样，厚度不超过 10mm，加盖，精密称量后，置于 103℃±2℃ 的干燥箱内，瓶盖斜支于瓶边，干燥 2～4h 后，盖好取出，放入干燥器内冷却 0.5h 后称量。然后再放入 103℃±2℃ 干燥箱中干燥 1h 左右，取出，放入干燥器内冷却 0.5h 后再称量。重复以上操作至前后两次质量差不超过 2mg，即为恒重。

注：两次恒重值在最后计算中，取质量较小的一次称量值。

② 120℃烘干法（快速法）。称取 5g（准确至 0.001g）试样于已知质量的烘皿中，置于 120℃ 干燥箱内（皿盖打开斜至皿边），以 2min 内回升到 120℃ 时计算，加热 1h，加盖取出，于干燥器内冷却至室温，称量（准确至 0.001g）。

7. **结果计算**

（1）计算方法

磨碎试样的干物质含量以质量分数（%）表示，按式（10-1）计算：

$$\text{干物质含量}=\frac{m_1}{m_0}\times 100\% \qquad (10\text{-}1)$$

式中 m_0——试样的原始质量，g；

m_1——干燥后的试样质量，g。

如果符合重复性的要求，取两次测定结果的算术平均值作为结果（保留小数点后一位）。

（2）重复性

在重复条件下同一样品获得的测定结果的绝对差值不得超过算术平均值的 5%。用快速法测定茶叶干物质，重复性达不到要求时，按仲裁法规定进行测定。

二、茶游离氨基酸总量的测定（GB/T 8314—2013）

氨基酸是构成动物营养所需蛋白质的基本物质，是含有碱性氨基和酸性羧基的有机化合物。氨基连在 α-碳上的为 α-氨基酸。组成蛋白质的氨基酸大部分为 α-氨基酸。

氨基酸在人体内通过代谢可以发挥下列一些作用：①合成组织蛋白质；②变成激素、抗体、肌酸等含氮物质；③转变为糖类化合物和脂肪；④氧化成二氧化碳和水及尿素，产生能量。

α-氨基酸有酸、甜、苦、鲜 4 种不同味感。谷氨酸单钠盐和甘氨酸是用量最大的鲜味调味料。

氨基酸结晶的熔点较高，一般在 200～300℃，许多氨基酸在达到或接近熔点时会分解成胺和 CO_2。绝大部分氨基酸都能溶于水。不同氨基酸在水中的溶解度有差别，如赖氨酸、精氨酸、脯氨酸的溶解度较大，酪氨酸、半胱氨酸、组氨酸的溶解度很小。各种氨基酸都能溶于强碱和强酸中。但氨基酸不溶或微溶于乙醇。氨基酸的一个重要光学性质是对光有吸收作用。各种常见的氨基酸对可见光均无吸收能力，但酪氨酸、色氨酸和苯丙氨酸在紫外光区具有明显的光吸收现象。而大多数蛋白质中都含有这 3 种氨基酸，尤其是酪氨酸。因此，可以利用 280nm 波长处的紫外吸收特性定量检测蛋白质的含量。

1. 范围

本测定方法适用于茶叶中游离氨基酸总量的测定。

2. 原理

游离氨基酸指茶叶水浸出物中呈游离状态存在的具有 α-氨基的有机酸。

α-氨基酸在 pH=8.0 的条件下与茚三酮共热，形成紫色配合物，用分光光度法在特定的波长下测定其含量。

3. 仪器和用具

① 分析天平：感量 0.001g。

② 分光光度计。

③ 比色管：具塞，25mL。

4. 试剂和溶液

(1) pH=8.0 磷酸盐缓冲液

1/15mol/L 磷酸氢二钠：称取 23.9g 十二水磷酸氢二钠（$Na_2HPO_4 \cdot 12H_2O$），加水溶解后定容至 1L。

1/15mol/L 磷酸二氢钾：称取经 110℃烘 2h 的磷酸二氢钾（KH_2PO_4）9.08g，加水溶解后定容至 1L。

取上述 1/15mol/L 磷酸氢二钠溶液 95mL 和 1/15mol/L 磷酸二氢钾溶液 5mL，混合均匀，即为 pH=8.0 磷酸盐缓冲液。

(2) 2%茚三酮溶液

称取水合茚三酮（纯度不低于 99%）2g，加 50mL 水和 80mg 氯化亚锡（$SnCl_2 \cdot 2H_2O$）搅拌均匀，分次加少量水溶解，放在暗处，静置一昼夜，过滤后加水定容至 100mL。

(3) 茶氨酸或谷氨酸系列标准工作溶液

10mg/mL 标准储备液：称取 250mg 茶氨酸或谷氨酸（纯度不低于 99%）溶于适量水中，转移定容至 25mL，摇匀。

移取 0.0mL、1.0mL、1.5mL、2.0mL、2.5mL、3.0mL 标准储备液，分别加水定容至 50mL，摇匀。1mL 该标准系列工作溶液分别含有 0.0mg、0.2mg、0.3mg、0.4mg、0.5mg、0.6mg 茶氨酸或谷氨酸。

5. 操作方法

(1) 取样

按照 GB/T 8302—2013 的规定。

(2) 试样制备

按照GB/T 8303—2013的规定。

(3) 测定步骤

① 试液的制备。称取3g(准确至0.001g)磨碎试样于500mL锥形瓶中，加沸蒸馏水450mL，立即移入沸水浴中，浸提45min(每隔10min摇动一次)。浸提完毕后立即趁热减压过滤。滤液移入500mL容量瓶中，残渣用少量热蒸馏水洗涤2～3次，并将滤液滤入上述容量瓶中，冷却后用蒸馏水稀释至刻度。

② 测定。准确吸取试液1mL，注入25mL容量瓶中，加0.5mL pH=8.0磷酸盐缓冲液和0.5mL 2%茚三酮溶液，在沸水浴中加热15min。待冷却后加水定容至25mL。放置10min后，用0.5cm比色皿在570nm处，以试剂空白溶液作参比，测定吸光度(A)。

③ 氨基酸标准曲线的制作。分别吸取1mL茶氨酸或谷氨酸标准系列溶液于1组25mL容量瓶中，各加0.5mL pH=8.0磷酸盐缓冲液和0.5mL 2%茚三酮溶液，在沸水浴中加热15min，冷却后加水定容至25mL，按上述方法测定吸光度(A)。将测得的吸光度与对应的茶氨酸或谷氨酸浓度绘制标准曲线。

6. 结果计算

(1) 计算方法

茶叶中游离氨基酸含量以干态质量分数表示，按式(10-2)计算：

$$\text{游离氨基酸总量(以茶氨酸或谷氨酸计)}=\frac{CV_1 w}{mV_2\times 1000}\times 100\% \quad (10\text{-}2)$$

式中 C——根据本方法测定的吸光度从标准曲线上查得的茶氨酸或谷氨酸的质量，mg；

V_1——试液总体积，mL；

V_2——测定用试液体积，mL；

m——试样量，g；

w——试样干物质含量(质量分数)，%。

如果符合重复性的要求，则取两次测定的算术平均值作为结果，结果保留小数点后一位。

(2) 重复性

同一样品的两次测定值之差，每100g试样不得超过0.1g。

三、茶叶中茶多酚含量的测定(GB/T 8313—2008)

茶多酚是茶叶中多酚类物质的总称，包括黄烷醇类、花色苷类、黄酮类、黄酮醇类和酚酸类等，主要为黄烷醇(儿茶素)类，儿茶素占60%～80%。儿茶素类化合物主要包括儿茶素(EC)、没食子儿茶素(EGC)、儿茶素没食子酸酯(ECG)和没食子儿茶素没食子酸酯(EGCG)4种物质。茶多酚又称茶鞣或茶单宁，是形成茶叶色香味的主要成分之一，也是茶叶中有保健功能的主要成分之一。

茶多酚在常温下呈浅黄或浅绿色粉末，易溶于温水(40～80℃)和含水乙醇中；稳定性极强，在pH=4～8、250℃左右的环境中，1.5h内均能保持稳定，在三价铁离子下易分解。研究表明，茶多酚等活性物质具解毒和抗辐射作用，能有效地阻止放射性物质侵入骨髓，并可使锶90和钴60迅速排出体外，被健康及医学界誉为“辐射克星”。茶多酚具有很强的抗氧化作用，其抗氧化能力是人工合成抗氧化剂BHT、BHA的4～6倍，维生素E的6～7

倍，维生素 C 的 5～10 倍，且用量少，0.01%～0.03%即可起作用，而无合成物的潜在不良反应；儿茶素对食品中的色素和维生素类有保护作用，使食品在较长时间内保持原有色泽与营养水平，能有效防止食品、食用油类的腐败，并能消除异味。

1. 范围

本测定方法适用于茶叶及茶制品中茶多酚含量的测定。

2. 原理

茶叶磨碎样中的茶多酚用 70%的甲醇在 70℃水浴上提取，福林酚氧化茶多酚中的—OH 基团并显蓝色，最大吸收波长 λ 为 765nm，用没食子酸作校正标准定量茶多酚。

3. 仪器

① 分析天平：感量为 0.001g。

② 分光光度计。

③ 水浴：70℃±1℃。

④ 离心机：转速 3500r/min。

4. 试剂

本方法所用水均为蒸馏水，试剂为分析纯。

① 乙腈：色谱纯。

② 甲醇。

③ 碳酸钠。

④ 甲醇水溶液（体积比）：7+3。

⑤ 福林酚试剂。

⑥ 10%福林酚试剂（现配）：将 20mL 福林酚试剂转移到 200mL 容量瓶中，用水定容并摇匀。

⑦ 7.5%Na_2CO_3（质量浓度）：称取 37.50g±0.01g Na_2CO_3，加适量水溶解，转移至 500mL 容量瓶中，定容至刻度，摇匀（室温下可保存 1 个月）。

⑧ 没食子酸标准储备液（1000μg/mL）：称取 0.110g±0.001g 没食子酸（GA，分子量为 188.14），于 100mL 容量瓶中溶解并定量至刻度，摇匀（现配）。

⑨ 没食子酸工作液：用移液管分别移取 1.0mL、2.0mL、3.0mL、4.0mL、5.0mL 的没食子酸标准储备液于 100mL 容量瓶中，分别用水定容至刻度，摇匀，浓度分别为 10μg/mL、20μg/mL、30μg/mL、40μg/mL、50μg/mL。

5. 操作方法

（1）供试液的制备

母液：称取 0.2g（精确到 0.0001g）均匀磨碎的试样与 10mL 离心管中，加入在 70℃预热过的 70%甲醇溶液 5mL，用玻璃棒充分搅拌均匀湿润，立即移入 70℃水浴中，浸提 10min（隔 5min 搅拌一次），浸提后冷却至室温，转入离心机在 3500r/min 转速下离心 10min，将上清液转移至 10mL 容量瓶。残渣再用 5mL 的 70%甲醇溶液提取一次，重复以上操作。合并提取液定容至 10mL，摇匀，过 0.45μm 膜，待用（该提取液在 4℃下可至多保存 24h）。

测试液：移取母液 1mL 于 100mL 容量瓶中，用水定容至刻度，摇匀，待测。

（2）测定

用移液管分别移取没食子酸工作液、水（做空白对照用）及测试液各 1.0mL 于刻度试管内，在每个试管内分别加入 5.0mL 10%的福林酚试剂，摇匀。反应 3～8min 内，加入 4.0mL 7.5% Na_2CO_3溶液，加水定容至刻度，摇匀。室温下放置 60min，用 10mm 比色皿、在 765nm 波长下用分光光度计测定吸光度（A）。

根据没食子酸工作液的吸光度与各工作溶液的没食子酸浓度，制作标准曲线。

6. **结果计算**

（1）计算方法

比较试样和工作液的吸光度，按式（10-3）计算：

$$茶多酚含量=\frac{AVd}{SLOPE_{Std}m\times 10^6 m_1}\times 100\% \tag{10-3}$$

式中 A——样品测试液吸光度；

V——样品提取液体积，10mL；

d——稀释因子（通常为 1mL 稀释成 100mL，则稀释因子为 100）；

$SLOPE_{Std}$——没食子酸标准曲线的斜率；

m——样品干物质含量，%；

m_1——样品质量，g。

（2）重复性

同一样品的两次测定值，每 100g 试样不得超过 0.5g，若测定值相对误差在此范围，则取两次测定值的算术平均值为结果，保留小数点后一位。

四、茶叶中咖啡碱含量的测定（GB/T 8312—2013）

咖啡碱是一种生物碱，分子式为 $C_8H_{10}N_4O_2$，存在于茶叶、咖啡和可可中。升华制得的咖啡碱为六角形棱柱状晶体。咖啡碱的熔点为 238℃，178℃时升华，密度为 1.23g/cm^3（19℃），溶于水、乙醇、丙酮和氯仿，易溶于吡啶、四氢呋喃和乙酸乙酯，微溶于乙醚和苯。咖啡碱的盐酸盐、硫酸盐、磷酸盐均易溶于水或乙醇，并分解成游离碱和酸。其盐酸盐在 80～100℃分解，析出水和 HCl。

咖啡碱是一种中枢神经的兴奋剂，因此具有提神的作用，医药上可用作心脏和呼吸兴奋剂，是利尿合剂的成分之一。咖啡碱是重要的解热镇痛剂，是复方阿司匹林和氨非加的主要成分之一。咖啡碱安全性评价的综合报告结论是：在人正常的饮用剂量下，咖啡碱对人无致畸、致癌和致突变作用。咖啡碱的半数致死量为 200mg/kg（大白鼠口服）。

咖啡碱是茶叶中一种含量很高的生物碱，一般含量为 2%～5%。每杯 150mL 的茶汤中含有 40mg 左右咖啡碱。

1. **范围**

本测定方法适用于茶叶中咖啡碱的测定。

2. **原理**

茶叶中的咖啡碱易溶于水，除去干扰物质后，用特定波长测定其含量。

3. **仪器和用具**

① 紫外分光光度仪。

② 分析天平：感量 0.001g。

4. **试剂和溶液**

所用试剂应为分析纯（AR），水为蒸馏水。

① 碱式乙酸铅溶液：称取 50g 碱式乙酸铅，加水 100mL，静置过夜，倾出上清液过滤。

② 0.01mol/L 盐酸溶液：取 0.9mL 浓盐酸，用水稀释 1L，摇匀。

③ 4.5mol/L 硫酸溶液：取浓硫酸 250mL，用水稀释至 1L，摇匀。

④ 咖啡碱标准液：称取 100mg 咖啡碱（纯度不低于 99%）溶于 100mL 水中，作为母液，准确吸取 5mL 母液，加水至 100mL 作为工作液（1mL 工作液含咖啡碱 0.05mg）。

5. 测定步骤

（1）试液制备

称取 3g（准确至 0.001g）磨碎试样于 500mL 锥形瓶中，加沸蒸馏水 450mL，立即移入沸水浴中，浸提 45min（每隔 10min 摇动一次）。浸提完毕后立即趁热减压过滤。滤液移入 500mL 容量瓶中，残渣用少量热蒸馏水洗涤 2～3 次，并将滤液滤入上述容量瓶中，冷却后用蒸馏水稀释至刻度。

（2）测定

用移液管准确吸取试液 10mL，入 100mL 容量瓶中，加入 4mL 0.01mol/L 盐酸和 1mL 碱式乙酸铅溶液，用水稀释至刻度，混匀，静置澄清过滤，准确吸取滤液 25mL，注入 50mL 容量瓶中，加入 0.1mL 4.5mol/L 硫酸溶液，加水稀释至刻度，混匀，静置澄清过滤。用 10mm 比色杯，在波长 274nm 处，以试剂空白溶液作参比，测定吸光度（A）。

（3）咖啡碱标准曲线的制作

分别吸取 0mL、1mL、2mL、3mL、4mL、5mL、6mL 咖啡碱工作液于一组 25mL 容量瓶中，各加入 1.0mL 盐酸，用水稀释至刻度，混匀，用 10mm 石英比色杯，在波长 274nm 处，以试剂空白溶液作参比，测定吸光度（A）。将测得的吸光度与对应的咖啡碱浓度绘制标准曲线。

6. 结果计算

（1）计算方法

茶叶中咖啡碱含量以干态质量分数（%）表示，按式（10-4）计算：

$$\text{咖啡碱含量}=\frac{C\times\frac{V}{1000}\times\frac{100}{10}\times\frac{50}{25}}{mw}\times100\% \tag{10-4}$$

式中 C——根据试样测得的吸光度（A）从咖啡碱标准曲线上查得的咖啡碱相应含量，mg/mL；

V——试液总体积，mL；

m——试样用量，g；

w——试样干物质含量（质量分数），%。

如果符合重复性，取两次测定的算术平均值作为结果，保留小数点后 1 位。

（2）重复性

在重复条件下同一样品获得的测定结果的绝对差值不得超过平均值的 10%。

五、茶叶中铅、砷、镉、铜、铁含量的测定——电感耦合等离子体质谱法(ICP-MS)(GB 5009.268—2016)

1. 范围

本测定方法适用于茶叶中铅、砷、镉、铜、铁含量的测定。

2. 原理

试样经消解后，由电感耦合等离子体质谱仪测定，以元素特定质量数（质荷比，m/z）定性，采用外标法，以待测元素质谱信号与内标元素质谱信号的强度比与待测元素的浓度成正比进行定量分析。

3. 试剂和材料

本方法所用试剂均为优级纯，水为GB/T 6682—2008规定的一级水。

（1）试剂

① 硝酸（HNO_3）：优级纯或更高纯度。

② 氩气（≥99.995%）或液氩。

③ 氦气（≥99.995%）。

④ 金元素（Au）溶液（1000mg/L）。

（2）试剂配制

① 硝酸溶液（5+95）：取50mL硝酸，缓慢加入950mL水中，混匀。

② 汞标准稳定剂：取2mL金（Au）溶液，用硝酸溶液（5+95）稀释至1000mL，用于汞标准溶液的配制。

注：汞标准稳定剂亦可采用2g/L半胱氨酸盐酸盐+硝酸（5+95）混合溶液，或其他等效稳定剂。

（3）标准品

① 元素储备液（1000mg/L或100mg/L）：铅、镉、砷、铜、铁，采用经国家认证并授予标准物质证书的单元素或多元素标准储备液。

② 内标元素储备液（1000mg/L）：钪、锗、铟、铑、铼、铋等采用经国家认证并授予标准物质证书的单元素或多元素内标标准储备液。

（4）标准溶液配制

① 混合标准工作溶液：吸取适量单元素标准储备液或多元素混合标准储备液，用硝酸溶液（5+95）逐级稀释配成混合标准工作溶液系列，各元素质量浓度见表10-1。

表10-1 元素质量浓度

序号	元素	单位	标准系列质量浓度					
			系列1	系列2	系列3	系列4	系列5	系列6
1	Pb	μg/L	0	1.00	5.00	10.0	30.0	50.0
2	Cd	μg/L	0	1.00	5.00	10.0	30.0	50.0
3	As	μg/L	0	1.00	5.00	10.0	30.0	50.0
4	Cu	μg/L	0	10.0	50.0	100	300	500
5	Fe	mg/L	0	0.10	0.50	1.00	3.00	5.00

注：依据样品消解溶液中元素质量浓度水平，适当调整标准系列中各元素质量浓度范围。

② 汞标准工作溶液：取适量汞储备液，用汞标准稳定剂逐级稀释配成0μg/L，0.10μg/L，0.50μg/L，1.00μg/L，1.50μg/L，2.00μg/L标准工作溶液系列。

③ 内标使用液：取适量内标单元素储备液或内标多元素标准储备液，用硝酸溶液（5+95）配制合适浓度的内标使用液。内标溶液既可在配制混合标准工作溶液和样品消化液中手

动定量加入，亦可由仪器在线加入。

ICP-MS 方法中内标元素使用液参考浓度：由于不同仪器采用的蠕动泵管内径有所不同，当在线加入内标元素时，需考虑使内标元素在样液中的浓度，样液混合后的内标元素参考浓度范围为 25～100μg/L，低质量数元素可以适当提高使用液浓度。

4. 仪器和设备

① 电感耦合等离子体质谱仪（ICP-MS）。

② 天平：感量为 0.1mg 和 1mg。

③ 微波消解仪：配有聚四氟乙烯消解内罐。

④ 压力消解罐：配有聚四氟乙烯消解内罐。

⑤ 恒温干燥箱。

⑥ 控温电热板。

⑦ 超声水浴箱。

⑧ 样品粉碎设备：匀浆机、高速粉碎机。

5. 分析步骤

（1）试样制备

茶叶经高速粉碎机粉碎均匀。

（2）试样消解

可根据试样中待测元素的含量水平和检测水平要求选择相应的消解方法及消解容器。

① 微波消解法。称取固体样品 0.2～0.5g（精确至 0.001g，含水分较多的样品可适当增加取样量至 1g）或准确移取液体试样 1.00～3.00mL 于微波消解内罐中，含乙醇或二氧化碳的样品先在电热板上低温加热除去乙醇或二氧化碳，加入 5～10mL 硝酸，加盖放置 1h 或过夜，旋紧罐盖，按照微波消解仪标准操作步骤进行消解。冷却后取出，缓慢打开罐盖排气，用少量水冲洗内盖，将消解罐放在控温电热板上或超声水浴箱中，于 100℃ 加热 30min 或超声脱气 2～5min，用水定容至 25mL 或 50mL，混匀备用，同时做空白试验。

② 压力罐消解法。称取固体干样 0.2～1g（精确至 0.001g，含水分较多的样品可适当增加取样量至 2g）或准确移取液体试样 1.00～5.00mL 于消解内罐中，含乙醇或二氧化碳的样品先在电热板上低温加热除去乙醇或二氧化碳，加入 5mL 硝酸，放置 1h 或过夜，旋紧不锈钢外套，放入恒温干燥箱消解，于 150～170℃ 消解 4h，冷却后，缓慢旋松不锈钢外套，将消解内罐取出，在控温电热板上或超声水浴箱中，于 100℃ 加热 30min 或超声脱气 2～5min，用水定容至 25mL 或 50mL，混匀备用，同时做空白试验。

（3）仪器参考条件

① 仪器操作条件：仪器操作条件与元素分析模式参见仪器说明书。

② 测定参考条件：在调谐仪器达到测定要求后，编辑测定方法，根据待测元素的性质选择相应的内标元素，待测元素和内标元素的质荷比（m/z）见表 10-2。

表 10-2 待测元素推荐选择的同位素和内标元素

序号	元素	质荷比(m/z)	内标
1	Pb	206/207/208	$^{185}Re/^{209}Bi$
2	Cd	111	$^{103}Rh/^{115}In$
3	As	75	$^{72}Ge/^{103}Rh/^{115}In$

续表

序号	元素	质荷比(m/z)	内标
4	Cu	63/65	$^{72}Ge/^{103}Rh/^{115}In$
5	Fe	56/57	$^{45}Sc/^{72}Ge$

(4) 标准曲线的制作

将混合标准溶液注入电感耦合等离子体质谱仪中，测定待测元素和内标元素的信号响应值，以待测元素的浓度为横坐标，待测元素与所选内标元素响应信号值的比值为纵坐标，绘制标准曲线。

(5) 试样溶液的测定

将空白溶液和试样溶液分别注入电感耦合等离子体质谱仪中，测定待测元素和内标元素的信号响应值，根据标准曲线得到消解液中待测元素的浓度。

6. 结果计算

(1) 低含量待测元素的计算

试样中低含量待测元素的含量按式（10-5）计算：

$$X=\frac{(\rho-\rho_0)Vf}{m\times 1000} \tag{10-5}$$

式中 X——试样中待测元素含量，mg/kg；

ρ——试样溶液中被测元素质量浓度，μg/L；

ρ_0——试样空白液中被测元素质量浓度，μg/L；

V——试样消化液定容体积，mL；

f——试样稀释倍数；

m——试样称取质量，g；

1000——换算系数。

计算结果保留三位有效数字。

(2) 高含量待测元素的计算

试样中高含量待测元素的含量按式（10-6）计算：

$$X=\frac{(\rho-\rho_0)Vf}{m} \tag{10-6}$$

式中 X——试样中待测元素含量，mg/kg；

ρ——试样溶液中被测元素质量浓度，mg/L；

ρ_0——试样空白液中被测元素质量浓度，mg/L；

V——试样消化液定容体积，mL；

f——试样稀释倍数；

m——试样称取质量，g。

计算结果保留三位有效数字。

六、茶中有机磷及氨基甲酸酯农药残留量的简易检验方法（GB/T 18625—2002）

有机磷农药，是用于防治植物病、虫、害的含有机磷的有机化合物。这一类农药品种多、药效高、用途广、易分解，在人、畜体内一般不积累，在农药中是极为重要的一类化合物。但有不少品种对人、畜的急性毒性很强，在使用时特别要注意安全，近年来，高效低毒的品种发展很快，逐步取代了一些高毒品种，使有机磷农药的使用更安全有效。

有机磷农药中毒的主要机理是抑制胆碱酯酶的活性。有机磷与胆碱酯酶结合，形成磷酰化胆碱酯酶，使胆碱酯酶失去催化乙酰胆碱水解（AChE）的作用，致组织中乙酰胆碱过量蓄积，使胆碱能神经过度兴奋，引起毒蕈碱样、烟碱样和中枢神经系统症状。

氨基甲酸酯类农药，是在有机磷酸酯之后发展起来的合成农药。氨基甲酸酯类农药一般无特殊气味，在酸性环境下稳定，遇碱分解，大多数品种毒性较有机磷酸酯类低，但具有致癌性。

氨基甲酸酯类农药的毒性机理和有机磷类农药相似，都是哺乳动物乙酰胆碱酯酶的阻断剂，主要是抑制胆碱酯酶活性，使酶活性中心丝氨酸的羟基被氨基甲酰化，因而失去酶对乙酰胆碱的水解能力，造成组织内乙酰胆碱的蓄积而中毒。氨基甲酸酯类农药不需经代谢活化，即可直接与胆碱酯酶形成疏松的复合体。由于氨基甲酸酯类农药与胆碱酯酶结合是可逆的，且在机体内很快被水解，胆碱酯酶活性较易恢复，故其毒性作用较有机磷农药低。

利用有机磷和氨基甲酸酯类农药对动物体内乙酰胆碱酯酶（AChE）具有抑制作用的原理，在乙酰胆碱酯酶及其底物（乙酰胆碱）的共存体系中加入农产品样品提取液（样品中含有水），如果样品中不含有机磷或氨基甲酸酯类农药，酶的活性就不被抑制，乙酰胆碱就会被酶水解，水解产物与加入的显色剂反应就会产生颜色；反之，如果试样提取液中含有一定量的有机磷或氨基甲酸酯类农药，酶的活性就被抑制，试样中加入的底物就不能被酶水解，从而不显色。用目测颜色的变化或分光光度计测定吸光度值，计算出抑制率，就可以判断出样品中农药残留的情况。

利用酶的功能基团受到某种物质的影响，而导致酶活力降低或丧失作用的现象进行检测的方法称为酶抑制法，可用于快速检测有机磷及氨基甲酸酯类农药残留。酶抑制法检测农药的缺点是只能检测对 AChE 具有抑制作用的有机磷和氨基甲酸酯类农药，对其他类型农药造成的污染无法检出，而且方法的灵敏度比较低。

1. 范围

本测定方法适用于茶中有机磷农药及氨基甲酸酯农药残留的测定。

2. 原理

有机磷农药及氨基甲酸酯类农药对胆碱酯酶的活性有抑制作用，在一定条件下，其抑制率取决于农药种类及其含量。

在 pH=8 的溶液中，碘化硫代乙酰胆碱被胆碱酯酶水解，生成硫代胆碱。硫代胆碱具有还原性，能使蓝色的 2,6-二氯靛酚褪色褪色程度与胆碱酯酶活性正相关，可在 600nm 比色测定，酶活性愈高时，吸光度值愈低。当样品提取液中有一定量的有机磷农药或氨基甲酸酯类农药存在时，酶活性受到抑制，吸光度值则较高。据此可判断样品中有机磷农药或氨基甲酸酯类农药的残留情况。样品提取液用氧化剂氧化，可提高某些有机磷农药的抑制率，因而可提高其测定灵敏度。过量的氧化剂再用还原剂还原，以免干扰测定。

3. 试剂

① 底物溶液：2%碘化硫代乙酰胆碱水溶液，1g 碘化硫代乙酰胆碱，加缓冲液溶解并定容至 50mL。

② 缓冲液：pH=8 的三羟甲基氨基甲烷（Tris）-盐酸缓冲液（50mL 0.1mol/L Tris 加

29.2mL 0.1mol/L 盐酸加水定容至 100mL)。

③ 显色剂：0.04% 2,6-二氯酚靛酚水溶液。

④ 氧化剂：0.5%次氯酸钙水溶液。

⑤ 还原剂：10%亚硝酸钠水溶液。

⑥ 胆碱酯酶液：0.2g 酶粉加 10mL 缓冲液溶解。

⑦ 脱色剂：活性炭。

⑧ 丙酮：AR。

⑨ 碳酸钙：AR。

4. 仪器

分光光度计。

5. 分析步骤

(1) 样品提取

取 0.5g 茶置于 10mL 烧杯中，加 5mL 丙酮浸泡 5min，不时振摇，再加 0.2g 碳酸钙。

注：以上操作应在 15～35℃温度下进行。

(2) 氧化

取 0.5mL 丙酮提取液于 5mL 烧杯中，吹干后加 0.3mL 缓冲液溶解。加入氧化剂 0.1mL，摇匀后放置 10min。再加入还原剂 0.3mL，摇匀。

(3) 酶解

加入酶液 0.2mL，摇匀，放置 10min，再加入底物溶液 0.2mL，显色剂 0.1mL，放置 5min 后测定。

(4) 测定

分光光度计波长调至 600nm，其他按常规操作，读取测定值。

6. 结果

(1) 测定结果

当测定值在 1.0 以下时，为未检出。当测定值在 1.0～1.3 之间时，为可能检出，但残留量较低。当测定值为 1.3 以上时，未检出。

测定值与农药残留量正相关，测定值越高时，说明农药残留量越高。

(2) 方法最低检出浓度

本方法最低检出浓度见表 10-3。

表 10-3 最低检出浓度 单位：mg/kg

农药	最低检出浓度	农药	最低检出浓度
敌敌畏	2.0	对硫磷	10.0
甲基对硫磷	3.0	敌百虫	2.0
乐果	3.0	氧化乐果	1.0
辛硫磷	3.0	伏杀磷	1.5
内吸磷	1.0	甲胺磷	20
乙酰甲胺磷	2.0	二嗪磷	5.0
呋喃丹	4.0	西维因	2.0
抗蚜威	1.2		

本章小结

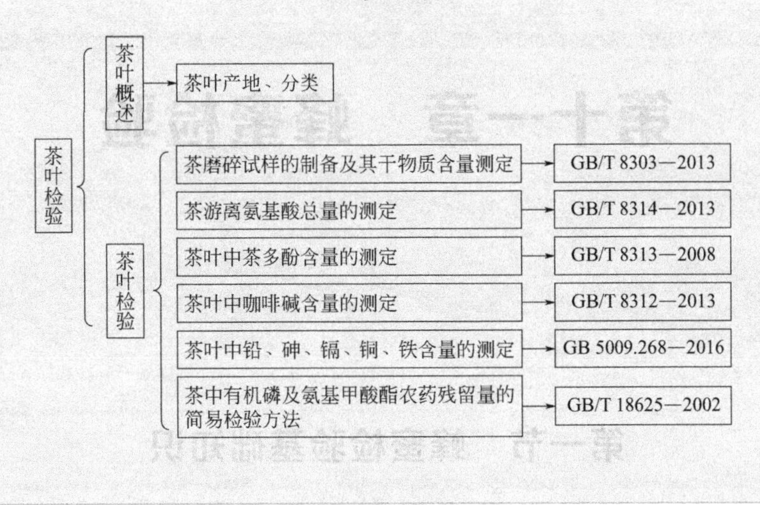

复习思考题

1. 茶与人民大众日常生活有何联系？

2. 茶有哪些分类？

3. 什么是游离氨基酸，分光光度法测定氨基酸需要哪些试剂？

4. 测定茶多酚含量的主要步骤有哪些，其测定结果代表了什么？

5. 茶叶中咖啡碱有什么作用，用分光光度法测定咖啡碱的原理是什么？

6. 微波消解与压力罐消解有什么不同点？

7. 电感耦合等离子体质谱法（ICP-MS）的特点是什么？用它测定铅、砷、镉等重金属元素有何优点？

8. 酶抑制法测定茶中有机磷及氨基甲酸酯农药残留量的原理是什么？检验结果有什么意义？

第十一章　蜂蜜检验

第一节　蜂蜜检验基础知识

蜂蜜是蜜蜂采集植物的花蜜、分泌物或蜜露，与自身分泌物混合后，经充分酿造而成的天然甜物质。

一、蜂蜜的物理性状

新鲜成熟的蜂蜜常温下状态为黏稠的透明或半透明胶状液体，可以用报纸包起来。蜂蜜的密度为1.401～1.443g/mL。蜂蜜的颜色从水白色到深琥珀色，品种不同蜂蜜具有不同花的特殊芳香，蜂蜜是糖的过饱和溶液，低温时会产生结晶，生成结晶的是葡萄糖，不产生结晶的部分主要是果糖。

二、蜂蜜的化学组成

蜂蜜因蜂种、蜜源、环境的不同，其化学组成有很大差异。其主要成分是果糖和葡萄糖，约占65%～80%；蔗糖极少，不超过8%；水分占16%～25%；糊精和非糖物质、矿物质、有机酸等含量在5%左右；还含有少量的酵素、植物残片（特别是花粉粒）、芳香物质、维生素、酶类、无机盐及含氮化合物等。其中维生素有维生素A、维生素B_1、维生素B_2、维生素B_6、维生素C、维生素D、维生素K、尼克酸、泛酸、叶酸、生物素、胆碱等。在含氮化合物中有蛋白质、氨基酸等。蜂蜜中含转化酶、过氧化氢酶、淀粉酶、氧化酶、还原酶等酶类，并含乙酰胆碱。灰分中主要含镁、钙、钾、钠、硫、磷以及微量元素铁、铜、锰、镍等矿物质。有机酸中含有柠檬酸、苹果酸、琥珀酸、甲酸、乙酸等。

三、蜂蜜的种类

我国地域辽阔，蜜源种类繁多，当人们对蜜源植物不了解之前，只以生产季节把蜂蜜分为春蜜、夏蜜、秋蜜和冬蜜。现有如下几种分类方法。

1. 根据采蜜蜂种

我国现有的蜂种主要以意大利蜜蜂与中华蜜蜂为主，它们所采的蜜分别称为意蜂蜜与中蜂蜜（土蜂蜜）。

2. 根据来源

蜜蜂酿造蜂蜜时，它所采集的“加工原料”的来源，主要是蜜源地花蜜，但在蜜源缺少时，蜜蜂也会采集甘露或蜜露，因此把蜂蜜分为天然蜜和甘露蜜。

（1）天然蜜

天然蜜是蜜蜂采集花蜜酿造而成的。它们来源于植物的花内蜜腺或外蜜腺，通常所说的蜂蜜就是天然蜜。

（2）甘露蜜

甘露蜜是蜜蜂从植物的叶或茎上采集蜜露或昆虫代谢物（即甘露）所酿制的蜜。蚜虫吸取了植物的汁液经过消化系统的作用，吸取了其中的蛋白质和糖分，然后把多余的糖分和水分排泄出来洒在植物枝叶上，蜜蜂就以它为原料酿造成甘露蜜。

3. 根据物理状态

蜂蜜在常温、常压下，具有两种不同物理状态，即液态和结晶态（无论蜂蜜是储存于巢洞中还是从巢房里分离出来）。

（1）液态蜜

液态蜜是蜂蜜从蜂巢中分离出来并始终保持着透明或半透明黏稠状的液体。

（2）结晶蜜

结晶蜜是多数蜂蜜放置一段时间后，尤其在气温较低时，逐渐形成结晶态，称为结晶蜜。结晶是由于蜂蜜中所含葡萄糖具有易结晶的特性，并没有降低其营养价值和天然食品的本性，是纯粹的物理现象。结晶蜜由于晶体的大小不同，可分为大粒结晶、小粒结晶和腻状结晶，结晶颗粒直径大于 0.5μm 的为大粒结晶；颗粒直径小于 0.5μm 的为小粒结晶；结晶颗粒很小，看起来似乎同质的，称为腻状结晶或油脂状结晶。

4. 根据生产方式

按生产蜂蜜的不同生产方式，可分为分离蜜、巢蜜、压榨蜜等。

（1）分离蜜

分离蜜又称分离心蜜，是把蜂巢中的蜜脾取出，置于摇蜜机中，通过离心力的作用摇出并过滤的蜂蜜，或用压榨巢脾的方法从蜜脾中分离出来并过滤的蜂蜜。这种新鲜的蜜一般处于透明的液体状态，有些分离蜜经过一段时间就会结晶，例如油菜蜜取出后不久就会结晶，有些分离蜜在低温下经过一段时间才会出现结晶。

（2）巢蜜

巢蜜又称格子蜜，利用蜜蜂的生物学特性，在规格化的蜂巢中酿造出来的连巢带蜜的蜂蜜块，巢蜜既具有分离蜜的功效，又具有蜂巢的特性，是一种被誉为最完美、最高档的天然蜂蜜产品。根据蜜源植物的流蜜规律及蜜蜂封盖蜜脾的习性，按照不同的格式生产单蜜，一个巢框可以分为 4 块、8 块、12 块不等。实验证明只要外界蜜源充足，无论大小方格，蜜蜂都能够造脾、灌蜜、封盖。单蜜块面积越大，封盖越快。

市场上的巢蜜是先制作一定格式的巢框，然后将小块的巢础嵌入格内，装进巢框后放入蜜群中，让蜜蜂在格子内营造巢脾、储蜜、封盖成巢蜜，巢蜜有双面和单面的，酿制成符合规格的巢蜜后，取下成熟的巢蜜块，装盒、包装即为商品巢蜜。

（3）压榨蜜

压榨蜜是旧法养蜂和采捕野生蜂蜜所获得的蜂蜜。

5. 根据颜色

蜂蜜随蜜源植物种类不同，颜色差别很大。无论是单花还是混合的蜜种，都具有一定的颜色，颜色浅淡的蜜种，其味道和气味较好。因此，蜂蜜的颜色，既可以作为蜂蜜分类的依据，也可作为衡量蜂蜜品质的指标之一。用普方特比色仪测定蜂蜜的颜色，根据读数分为7个等级：水白色8mm；特白色8～17mm；白色17～34mm；特浅琥珀色34～50mm；浅琥珀色50～85mm；琥珀色85～114mm；深琥珀色114～140mm。

6. 根据蜜源植物

(1) 单花蜜

单花蜜来源于某一植物花期为主体的各种单花蜜，如橘花蜜、荔枝蜜、龙眼蜜、狼牙蜜、柑橘蜜、枇杷蜜、油菜蜜、刺槐蜜、紫云英蜜、枣花蜜、野桂花（柃）蜜、荆条蜜、益母草蜜、野菊花蜜等。一般地说，某单花蜜就是该蜜源植物的花粉比例占绝对优势，例如在东北的椴树蜜中，椴树花粉应占绝对优势，蜜色白润。

(2) 杂花蜜（百花蜜）

杂花蜜来源于不同的蜜源植物同期开花时蜜蜂采集酿造的蜜，其中单一植物花蜜的优势不明显，有两种以上的花粉混杂在一起，称为杂花蜜或百花蜜。例：南方荔枝花末期接着是龙眼花，油菜花末期接着有紫云英花，所以龙眼蜜里必含有荔枝蜜成分，紫云英流蜜初期必有少量油菜蜜成分。由于其蜜源多样，医疗保健的功效都相对稳定，常被用作药引子。从营养角度来讲，杂花蜜优于单一花种蜜。

7. 根据等级划分

(1) 一等蜜

蜜源花种：枇杷、荔枝、龙眼、椴树、槐花、紫云英、狼牙刺、油菜花等。颜色：水白色、白色、浅琥珀色。状态：透明、黏稠的液体或结晶体。味道：果占还高，滋味甜润具有蜜源植物特有的花香味。

(2) 二等蜜

蜜源花种：枣花、棉花等。颜色：黄色、浅琥珀色、琥珀色。状态：透明、黏稠的液体或结晶体。味道：滋味甜具有蜜源植物特有的香味。

(3) 三等蜜

蜜源花种：乌桕等。颜色：黄色、浅琥珀色、深琥珀色。状态：透明或半透明状黏稠液体或结晶体。味道：味道甜无异味。

(4) 四等蜜

蜜源花种：葵花、桂花、柚子、柑橘、桉树等。颜色：深琥珀色、深棕色。状态：半透明状黏稠液体或结晶体，混浊。味道：果占还低，甜度偏低，味道甜有刺激味。

注：凡在同等蜜中混入低等蜜时按低等蜜定。

第二节 蜂蜜检验

一、蜂蜜中还原糖的测定

根据GB/T 5009.7—2008《食品安全国家标准 食品中还原糖的测定》，规定了食品中还原糖含量的测定方法，适用于蜂蜜及其他食品中还原糖含量的测定。

1. 原理

试样经除去蛋白质后，在加热条件下，以亚甲基蓝作指示剂，滴定标定过的碱性酒石酸铜溶液（用还原糖标准溶液标定），根据样品液消耗体积计算还原糖含量。

2. 试剂

① 盐酸（HCl）。

② 硫酸铜（$CuSO_4 \cdot 5H_2O$）。

③ 亚甲基蓝（$C_{16}H_{13}ClN_3S \cdot 3H_2O$）：指示剂。

④ 酒石酸钾钠［$C_4H_4O_6KNa \cdot 4H_2O$］。

⑤ 氢氧化钠（NaOH）。

⑥ 乙酸锌［$Zn(CH_3COO)_2 \cdot 2H_2O$］。

⑦ 冰醋酸（$C_2H_4O_2$）。

⑧ 亚铁氰化钾［$K_4Fe(CN)_6 \cdot 3H_2O$］。

⑨ 葡萄糖（$C_6H_{12}O_6$）。

⑩ 果糖（$C_6H_{12}O_6$）。

⑪ 乳糖（$C_6H_{12}O_6$）。

⑫ 蔗糖（$C_{12}H_{22}O_{11}$）。

⑬ 碱性酒石酸铜甲液：称取15g硫酸铜（$CuSO_4 \cdot 5H_2O$）及0.05g亚甲基蓝，溶于水中并稀释至1000mL。

⑭ 碱性酒石酸铜乙液：称取50g酒石酸钾钠、75g氢氧化钠，溶于水中，再加入4g亚铁氰化钾，完全溶解后，用水稀释至1000mL，储存于橡胶塞玻璃瓶内。

⑮ 乙酸锌溶液（219g/L）：称取21.9g乙酸锌，加3mL冰醋酸，加水溶解并稀释至100mL。

⑯ 亚铁氰化钾溶液（106g/L）：称取10.6g亚铁氰化钾，加水溶解并稀释至100mL。

⑰ 氢氧化钠溶液（40g/L）：称取4g氢氧化钠，加水溶解并稀释至100mL。

⑱ 盐酸溶液（1+1）：量取50mL盐酸，加水稀释至100mL。

⑲ 葡萄糖标准溶液：称取1g（精确至0.0001g）经过98～100℃干燥2h的葡萄糖，加水溶解后加入5mL盐酸，并以水稀释至1000mL。此溶液每毫升相当于1.0mg葡萄糖（加盐酸目的是防腐，标准溶液也可用饱和苯甲酸溶液配制）。

⑳ 果糖标准溶液：称取1g（精确至0.0001g）经过98～100℃干燥2h的果糖，加水溶解后加入5mL盐酸，并以水稀释至1000mL。此溶液每毫升相当于1.0mg果糖。

㉑ 乳糖标准溶液：称取1g（精确至0.0001g）经过96℃±2℃干燥2h的乳糖，加水溶解后加入5mL盐酸，并以水稀释至1000mL。此溶液每毫升相当于1.0mg乳糖（含水）。

㉒ 转化糖标准溶液：准确称取1.0526g蔗糖，用100mL水溶解，置于具塞三角瓶中，加5mL盐酸（1+1），在68～70℃水浴中加热15min，放置至室温，转移至1000mL容量瓶中并定容至1000mL，每毫升标准溶液相当于1.0mg转化糖。

除非另有规定，本方法中所用试剂均为分析纯。

3. 仪器

① 酸式滴定管：25mL。

② 可调电炉：带石棉板。

4. 分析步骤

(1) 试样处理

① 一般食品：称取蜂蜜或混匀后的液体试样5～25g，若为固体试样粉碎后称取2.5～5g，精确至0.001g，置于250mL容量瓶中，加50mL水，慢慢加入5mL乙酸锌溶液及5mL亚铁氰化钾溶液，加水至刻度，混匀，静置30min，用干燥滤纸过滤，弃去初滤液，取续滤液备用。

② 酒精性饮料：称取约100g混匀后的试样，精确至0.01g，置于蒸发皿中，用氢氧化钠（40g/L）溶液中和至中性，在水浴上蒸发至原体积的1/4后，移入250mL容量瓶中，按上述步骤定容。

③ 含大量淀粉的食品：称取10～20g粉碎后或混匀后的试样，精确至0.001g，置于250mL容量瓶中，加200mL水，在45℃水浴中加热1h，并时时振摇，冷却后加水至刻度，混匀、静置、沉淀。吸取200mL上清液置另一250mL容量瓶中，按上述步骤定容。

④ 碳酸类饮料：称取约100g混匀后的试样，精确至0.01g，试样置于蒸发皿中，在水浴上微热搅拌除去二氧化碳后，移入250mL容量瓶中，并用水洗涤蒸发皿，洗液并入容量瓶中，再加水至刻度，混匀后，备用。

(2) 标定碱性酒石酸铜溶液

吸取5.0mL碱性酒石酸铜甲液及5.0mL碱性酒石酸铜乙液，置于150mL锥形瓶中，加水10mL，加入玻璃珠两粒，从滴定管滴加约9mL葡萄糖或其他还原糖标准溶液，控制在2min内加热至沸，趁热以1滴/2s的速度继续滴加葡萄糖或其他还原糖标准溶液，直至溶液蓝色刚好褪去为终点，记录消耗葡萄糖或其他还原糖标准溶液的总体积，同时平行操作三份，取其平均值，计算每10mL（甲、乙液各5mL）碱性酒石酸铜溶液相当于葡萄糖的质量或其他还原糖的质量（mg）[也可以按上述方法标定4～20mL碱性酒石酸铜溶液（甲、乙液各半）来适应试样中还原糖的浓度变化]。按式（11-1）计算：

$$m_1 = cV \tag{11-1}$$

式中　m_1——碱性酒石酸铜溶液（甲、乙液各半）相当于某种还原糖的质量，mg；

c——葡萄糖标准溶液浓度，mg/mL；

V——标定时消耗葡萄糖标准溶液总体积，mL。

(3) 试样溶液预测

吸取5.0mL碱性酒石酸铜甲液及5.0mL碱性酒石酸铜乙液，置于150mL锥形瓶中，加水10mL，加入玻璃珠两粒，控制在2min内加热至沸，保持沸腾以先快后慢的速度，从滴定管中滴加试样溶液，并保持溶液沸腾状态，待溶液颜色变浅时，以1滴/2s的速度滴定，直至溶液蓝色刚好褪去为终点，记录样液消耗体积。当样液中还原糖浓度过高时，应适当稀释后再进行正式测定，使每次滴定消耗样液的体积控制在与标定碱性酒石酸铜溶液时所消耗的还原糖标准溶液的体积相近，约10mL左右，结果按式（11-2）计算。当浓度过低时则采取直接加入10mL样品液，免去加水10mL，再用还原糖标准溶液滴定至终点，记录消耗的体积与标定时消耗的还原糖标准溶液体积之差相当于10mL样液中所含还原糖的量，结果按式（11-3）计算。

(4) 试样溶液测定

吸取5.0mL碱性酒石酸铜甲液及5.0mL碱性酒石酸铜乙液，置于150mL锥形瓶中，加水10mL，加入玻璃珠两粒，从滴定管滴加比预测体积少1mL的试样溶液至锥形瓶中，使在2min内加热至沸，保持沸腾继续以1滴/2s的速度滴定，直至蓝色刚好褪去为终点，记录样液消耗体积，同法平行操作三份，得出平均消耗体积。

(5) 结果计算

① 试样中还原糖的含量（以某种还原糖计）按式(11-2)进行计算：

$$X=\frac{m_1}{m\times\frac{V}{250}\times 1000}\times 100 \tag{11-2}$$

式中 X——试样中还原糖的含量（以某种还原糖计），g/100g；

m_1——碱性酒石酸铜溶液（甲、乙液各半）相当于某种还原糖的质量，mg；

m——试样质量，g；

V——测定时平均消耗试样溶液体积，mL。

② 当浓度过低时试样中还原糖的含量（以某种还原糖计）按式(11-3)进行计算：

$$X=\frac{m_2}{m\times\frac{10}{250}\times 1000}\times 100 \tag{11-3}$$

式中 X——试样中还原糖的含量（以某种还原糖计），g/100g；

m_2——标定时体积与加入样品后消耗的还原糖标准溶液体积之差相当于某种还原糖的质量，mg；

m——试样质量，g。

还原糖含量≥10g/100g时计算结果保留三位有效数字；还原糖含量＜10g/100g时，计算结果保留两位有效数字。

当称样量为5.0g时，本方法（直接滴定法）的检出限为0.25g/100g。

二、蜂蜜中丙三醇含量的测定

根据GH/T 1106—2015《蜂蜜中丙三醇含量的测定 气相色谱-质谱法》，本标准规定了蜂蜜中丙三醇含量的气相色谱-质谱测定方法。本标准适用于蜂蜜中丙三醇含量的测定。

1. 原理

试样用*N*,*N*-二甲基甲酰胺（DMF）溶解，与硅烷化试剂衍生化反应后，用正己烷萃取，用气相色谱-质谱法测定，内标法定量。

2. 试剂和材料

① 无水硫酸镁：分析纯。

② *N*,*N*-二甲基甲酰胺（DMF）：每100mL加入约1g的无水硫酸镁进行脱水处理。

③ *N*,*O*-双（三甲基硅烷基）三氟乙酰胺（BSTFA）。

④ 正己烷：色谱纯。

⑤ 丙三醇标准物质，CAS为56-81-5，纯度≥98%。

⑥ 内标1,2,4-丁三醇标准物质，纯度≥98%。

⑦ 丙三醇标准储备溶液（10.0g/L）：准确称取250mg（精确到1mg）的丙三醇标准品于25mL容量瓶中，用DMF溶解并定容至刻度，存放于棕色标准储液瓶中，0～4℃保存，有效期1年。

⑧ 内标1,2,4-丁三醇储备溶液（10.0g/L）：准确称取250mg（精确到1mg）的1,2,4-丁三醇标准品于25mL容量瓶中，用DMF溶解并定容至刻度，存放于棕色标准储液瓶中，0～4℃保存，有效期1年。

⑨ 丙三醇标准中间溶液：准确移取丙三醇标准储备液，用DMF将标准储备液稀释成浓度为100mg/L和10mg/L的标准中间溶液，存放于棕色标准储液瓶中，0～4℃保存，有效期6个月。

⑩ 内标1,2,4-丁三醇中间溶液：准确移取内标1,2,4-丁三醇储备溶液，用DMF将内标储备溶液稀释成浓度为1g/L的内标中间溶液，存放于棕色标准储液瓶中，0～4℃保存，有效期6个月。

⑪ 丙三醇和内标1,2,4-丁三醇混合标准工作溶液：准确移取适量的丙三醇标准中间溶液和内标1,2,4-丁三醇中间溶液，用DMF稀释成含丙三醇浓度分别为0.8mg/L、2.0mg/L、4.0mg/L、10.0mg/L、20.0mg/L、40.0mg/L，内标1,2,4-丁三醇浓度都为20.0mg/L的系列混合标准工作溶液，0～4℃保存，有效期3个月。

实验用水应符合GB/T 6682—2008中一级水的规定要求。

3. 仪器和设备

① 气相色谱-质谱仪：配电子轰击离子源（EI）。

② 分析天平：感量分别为0.1mg和0.01g。

③ 涡旋仪。

④ 超声仪。

⑤ 离心机：具备转速≥12000r/min的转子。

⑥ 带盖塑料离心管：50mL、1.5mL。

4. 样品的取样及预处理

取蜂蜜代表样品200g，未结晶样品搅拌均匀，有结晶析出的样品可将样品瓶盖好后，置于不超过60℃的水浴中温热，待样品全部熔化后搅匀，迅速冷却至室温，在熔化时需注意防止水分挥发。制备好的试样装入洁净容器内，密封，标明标记。在制样过程中，应防止样品污染或发生残留含量变化，于0～4℃保存。

5. 试验方法

（1）供试样品溶液的制备

① 提取。准确称取样品1.00g±0.01g于50mL的塑料离心管中，加入50μL内标储备溶液，涡旋混匀，加入25mL的DMF，加盖涡旋混匀（如有必要，需强力振摇使之溶解），超声15min，待衍生。

② 衍生。准确移取上述待衍生样品溶液50μL于1.5mL的塑料离心管中，加入衍生化试BSTFA50μL，加盖涡旋反应1min，静置5min。再加入正己烷0.9mL，加盖涡旋30s，以12000r/min离心3min，塑料滴管移取上层正己烷层至进样瓶，GC-MS分析。

（2）标准溶液衍生

准确移取系列混合标准工作溶液50μL于1.5mL的塑料离心管中，加入衍生化试剂BSTFA50μL，加盖涡旋反应1min，静置5min。再加入正己烷0.9mL，加盖涡旋30s，以12000r/min离心3min，塑料滴管移取上层正己烷层至进样瓶，GC-MS分析。

（3）色谱条件

① 色谱柱：DM-5MS，30m×0.25mm×0.25μm，或相当者。

② 载气：高纯氦气（≥99.999%）；流速：1.0mL/min。

③ 升温程序：60℃保持1min，以30℃/min升至240℃保持2min，再以50℃/min升至280℃。

④ 进样口温度：250℃。

⑤ 进样量：1μL。

⑥ 进样方式：脉冲不分流进样。

⑦ 接口温度：280℃。

（4）质谱参考条件

① 离子源温度：230℃；

② 四极杆温度：150℃；

③ 电离模式：EI；

④ 溶剂延迟时间：4.5min；

⑤ 数据采集模式：选择离子监测方式（SIM），监测离子见表11-1。

表11-1 选择离子表

待测物	保留时间/min	定性离子 m/z	定量离子 m/z
丙三醇	4.8	117,205	147
内标1,2,4-丁三醇	5.2	219.1	103.1

（5）气相色谱-质谱测定及确证

① 定性测定。进行样品测定时，如果检出的质量色谱峰保留时间与标准品一致，并且在扣除背景后的样品谱图中，各定性离子的相对丰度与浓度接近的同样条件下得到的标准溶液谱图对比，最大允许相对偏差不超过表11-2中规定的范围，则可判断样品中存在对应的被测物。

表11-2 定性确证时相对离子丰度的最大允许偏差

相对离子丰度/%	>50	>20～50	>10～20	≤10
允许的相对偏差/%	±10	±15	±20	±50

② 定量测定。丙三醇标准工作溶液的衍生后溶液在气相色谱-质谱设定条件下分别进样，以丙三醇衍生产物的特征离子的色谱峰面积与内标衍生产物的特征离子的色谱峰面积比值为纵坐标、工作溶液浓度（mg/L）为横坐标，绘制6点标准工作曲线，用标准工作曲线对样品进行定量，样品溶液中丙三醇衍生产物的响应值均在仪器测定的线性范围内。在上述色谱条件下，丙三醇衍生产物的参考保留时间为4.8min，内标衍生产物的参考保留时间为5.2min，标准溶液衍生后的总离子流色谱图（10.0mg/L）见图11-1，丙三醇和内标物的衍生产物的质谱图见图11-2和图11-3。

（6）平行试验

按以上步骤，对同一试样进行平行试验测定。

（7）空白试验

除不称取试样外，均按上述步骤进行。

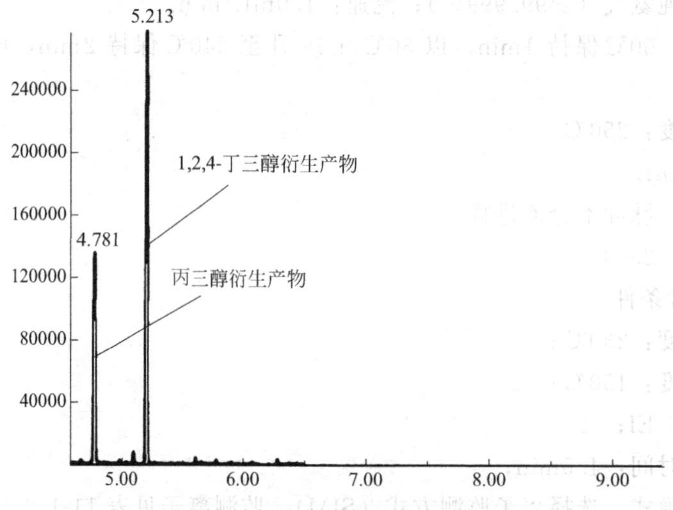

图 11-1　标准衍生物的总离子流图

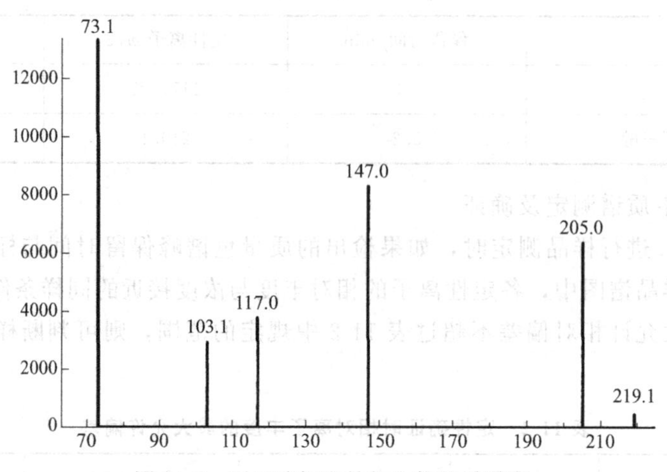

图 11-2　丙三醇标准品衍生物的质谱图

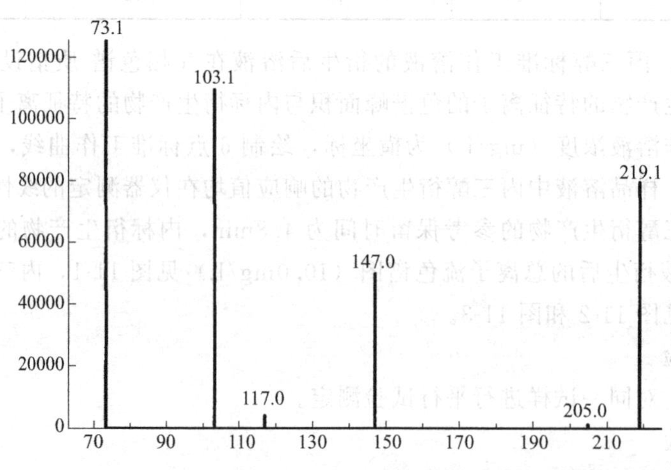

图 11-3　内标 1,2,4-丁三醇标准品衍生物的质谱图

（8）结果计算

试样中丙三醇含量按式（11-4）计算：

$$X_i=\frac{(C_i-C_{oi})V}{m} \tag{11-4}$$

式中 X_i——试样中丙三醇含量，mg/kg；

C_i——由标准曲线得到的样液中丙三醇含量，mg/L；

C_{oi}——由标准曲线得到的空白试验中丙三醇含量，mg/L；

V——试样最终定容体积，L；

m——样品质量，kg。

（9）定量限、回收率和精密度

① 定量限。本标准定量限为 20.0mg/kg。

② 回收率。本方法添加回收率试验数据如下：

a. 20mg/kg：94.6%～104.4%。

b. 100mg/kg：99.1%～105.8%。

c. 500mg/kg：97.8%～100.5%。

③ 精密度。本方法的相对标准偏差≤13.5%。

三、蜂蜜中淀粉酶值的测定

根据 GB/T 18932.16—2003《蜂蜜中淀粉酶值的测定方法分光光度法》，规定了蜂蜜中淀粉酶值的分光光度测定方法，适用于蜂蜜中淀粉酶值的测定。

1. 原理

将淀粉溶液加入蜂蜜样品溶液中，部分淀粉被蜂蜜中所含的淀粉酶水解后，剩余的淀粉与加入的碘反应而产生蓝紫色，随着反应的进行，其蓝紫色反应逐渐消失。用分光光度计于660nm 波长处测定其达到特定吸光度所需要的时间。换算出 1g 蜂蜜在 1h 内水解 1%淀粉的毫升数。

2. 试剂与材料

① 碘。

② 碘化钾。

③ 乙酸钠（$CH_3COONa \cdot 3H_2O$）。

④ 冰醋酸。

⑤ 氯化钠。

⑥ 可溶性淀粉。

⑦ 碘储备液：称取 8.8g 碘于含有 22g 碘化钾的 30～40mL 水中溶解，用水定容至 1000mL。

⑧ 碘溶液：称取 20g 碘化钾，用水溶解，再加入 5.0mL 碘储备液，用水定容至 500mL，每两天制备一次。

⑨ 乙酸盐缓冲液（1.59mol/L，pH＝5.3）：称取 87g 乙酸钠于 400mL 水中，加入 10.5mL 冰醋酸，用水定容至 500mL。必要时，用乙酸钠或冰醋酸调节 pH 值至 5.3。

⑩ 氯化钠溶液（5mol/L）：称取 14.5g 氯化钠，用水溶解并定容至 500mL。

⑪ 淀粉溶液：溶解 2.000g 可溶性淀粉于 90mL 水中，迅速煮沸后再微沸 3min 至室温

后，移至100mL容量瓶中并定容。

注：除另有说明外，所有试剂均为分析纯，水为GB/T 6682—2008规定的一级水。

3. 仪器

① 分光光度计。

② 恒温水浴锅。

4. 试样的制备与保存

(1) 试样的制备

无论有无结晶的实验室样品都不要加热。将样品搅拌均匀，分出0.5kg作为试样，制备好的试样置于样品瓶中，密封，并加以标识。

(2) 试样的保存

将样品于常温下保存。

5. 测定步骤

(1) 淀粉溶液的标定

吸取5.0mL淀粉溶液和10.0mL水，并分别置于40℃水浴中15min。将淀粉溶液倒入10.0mL水中并充分混合后，取1.0mL加到10.0mL的碘溶液中，混匀，用一定体积的水稀释后，以水为空白对照，用分光光度计于660nm波长处测定吸光度，确定产生0.760±0.02吸光度所需稀释水的体积，并以此体积作为样品溶液的稀释系数。当淀粉来源改变时，应重新进行标定。

(2) 测定

① 分光光度计条件：波长660nm，参比物为水。

② 样品处理：称取5g试样（精确至0.01g)，置于20mL烧杯中，加入15mL水和2.5mL乙酸盐缓冲液后，移入含有1.5mL氯化钠溶液的25mL容量瓶中并定容（样品溶液应先加缓冲液后再与氯化钠溶液混合）。

③ 吸取5.0mL淀粉溶液、10.0mL样品溶液和10.0mL碘溶液，分别置于40℃水浴中15min。将淀粉溶液倒入样品溶液中并以前后倾斜的方式充分混合后开始计时。

④ 5min后取1.0mL样品混合溶液加入10.0mL的碘溶液中，再用淀粉溶液标定时确定的稀释水的体积进行稀释，并用前后倾斜的方式充分混匀后，以水为空白对照，用分光光度计于660nm波长处测定吸光度。

⑤ 如吸光度大于0.235（特定吸光度)，应继续按上述步骤重复操作，直至吸光度小于0.235为止。

⑥ 待测期间，样品混合溶液、碘溶液和水应保存在40℃水浴中。吸光度与终点值相对应的时间参见表11-3。

表11-3 吸光度与终点值相对应的时间表

吸光度	终点值/min	吸光度	终点值/min
0.70	>25	0.55	11～13
0.65	20～25	0.50	9～10
0.60	15～18	0.45	7～8

(3) 结果计算

在对数坐标纸上，以吸光度（A）为纵坐标，时间（min）为横坐标，将所测的吸光度与其相对应的时间标出，连接各点划一直线。从直线上查出样品溶液的吸光度与0.235交叉点上相对应的时间，样品溶液中的淀粉酶值按式（11-5）计算：

$$X=\frac{300}{t} \tag{11-5}$$

式中 X——样品溶液中的淀粉酶值，mL/(g·h)；

t——相对应时间，min。

计算结果保留小数点后一位。

注：如5min时初测的数据已接近吸光度0.235，而另一测定数据又很快达到吸光度0.200左右，说明该样品的淀粉酶值含量高［>35mL/(g·h)］。但为了结果的准确，应重复测定，即从开始计时起，每分钟测定一次；对于淀粉酶值含量低的样品，应每10min测定一次，通过若干个数据划线即可预测其终点值，但5min时初测的数据不能用于终点值的预测。

6. 精密度

精密度数据是按照GB/T 6379—2004的规定确定的，其重复性和再现性的值是LA95%的可信度来计算。

（1）重复性

在重复性条件下，获得的两次独立测试结果的绝对差值不超过重复性限（r）。重复性限按式（11-6）计算：

$$r=0.5508m-5.7854 \tag{11-6}$$

式中 m——两次测定值的平均值，mL/(g·h)。

如果两次测定值的差值超过重复性限，应舍弃试验结果并重新完成两次单个试验的测定。

（2）再现性

在再现性条件下，获得的两次独立测试结果的绝对差值不超过再现性限（R）。再现性限按式（11-7）计算：

$$R=-0.1974m+5.9927 \tag{11-7}$$

式中 m——两次测定值的平均值，mL/(g·h)。

四、蜂蜜中丙酮醛含量的测定

根据GH/T 1109—2015《蜂蜜中丙酮醛含量的测定　高效液相色谱法》，规定了蜂蜜中丙酮醛的高效液相色谱测定方法，适用于蜂蜜中丙酮醛含量的测定。本标准丙酮醛的检测低限为20mg/kg。

1. 原理

蜂蜜样品用水溶解后，与邻苯二胺进行衍生化反应，用高效液相色谱进行测定，外标法定量。

2. 试剂和材料

① 乙腈（C_2H_3N）：色谱纯。

② 甲酸（HCOOH）：色谱纯。

③ 丙酮醛标准品（$C_3H_4O_2$）：40g/100g水溶液（CAS：78-98-8）。

④ 邻苯二胺（$C_5H_8N_2$）：分析纯。

⑤ 甲酸水溶液（0.1%）：量取 1mL 甲酸置于 1L 容量瓶中，用水溶解并定容至刻度，配制成 0.1%甲酸水溶液。

⑥ 衍生化试剂：称取邻苯二胺 0.6g（精确至 0.01g）置于 100mL 容量瓶中，用水溶解并定容至刻度，配制成 6g/L 的邻苯二胺水溶液，用于衍生化反应。

⑦ 标准储备液：精密称取丙酮醛标准品 100mg（精确至 0.01mg）置于 10mL 容量瓶中，用水稀释并定容至刻度，配制成 4g/L 的标准储备液。再准确吸取 4g/L 的标准储备液 100μL 于 10mL 容量瓶中，用水稀释并定容至刻度，得 40mg/L 的标准储备液。两种浓度的标准储备液均置于 4℃冰箱保存。

⑧ 标准工作溶液：临用前吸取适量 40mg/L 和 4g/L 标准储备液，用水稀释成浓度为 2.0mg/L、4.0mg/L、10.0mg/L、20.0mg/L、40.0mg/L、100.0mg/L 的丙酮醛水溶液，现配现用。

⑨ 滤膜：有机相 0.22μm。

注：实验用水应符合 GB/T 6682—2008 中一级水的规定要求。

3. 仪器和设备

① 高效液相色谱仪：配紫外检测器。

② 分析天平：感量分别为 0.1mg 和 0.01g。

③ 涡旋仪。

4. 样品的保存

取蜂蜜代表样品装入洁净容器内，密封，标明标记，于室温避光保存。

5. 试验方法

（1）供试样品溶液的制备

称取 1g（精确至 0.01g）蜂蜜溶于 10mL 水中，取 0.5mL 该蜂蜜水溶液与 0.5mL 衍生化试剂混匀，在室温、避光条件下进行衍生化反应 8h 以上，过 0.22μm 有机滤膜后进样分析。

（2）色谱条件

① 色谱柱：C_{18}，柱长 150mm，内径 4.6mm，填料粒径 5μm；或性能相当的色谱柱。

② 流动相：乙腈-甲酸水溶液（0.1%），体积比 3：7，等度洗脱。

③ 流速：1.0mL/min。

④ 柱温：30℃。

⑤ 检测波长：318nm。

⑥ 进样量：10μL。

（3）高效液相色谱测定

丙酮醛标准工作溶液在高效液相色谱设定条件下分别进样，以丙酮醛衍生化产物的色谱峰面积为纵坐标、工作溶液浓度（mg/L）为横坐标，绘制 6 个浓度点的标准工作曲线，用标准工作曲线对样品进行定量，样品溶液中丙酮醛衍生化产物的响应值均在仪器测定的线性范围内。在上述色谱条件下，丙酮醛衍生物标准品以及基质加标样品的色谱图见图 11-4 及图 11-5。

（4）空白试验

除不称取试样外，均按上述步骤进行。

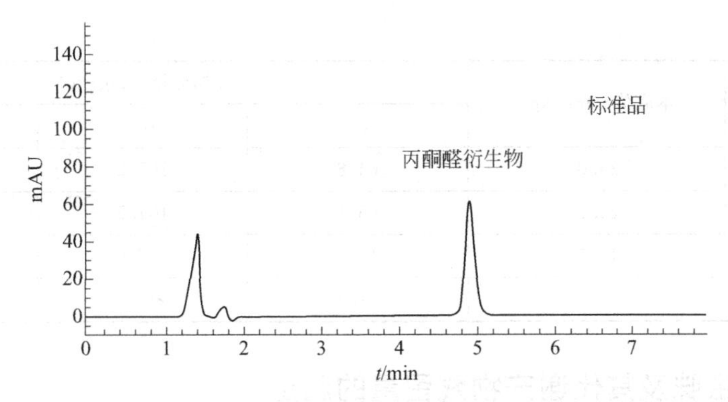

图 11-4 丙酮醛衍生物标准品色谱图

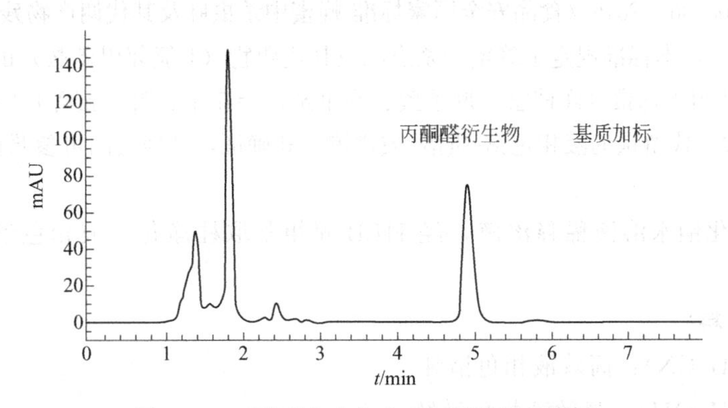

图 11-5 丙酮醛衍生物基质加标样品色谱图

(5) 结果计算

试样中丙酮醛的含量，按式（11-8）计算：

$$X_i=\frac{(C_i-C_{oi})Vf}{m} \tag{11-8}$$

式中 X_i——试样中丙酮醛的含量，mg/kg；

C_i——由标准曲线计算所得样液中丙酮醛的浓度，mg/L；

C_{oi}——由标准曲线计算所得空白试验中丙酮醛的浓度，mg/L；

V——试样最终定容体积，L；

f——稀释倍数，本实验方法为 20；

m——样品质量，kg。

6. 回收率和精密度

丙酮醛回收率和精密度数据见表 11-4。

表 11-4 丙酮醛回收率和相对标准偏差数据（n=5）

序号	本底值/(mg/kg)	加标量/(mg/kg)		
		50	100	200
1	24.1	65.6	103.9	192.3
2	24.4	64.1	104.2	189.5
3	24.4	65.6	105.5	189.4
4	24.1	65.5	103.7	190.6

续表

序号	本底值/(mg/kg)	加标量/(mg/kg)		
		50	100	200
5	23.8	64.8	105.2	190.7
平均值	24.2	65.1	104.5	190.5
RSD/%	1.11	1.00	0.75	0.62
回收率/%	—	81.9	80.3	83.2

五、蜂蜜中杀虫脒及其代谢产物残留量的测定

根据GB 23200.96—2016《食品安全国家标准 蜂蜜中杀虫脒及其代谢产物残留量的测定 液相色谱-质谱/质谱法》，本标准规定了蜂蜜中杀虫脒及其代谢物（4-氯邻甲苯胺）的液相色谱-质谱/质谱检测方法，适用于蜂蜜（洋槐蜜、荆条蜜、蜂巢蜜、杂花蜜、野蜂蜜等）中杀虫脒及其代谢物（4-氯邻甲苯胺）残留量的液相色谱-质谱/质谱测定和确证，其他食品可参照执行。

1. 原理

试样用氢氧化钠水溶液稀释溶解，经HLB固相萃取柱净化，液相色谱-串联质谱仪测定，外标法定量。

2. 试剂和材料

① 乙腈（CH_3CN）：高效液相色谱纯。

② 甲醇（CH_3OH）：高效液相色谱纯。

③ 氢氧化钠（NaOH）。

④ 硫酸（H_2SO_4）。

⑤ 甲酸（HCOOH）：纯度≥99%。

⑥ 氢氧化钠溶液（0.02mol/L）：溶解800mg氢氧化钠于1L水中，使用期为1个月。

⑦ 硫酸溶液（1mol/L）：于适量水中缓慢移入54.3mL浓硫酸，边溶解边搅拌，用水稀释至1L，使用期为3个月。

⑧ 硫酸溶液（10mmol/L）：于适量水中缓慢移10mL 1mol/L硫酸，边溶解边搅拌，用水稀释至1L，使用期为1个月。

⑨ 乙腈水溶液：乙腈+水（3+7，体积比）。

⑩ 甲酸溶液（0.1%）：1mL甲酸溶解于水中，并定容至1L。

⑪ 杀虫脒标准品（$C_{10}H_{13}ClN_2$，CAS号为6164-98-3，纯度≥99%）和4-氯邻甲苯胺标准品（C_7H_8ClN，CAS号为95-69-2，纯度≥99%）。

⑫ 标准储备液的配制：准确称取适量的杀虫脒和4-氯邻甲苯胺标准品，用乙腈配制成浓度为1.0mg/mL的标准储备溶液。该溶液在−18℃冰箱中保存。有效期为12个月。

⑬ 标准中间溶液的配制：用乙腈分别稀释标准储备液至终浓度约为1.0μg/mL，低于4℃避光冷藏保存，有效期为6个月。

⑭ 基质标准工作溶液的配制：根据需要，临用时吸取一定量的标准中间溶液，用基质空白溶液配制成适当浓度的混合标准工作溶液。低于4℃避光冷藏保存，现用现配。

⑮ HLB固相萃取小柱（亲水亲脂平衡柱）：60mg（填料：聚苯乙烯-二乙烯基苯-吡咯烷酮），3mL或相当者。使用前依次用3mL甲醇、3mL水活化。

⑯ 微孔滤膜：0.22μm，有机系。

除另有规定外，所有试剂均为分析纯，水为符合 GB/T 6682—2008 中规定的一级水。

3. 仪器和设备

① 液相色谱-串联质谱仪：配有电喷雾离子源（ESI）。

② 电子天平：感量分别为 0.01g 和 0.0001g。

③ 涡漩混匀器。

④ 固相萃取装置。

⑤ 氮吹仪。

⑥ 离心管：15mL。

⑦ 玻璃试管：10mL，具刻度。

⑧ 恒温水浴锅。

4. 试样制备与保存

（1）试样制备

取代表性蜂蜜样品约 500g，取样部位按 GB 2763—2016 执行，对无结晶的蜂蜜样品将其搅拌均匀。对有结晶析出的蜂蜜样品，在密闭情况下，将样品瓶置于不超过 60℃的水浴中温热，振荡，待样品全部融化后搅匀，迅速冷却至室温，在融化时必须注意防止水分挥发。装入洁净容器，密封，标明标记。

（2）试样保存

试样于常温状态下保存。在制样的操作过程中，应防止样品受到污染或发生残留物含量的变化。

5. 分析步骤

（1）提取

称取试样 1g（精确到 0.01g）于 15mL 离心管中，加入 10mL 0.02mol/L 氢氧化钠溶液，在 2000r/min 下涡旋振荡，混匀。

（2）净化

将上述提取液转移至 HLB 固相萃取柱中，再加入 3mL 水洗涤离心管，过柱。用 3mL 水和 1mL10mmol/L 硫酸溶液淋洗小柱，弃去淋出液，抽干。用 2mL 乙腈洗脱，收集于 10mL 试管中，洗脱液在室温下氮吹近干，准确加入 1.0mL 乙腈水溶液（3＋7，体积比），振荡溶解，过 0.22μm 滤膜，供测定。

（3）测定

① 液相色谱-质谱参考条件（Agilent 6410B LC/MS/MS 型液质联用仪）。a. 色谱柱：C_{18} 色谱柱，长 50mm，内径 4.6mm，粒径 1.8μm，或相当者；流动相：乙腈-0.1％甲酸溶液，梯度洗脱程序见表 11-5；流速：0.50mL/min；柱温：30℃；进样量：10μL；离子源：电喷雾离子源（ESI）；扫描方式：正离子；监测方式：多反应监测（MRM）。

表 11-5 流动相梯度洗脱程序

时间/min	0.1％甲酸溶液/％	乙腈/％
0.0	70	30
2.0	70	30
4.0	5	95

续表

时间/min	0.1%甲酸溶液/%	乙腈/%
7.0	5	95
7.1	70	30
13.0	70	30

b. 质谱条件的电喷雾离子源参考条件。电离源模式：电喷雾离子化；电离源极性：正模式；检测方式：多反应监测；雾化气：氮气；雾化气压力：0.207MPa（30psi）；毛细管电压：4000V；干燥气温度：350℃；干燥气流速：9L/min；分辨率：单位分辨率。杀虫脒和4-氯邻甲苯胺的定性离子对、定量离子对、碎裂电压（V），碰撞能量（eV），定性离子对（m/z）、定量离子对（m/z）见表11-6。

表11-6 杀虫脒和4-氯邻甲苯胺的定性离子对、定量离子对、碎裂电压、碰撞能量

名称	定性离子对(m/z)	定量离子对(m/z)	碎裂电压/V	碰撞能量/eV
杀虫脒	197.1/117.1	197.1/117.1	130	29
	197.1/125			33
4-氯邻甲苯胺	142/125	142/125	118	21
	142/106.7			21

② 色谱测定与确证。根据样液中被测化合物的含量，选定峰面积相近的标准工作溶液，对标准工作液和样液等体积参插进样，测定标准工作溶液和样液中被测化合物的响应值均应在仪器检测的线性范围内，用标准工作曲线按外标法定量。在上述色谱条件下杀虫脒和4-氯邻甲苯胺的参考保留时间分别为1.3min和4.4min，杀虫脒和4-氯邻甲苯胺标准品多反应检测（MRM）色谱图见图11-6。

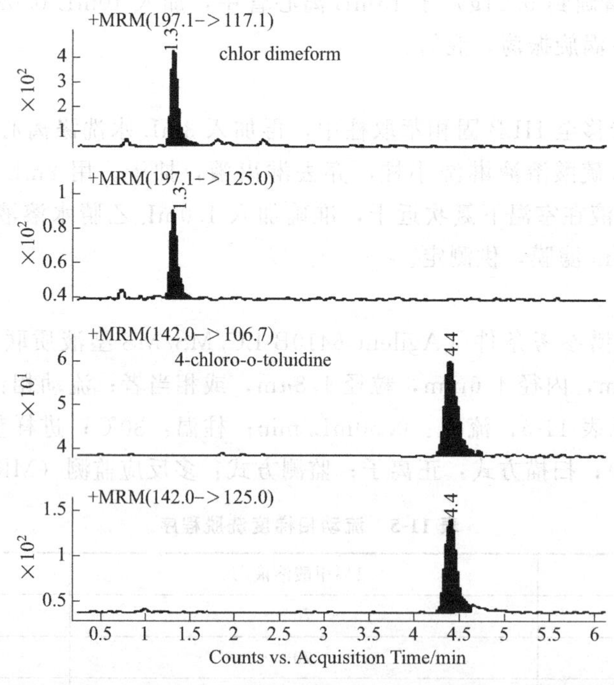

图11-6 杀虫脒和4-氯邻甲苯胺标准品多反应监测（MRM）质量色谱图（5ng/mL）

按照液相色谱 质谱条件测定样品和标准工作溶液，样品的质量色谱峰保留时间与标准品中对应的保留时间偏差在±2.5%之内；且样品中各组分定性离子的相对丰度与接近浓度的标准工作溶液中相应的定性离子的相对丰度进行比较，偏差不超过表11-7规定的范围，则可判定样品中存在对应的被测物。

表11-7 定性确证时相对离子丰度的最大允许偏差

相对离子丰度	>50%	>20%~50%	>10%~20%	≤10%
允许的相对偏差	±20%	±25%	±30%	±50%

(4) 空白试验

除不加试样外，均按上述测定步骤进行。

6. 结果计算

试样中杀虫脒或4-氯邻甲苯胺残留量，用色谱数据处理机或按式(11-9)计算：

$$X=\frac{A_{i}C_{si}V}{A_{si}V} \tag{11-9}$$

式中 X——试样中杀虫脒或4-氯邻甲苯胺残留含量，mg/kg；

A_i——样液中杀虫脒或4-氯邻甲苯胺的峰面积；

V——样液最终定容体积，mL；

A_{si}——标准工作溶液中杀虫脒或4-氯邻甲苯胺的峰面积；

C_{si}——标准工作溶液中杀虫脒或4-氯邻甲苯胺的浓度，μg/mL。

注：计算结果须扣除空白值，测定结果用平行测定的算术平均值表示，保留两位有效数字。

7. 精密度

① 在重复性条件下获得的两次独立测定结果的绝对差值与其算术平均值的比值(百分率)，应符合表11-8的要求。

表11-8 实验室内重复性要求

被测组分含量/(mg/kg)	精密度/%
≤0.001	36
0.001<被测组分≤0.01	32
0.01<被测组分≤0.1	22
0.1<被测组分≤1	18
>1	14

② 在再现性条件下获得的两次独立测定结果的绝对差值与其算术平均值的比值(百分率)，应符合表11-9的要求。

表11-9 实验室内再现性性要求

被测组分含量/(mg/kg)	精密度/%
≤0.001	54
0.001<被测组分≤0.01	46

续表

被测组分含量/(mg/kg)	精密度/%
0.01＜被测组分≤0.1	34
0.1＜被测组分≤1	25
＞1	19

8. **定量限**

本方法的定量限为5μg/kg。

六、蜂蜜中四环素族抗生素残留量的测定

根据GB/T 5009.95—2003《蜂蜜中四环素族抗生素残留量的测定》，规定了用微生物管碟法测定蜂蜜中四环素族抗生素残留量的方法，适用于天然或加工蜂蜜中四环素族抗生素残留量的测定。

1. **原理**

试样中四环素族抗生素经McIlvaine缓冲液提取后，用Sep-Pak C_{18}柱纯化。四环素族三种抗生素四环素、土霉素及金霉素利用薄层色谱分离生物检测法进行分离和定性；以蜡样芽孢杆菌为试验菌株，用微生物管碟法进行定量检测。

2. **试剂**

① McIlvaine缓冲液（pH=4）：称取磷酸氢二钠（$Na_2HPO_4 \cdot 12H_2O$）27.6g、柠檬酸（$C_6H_8O_7 \cdot H_2O$）12.9g、乙二胺四乙酸二钠37.2g，用水溶解后稀释并定容至1000mL。

② 磷酸盐缓冲液（0.1mol/L，pH4.5）：称取磷酸氢二钾13.6g，用水溶解后稀释并定容至1000mL。115℃灭菌30min，置4℃冰箱中保存。

③ 乙二胺四乙酸二钠水溶液（50g/L）。

④ Waters Sep-Pak C_{18}柱（或国产PT-C_{18}柱）：用时先经10mL甲醇滤过活化，再用10mL蒸馏水置换，然后用10mL 50g/L乙二胺四乙酸二钠流过。

⑤ 抗生素标准品：四环素、土霉素、金霉素标准品（由卫生部药品生物制品检定所提供）。

⑥ 抗生素标准溶液

a. 抗生素标准原液的配制：准确称取四环素、土霉素、金霉素标准品适量（按效价进行换算），用0.01mol/L盐酸溶解并定容至1000μg/mL，置4℃冰箱中（可使用7天）。

b. 抗生素标准稀释液配制：临用前取上述原液按1∶0.8比例，溶剂用0.1mol/L磷酸盐缓冲液逐步稀释配制成标准稀释液。制备四环素、土霉素标准曲线的标准浓度为0.16μg/mL，0.21μg/mL，0.26μg/mL，0.32μg/mL，0.40μg/mL及0.50μg/mL，参考浓度为0.25μg/mL；制备金霉素标准曲线的标准浓度为0.033μg/mL，0.041μg/mL，0.051μg/mL，0.064μg/mL，0.080μg/mL及0.100μg/mL，参考浓度为0.050μg/mL。定性试验用标准液浓度：四环素、土霉素为2μg/mL，金霉素为1μg/mL。

⑦ 展开剂，正丁醇-乙酸-水（4+1+5）。

3. **仪器**

① 隔水式恒温箱。

② 冰箱：0～4℃。

③ 恒温水浴。

④ 高压灭菌器。

⑤ 旋转式减压蒸馏器。

⑥ 离心机：2000r/min。

⑦ 天平：感量0.1mg。

⑧ 色谱缸：内长20cm、宽15cm、高30cm。

⑨ 长方形培养皿：1.5cm×8cm×23cm。

⑩ 色谱纸：7cm×22cm，中速滤纸。

⑪ 微量注射器：10μL、50μL。

⑫ 电吹风机。

⑬ 游标卡尺。

⑭ 吸管：容量为1mL和10mL，标有0.1mL单位刻度。

⑮ 注射器：容量为20mL。

⑯ 平皿：内径为90mm，高16～17mm，底部平整光滑，具陶瓷盖。

⑰ 不锈钢小管（简称小管）：内径6.0mm±0.1mm，外径7.8mm±0.1mm，高度10mm±0.1mm。

4. 培养基

（1）菌种培养基

将胰蛋白胨10.0g，牛肉浸膏5.0g，氯化钠2.5g，琼脂14～16g，蒸馏水1000mL，混合于蒸馏水中，搅拌加热至溶解，110℃灭菌30min，最终pH值为7.2～7.4。

（2）检定用培养基

将胰蛋白胨5.0g，牛肉浸膏3.0g，磷酸氢钾3g，琼脂14～16g，蒸馏水1000mL，混合于蒸馏水中，搅拌加热至溶解，110℃灭菌30min，最终pH值为6.5±0.1。

5. 试样处理

（1）定量试验用样液制备

称取混匀的蜂蜜试样10.0g，加入30mL pH＝4.0的Mcllvaine缓冲液，搅拌均匀，待溶解后进行过滤，滤液分数次置于注射器中，用经预处理的Sep-Pak C_{18}柱滤过，用50mL水洗柱，再用10mL甲醇洗脱，洗脱液经40℃减压浓缩蒸干后，准确加入pH＝4.5磷酸盐缓冲液3～4mL溶解，备定量检测用。

（2）定性试验用样液制备

称取蜂蜜试样5g，按上述步骤处理，甲醇洗脱液经40℃减压浓缩蒸干后，用0.1mL甲醇溶解，备定性试验用。

6. 菌液和检定用平板的制备

（1）试验菌种

蜡样芽孢杆菌，菌号63301，由卫生部药品生物制品检定所提供。

（2）菌液的制备

将菌种移种于盛有菌种用培养基的克氏瓶内，于37℃培养7天，使镜检芽孢数达85%，先用10mL灭菌水洗下菌苔，离心20min，弃去上清液，重复操作一次，再加10mL灭菌水于沉淀物中，混匀。然后，将此芽孢悬浮液置65℃恒温水浴中加热30min。从水浴中取出，于室温下放置24h，再于65℃恒温水浴中加热30min，待冷后置于4℃冰箱保存。用时可取此芽孢悬液以灭菌水稀释10倍成稀菌液。

(3) 芽孢悬液用量的测定

把不同量的稀菌液加入检定用培养基中，按本法进行操作，0.25μg/mL 的四环素参考浓度可产生 15mm 以上的清晰、完整的抑菌圈，选择出最适宜的芽孢悬液用量。一般为每 100mL 检定用培养基加入 0.2～0.5mL 稀菌液。

(4) 检定用平板的制备

试验用平皿内预先铺有 20mL 检定培养基作为底层，将适量稀菌液加到溶解后冷却至 55～60℃的检定用培养基中，混匀后往上述平皿内加入 5mL 稀菌液作为菌层。前后摇动平皿，使菌层均匀覆盖于底层表面，置水平位置上，盖上陶瓷盖，待凝固后，每个平板的培养基表面放置 6 个小管，使小管在半径 2.3cm 的圆面上成 60°角的间距。所用平板应当天准备。

7. 定量试验

(1) 标准曲线的制备

取 3 个检定用平板为 1 组，6 个标准浓度需要 6 组，在该组每个检定用平板的 3 个间隔小管内注满参考浓度液，在另外 3 个小管内注满标准浓度液，于 37℃±1℃培养 16h，然后测量参考浓度和标准浓度的抑菌圈直径，求得各自 9 个数值的平均值，并计算出各组内标准浓度与参考浓度抑菌圈直径平均值的差值 F，以标准浓度 c 为纵坐标，以相应的 F 值为横坐标，在半对数坐标纸上绘制标准曲线。

(2) 测定

每份试样取 3 个检定用平板，在每个平板上 3 个间隔的小管内注满 0.25μg/mL 四环素参考浓度液（或 0.25μg/mL 土霉素或 0.05μg/mL 金霉素，视所含抗生素种类而定），另外 3 个小管内注满被检样液，于 37℃±1℃培养 16h，测量参考浓度和被检样液的抑菌圈直径，求得各自 9 个数值的平均值，并计算出被检样液与参考浓度抑菌圈直径平均值的差值 F_t。

8. 定性试验

取色谱分离用滤纸（7cm×22cm）均匀喷上 0.1mol/L 磷酸盐缓冲液（pH=4.5），于空气中晾干、备用。在距滤纸底边 2.5cm 起始线上，分别滴加 10μL 2μg/mL 四环素、土霉素及 1μg/mL 金霉素标准稀释液与定性试验样液，将滤纸挂于盛有展开剂的色谱缸中，以上述方法展开，待溶剂前沿展至 15cm 处将滤纸取出，于空气中晾干，贴在事先加有 60mL 含有试验用菌层的长方形培养皿上，30min 后移去滤纸，在 37℃±1℃培养 16h，由抑菌圈测得比移值，以确定被检试样中所含四环素族抗生素的种类。

9. 结果计算

根据被检试样液与参考浓度抑菌圈直径平均值的差值 F_t，从该种抗生素标准曲线上查出抗生素的浓度 c_t（μg/mL），试样中若同时存在两种以上四环素族抗生素时，除了四环素、金霉素共存以金霉素表示结果外，其余情况均以土霉素表示结果。试样中四环素族抗生素残留量按式（11-10）计算：

$$X=\frac{c_t V\times 1000}{m\times 1000} \tag{11-10}$$

式中 X——试样中四环素族抗生素残留量，mg/kg；

c_t——检定用样液中四环素族抗生素的浓度，μg/mL；

V——待检定样液的体积，mL；

m——试样质量，g。

10. 精密度

在重复性条件下获得的两次独立测定结果的绝对差值不得超过算术平均值的10%。

本章小结

本章阐述了蜂蜜的基本知识和蜂蜜检验知识。蜂蜜基本知识包括蜂蜜的概念、物理性状、化学组成及蜂蜜的几种分类方法。蜂蜜检验知识包含蜂蜜中还原糖的测定、蜂蜜中丙三醇含量的测定、蜂蜜中淀粉酶值的测定、蜂蜜中丙酮醛含量的测定、蜂蜜中杀虫脒及其代谢产物残留量的测定、蜂蜜中四环素族抗生素残留量的测定。

1. 蜂蜜基础知识

蜂蜜，蜜蜂采集植物的花蜜、分泌物或蜜露，与自身分泌物混合后，经充分酿造而成的天然甜物质，主要成分是果糖和葡萄糖。蜂蜜根据采蜜蜂种分为意蜂蜜与中蜂蜜（土蜂蜜），根据来源分为天然蜜和甘露蜜，根据物理状态分为液态和结晶态，根据生产方式分为分离蜜、巢蜜、压榨蜜，根据颜色分7个等级，根据蜜源植物分为单花蜜和杂花蜜（百花蜜），根据等级划分为4个等级。

2. 蜂蜜检验知识

① 直接滴定法测定蜂蜜中还原糖含量。试样经除去蛋白质后，在加热条件下，以亚甲基蓝作指示剂，滴定标定过的碱性酒石酸铜溶液（用还原糖标准溶液标定），根据样品液消耗体积计算还原糖含量。

② 蜂蜜中丙三醇含量的测定。用 N,N-二甲基甲酰胺（DMF）溶解，与硅烷化试剂衍生化反应后，用正己烷萃取，用气相色谱-质谱法测定，内标法定量。

③ 蜂蜜中淀粉酶值的测定。将淀粉溶液加入蜂蜜样品溶液中，部分淀粉被蜂蜜中所含的淀粉酶水解后，剩余的淀粉与加入的碘反应而产生蓝紫色，随着反应的进行，其蓝紫色反应逐渐消失。用分光光度计于660nm波长处测定其达到特定吸光度所需要的时间。换算出1g蜂蜜在1h内水解1%淀粉的毫升数。

④ 蜂蜜中丙酮醛含量的测定。蜂蜜样品用水溶解后，与邻苯二胺进行衍生化反应，用高效液相色谱进行测定，外标法定量。

⑤ 蜂蜜（洋槐蜜、荆条蜜、蜂巢蜜、杂花蜜、野蜂蜜等）中杀虫脒及其代谢物（4-氯邻甲苯胺）残留量的液相色谱-质谱/质谱测定和确证，用氢氧化钠水溶液稀释溶解，经HLB固相萃取柱净化，液相色谱-串联质谱仪测定，外标法定量。

⑥ 天然或加工蜂蜜中四环素族抗生素残留量的测定。经Mcllvaine缓冲液提取后，用Sep-Pak C_{18}柱纯化。四环素族三种抗生素四环素、土霉素及金霉素利用薄层色谱生物检测法进行分离和定性；以蜡样芽孢杆菌为试验菌株，用微生物管碟法进行定量检测。

复习思考题

1. 简述蜂蜜的定义。
2. 蜂蜜的有几种不同依据分类方法？
3. 简述蜂蜜的主要化学组成。

4. 简述高效液相色谱法测定蜂蜜中丙酮醛含量的原理。

5. 简述蜂蜜中丙三醇含量的气相色谱-质谱测定中的色谱条件。

6. 简述精密度中重复性限和再现性限计算方法。

7. 简述蜂蜜中杀虫脒及其代谢产物残留量的测定方法中试样制备与保存方法。

8. 抗生素标准溶液及抗生素标准稀释液如何配制?

第十二章　其他农产品检验

第一节　干果检验基础知识

干果是以新鲜水果为原料，经晾晒、脱水工艺加工制成的，完整或经切割而成的水果干食品，包括葡萄干、桂圆干、桂圆肉、荔枝干、柿饼、干枣等，即果实果皮成熟后为干燥状态的果子和部分水果干制品。果实在完全成熟后，由于水分含量很少，果皮干燥的果实叫干果。干果又分为裂果和闭果，它们大多含有丰富的蛋白质、维生素、脂质等。干果的检验主要是基于干果卫生标准的要求，主要包括干果水分含量、总酸含量和微生物指标等几个方面的检验。本节主要介绍干果水分含量和总酸含量的检验。

一、干果的卫生标准（GB 16325—2005）

1. 指标要求

原料应符合相应的标准和有关规定；感官指标无虫蛀、无霉变、无异味；理化指标应符合表 12-1 的规定。

表 12-1　理化指标

项目	指标			
	桂圆	荔枝	葡萄干	柿饼
水分/(g/100g)≤	25	25	20	35
总酸/(g/100g)≤	1.5	1.5	2.5	6

微生物指标应符合表 12-2 的规定。

表 12-2　微生物指标

项目	指标	
	葡萄干	柿饼
致病菌(沙门氏菌、志贺氏菌、金黄色葡萄球菌)	不得检出	不得检出

2. 食品添加剂

食品添加剂质量、品种及其使用量应符合相应的标准和有关规定。

3. 食品生产加工过程

应符合 GB 14881 的规定。

4. 包装卫生和标识要求

① 包装容器和材料应符合相应的卫生标准和有关规定。

② 定性包装的标识按 GB 7718 规定执行。

5. 储存及运输

（1）储存

成品应储存在干燥、通风良好的场所，不得与有毒、有害、有异味、易挥发、易腐蚀的物品同处储存。

（2）运输

运输产品时应避免日晒、雨淋，不得与有毒、有害、有异味或影响产品质量的物品混装运输。

6. 检验方法

（1）水分

按本节第二部分规定的方法测定。

（2）总酸

按本节第三部分规定的方法测定。

（3）微生物指标

按 GB/T 4789.32 规定的方法检验。

二、干果（桂圆、荔枝、葡萄干、柿饼）中水分的测定

1. 原理

利用食品中水分的物理性质，在 101.3kPa（一个大气压），温度 101～105℃下采用挥发方法测定样品中干燥减失的重量，包括吸湿水、部分结晶水和该条件下能挥发的物质，再通过干燥前后的称量数值计算出水分的含量。

2. 试剂和材料

除非另有说明，本方法所用试剂均为分析纯，水为 GB/T 6682—2008 规定的三级水。

（1）试剂

① 氢氧化钠（NaOH）。

② 盐酸（HCl）。

③ 海砂。

（2）试剂配制

① 盐酸溶液（6mol/L）：量取 50mL 盐酸，加水稀释至 100mL。

② 氢氧化钠溶液（6mol/L）：称取 24g 氢氧化钠，加水溶解并稀释至 100mL。

③ 海砂：取用水洗去泥土的海砂、河砂、石英砂或类似物，先用盐酸溶液（6mol/L）煮沸 0.5h，用水洗至中性，再用氢氧化钠溶液（6mol/L）煮沸 0.5h，用水洗至中性，经 105℃干燥备用。

3. **仪器和设备**

① 扁形铝制或玻璃制称量瓶。

② 电热恒温干燥箱。

③ 干燥器：内附有效干燥剂。

④ 天平：感量为 0.1mg。

4. **分析步骤**

取洁净铝制或玻璃制的扁形称量瓶，置于 101～105℃ 干燥箱中，瓶盖斜支于瓶边，加热 1.0h，取出盖好，置于干燥器内冷却 0.5h，称量，并重复干燥至前后两次质量差不超过 2mg，即为恒重。将混合均匀的试样迅速磨细至颗粒小于 2mm，不易研磨的样品应尽可能切碎，称取 2～10g 试样（精确至 0.0001g），放入此称量瓶中，试样厚度不超过 5mm，如为疏松试样，厚度不超过 10mm，加盖，精密称量后，置于 101～105℃ 干燥箱中，瓶盖斜支于瓶边，干燥 2～4h 后，盖好取出，放入干燥器内冷却 0.5h 后称量。然后再放入 101～105℃ 干燥箱中干燥 1h 左右，取出，放入干燥器内冷却 0.5h 后再称量。并重复以上操作至前后两次质量差不超过 2mg，即为恒重。

注：两次恒重值在最后计算中，取质量较小的一次称量值。

5. **结果计算**

试样中的水分含量，按式（12-1）进行计算：

$$X=\frac{m_1-m_2}{m_1-m_3}\times 100 \tag{12-1}$$

式中　X——试样中水分的含量，g/100g；

m_1——称量瓶（加海砂、玻璃棒）和试样的质量，g；

m_2——称量瓶（加海砂、玻璃棒）和试样干燥后的质量，g；

m_3——称量瓶（加海砂、玻璃棒）的质量，g；

100——单位换算系数。

水分含量≥1g/100g 时，计算结果保留三位有效数字，水分含量＜1g/100g 时，计算结果保留两位有效数字。

6. **精密度**

在重复性条件下获得的两次独立测定结果的绝对差值不得超过算术平均值的 10%。

三、干果（桂圆、荔枝、葡萄干、柿饼）中总酸的测定（GB/T 12456—2008）

1. **方法提要**

根据酸碱中和原理，用碱液滴定试液中的酸，以酚酞为指示剂确定滴定终点。按碱液的消耗量计算食品中的总酸含量。

2. **试剂和溶液**

（1）试剂和分析用水

所有试剂均使用分析纯试剂；分析用水应符合 GB/T 6682—2008 规定的二级水规格或蒸馏水，使用前应经煮沸、冷却。

（2）0.1mol/L 氢氧化钠标准滴定溶液

按 GB/T 601—2016 配制与标定。

(3) 0.01mol/L 氢氧化钠标准滴定溶液

量取上述步骤 2.(2) 配制的 100mL 0.1mol/L 氢氧化钠标准滴定溶液稀释到 1000mL (用时当天稀释)。

(4) 0.05mol/L 氢氧化钠标准滴定溶液

量取上述步骤 2.(2) 配制的 100mL 0.1mol/L 氢氧化钠标准滴定溶液稀释到 200mL (用时当天稀释)。

(5) 1%酚酞溶液

称取 1g 酚酞，溶于 60mL 95%乙醇中，用水稀释至 100mL。

3. 仪器和设备

① 组织捣碎机。

② 水浴锅。

③ 研钵。

④ 冷凝管。

4. 试样的制备

取有代表性的样品至少 200g，置于研钵或组织捣碎机中，加入与样品等量的煮沸过的水，用研钵研碎，或用组织捣碎机捣碎，混匀后置于密闭玻璃容器内。

5. 试液的制备

(1) 总酸含量小于或等于 4g/kg 的试样

将制备好的试样用快速滤纸过滤，收集滤液，用于测定。

(2) 总酸含量大于或等于 4g/kg 的试样

称取 10～50g 制备好的试样，精确至 0.001g，置于 100mL 烧杯中。用约 80℃煮沸过的水将烧杯中的内容物转移到 250mL 容量瓶中（总体积约 150mL），置于沸水浴中煮沸 30min (摇动 2～3 次，使试样中的有机酸全部溶解于溶液中)，取出，冷却至室温（约 20℃），用煮沸过的水定容至 250mL，用快速滤纸过滤，收集滤液，用于测定。

6. 分析步骤

① 称取 25.000～50.000g 制备好的试液，使之含 0.035～0.070g 酸，置于 250mL 三角瓶中，加 40～60mL 水及 0.2mL 1%酚酞指示剂，用 0.1mol/L 氢氧化钠标准滴定溶液（如样品酸度较低，可用 0.01mol/L 或 0.05mol/L 氢氧化钠标准滴定溶液）滴定至微红色 30s 不褪色。记录消耗 0.1mol/L 氢氧化钠标准滴定溶液的体积的数值（V_1）。

同一被测样品应测定两次。

② 空白试验：用水代替试液。按步骤①操作，记录消耗 0.1mol/L 氢氧化钠标准溶液的体积的数值（V_2）。

7. 结果计算

食品汇总总酸的含量以质量分数 X 计，数值以克每千克（g/kg）表示，按式（12-2）计算：

$$X=\frac{c(V_1-V_2)KF}{m}\times 1000 \tag{12-2}$$

式中 c——氢氧化钠标准滴定溶液的浓度，mol/L；

V_1——滴定试液时消耗氢氧化钠标准滴定溶液的体积，mL；

V_2——空白试验时消耗氢氧化钠标准滴定溶液的体积，mL；

K——酸的换算系数［苹果酸，0.067；乙酸，0.060；酒石酸，0.075；柠檬酸，0.070（含一分子结晶水）；乳酸，0.090；盐酸，0.036；磷酸，0.049］；

f——试液的稀释倍数；

m——试样的质量的数值，g。

计算结果表示到小数点后两位。

8. 允许差

同一样品，两次测定结果之差，不得超过两次测定平均值的2%。

第二节　功能性农产品检验

近年来，随着人民生活水平的提高，全民保健意识逐年提高，对天然的功能保健农产品的需求日益增加。随着农业生产技术的不断进步和农业科研成果的转化，一些野生的稀有中药材被驯化成了可供大众食用的功能农产品，并被广泛种植。例如有中国“十大仙草”之称的铁皮石斛和金线莲，随人为的过度采挖和生境破坏，其野生资源已濒临灭绝，但市场需求量却逐年增加，从而催生了大量人工种植的产品。但随之而来的质量安全风险也不容忽视，主要的安全风险之一就是农药残留超标问题，因此，功能性农产品进行农药残留检测对保护其产业发展和人民群众身体健康具有重要意义。

一、铁皮石斛鲜条中氨基甲酸酯类农药残留量的测定

1. 适用范围

本测定方法适用于铁皮石斛鲜条中涕灭威砜、涕灭威亚砜、灭多威、3-羟基克百威、涕灭威、克百威、甲萘威、异丙威、速灭威、仲丁威10种氨基甲酸酯类农药及其代谢物多残留液相色谱检测方法。

2. 原理

试样中氨基甲酸酯类农药及其代谢物用乙腈提取，提取液经过滤、浓缩后，采用固相萃取技术分离、净化，淋洗液经浓缩后，使用带荧光检测器和柱后衍生系统的高效液相色谱进行检测。保留时间定性，外标法定量。

3. 试剂和材料

除非另有说明，在分析中仅使用确认为分析纯的试剂和GB/T 6682—2008规定的一级水。

① 乙腈。

② 丙酮，重蒸。

③ 甲醇，色谱纯。

④ 氯化钠，140℃烘烤4h。

⑤ 柱后衍生试剂。

a. 0.05mol/L NaOH溶液；

b. OPA稀释溶液；

c. 邻苯二甲醛（*o*-phthaladechyde，OPA）；

d. 羟基乙醇（thiofluor）。

⑥ 固相萃取柱，氨基柱（aminopropyl），容积6mL，填充物500mg。

⑦ 滤膜，0.2μm，0.45μm，溶剂膜。

⑧ 农药标准品见表12-3。

表12-3 10种氨基甲酸酯类农药及其代谢物标准品

序号	中文名	英文名	纯度	溶剂
1	涕灭威亚砜	aldicarb sulfoxide	≥96%	甲醇
2	涕灭威砜	aldicarb sulfone	≥96%	甲醇
3	灭多威	methomyl	≥96%	甲醇
4	3-羟基克百威	3-hydroxycarbofuran	≥96%	甲醇
5	涕灭威	aldicarb	≥96%	甲醇
6	速灭威	metolcarb	≥96%	甲醇
7	克百威	carbofuran	≥96%	甲醇
8	甲萘威	carbaryl	≥96%	甲醇
9	异丙威	isoprocarb	≥96%	甲醇
10	仲丁威	fenobucarb	≥96%	甲醇

⑨ 农药基准溶液的配制

a. 单个农药标准溶液。准确称取一定量（精确至0.1mg）农药标准品，用甲醇逐级稀释，逐一配制成1000mg/L的单一农药标准储备液，储存在−18℃以下冰箱中。使用时根据各农药在对应检测器上的响应值，吸取适量的标准储备液，用甲醇稀释配制成所需的标准工作液。

b. 农药混合标准溶液。根据各农药在仪器上的响应值，逐一吸取一定体积的单个农药储备液分别注入同一容量瓶中，用甲醇稀释至刻度配制成农药混合标准储备溶液，使用前用甲醇稀释成所需浓度的标准工作液。

注意：配制农药标准溶液时，可用移液枪或刻度吸量管吸取储备液或待稀释液，但需注意防止交叉污染和外源杂质的引入。稀释时，需要逐级稀释，防止产生较大的误差。

4. 仪器设备

① 食品加工器。

② 匀浆机。

③ 氮吹仪。

④ 液相色谱仪，可做梯度淋洗，配有柱后衍生反应装置和荧光检测器（FLD）。

5. 测定步骤

（1）试料制备

同第四章第八部分“方法（一）分析步骤中的试料制备”。

（2）提取

同第四章第八部分“方法（一）分析步骤中的提取”。

（3）净化

从100mL具塞量筒中准确吸取10.00mL乙腈溶液，放入150mL烧杯中，将烧杯放在80℃水浴锅上隔水加热（此步骤也可使用氮吹仪替代，放入水浴温度为50℃水浴锅内加热)，杯内缓缓通入氮气或空气流，将乙腈蒸发近干（切记不可完全蒸干，避免一些农药的损失）；加入 2.0mL 甲醇＋二氯甲烷（1＋99）溶解残渣，盖上铝箔待净化。

将氨基柱用 4.0mL 甲醇＋二氯甲烷（1＋99）预洗条件化，弃去废液，当溶剂液面到达柱吸附层表面时，立即加入样品溶液，用 15mL 离心管收集洗脱液，用 2mL 甲醇＋二氯甲烷（1＋99）洗烧杯后过柱，并重复一次，一并收集洗脱液。将离心管置于氮吹仪上，水浴温度 50℃，氮吹蒸发至近干，用甲醇准确定容至 2.5mL。在混合器上充分混匀，混匀时间不少于 15s 后，用 0.2μm 滤膜过滤，待测。

（4）色谱参考条件

① 色谱柱。预柱，C_{18} 预柱，4.6mm×4.5cm；分析柱，C_8，4.6mm×25cm，5μm 或 C_{18}，4.6mm×25cm，5μm。

② 柱温，42℃。

③ 荧光检测器，λ_{ex}＝330nm，λ_{em}＝465nm。

④ 溶剂梯度与流速，见表 12-4。

表 12-4　溶剂梯度与流速

时间/min	水/%	甲醇/%	流速/(mL/min)
0.00	85	15	0.5
2.00	75	25	0.5
8.00	75	25	0.5
9.00	60	40	0.8
10.00	55	45	0.8
19.00	20	80	0.8
25.00	20	80	0.8
26.00	85	15	0.5

⑤ 柱后衍生

a. 0.05mol/L 氢氧化钠溶液，流速 0.3mL/min；

b. OPA 试剂，流速 0.3mL/min；

c. 反应器温度：水解温度，100℃；衍生温度，室温。

（5）色谱分析

吸取 20.0μL 标准混合溶液（或净化后的样品）注入色谱仪中，以保留时间定性，以样品溶液峰面积与标准溶液峰面积比较定量。

6. 结果计算

（1）计算

样品中被测农药残留量以质量分数 w 计，数值以毫克每千克（mg/kg）表示，按公式（12-3）计算。

$$w=\frac{V_1AV_3}{V_2A_Sm}\times\psi \tag{12-3}$$

式中　ψ——标准溶液中农药的含量，mg/L；

A——样品中被测农药的峰面积；

A_S——农药标准溶液中被测农药的峰面积；

V_1——提取溶剂总体积，mL；

V_2——吸取出用于检测的提取溶液的体积，mL；

V_3——样品定容体积，mL；

m——样品的质量。

计算结果保留三位有效数字。

(2) 精密度

将8种氨基甲酸酯类农药混合标准溶液在0.05mg/L、0.10mg/L和0.50mg/L三个水平添加到蔬菜和水果样品中进行方法的精密度试验，每个浓度的添加样需做三个以上的平行，计算回收率和相对标准偏差。方法的添加回收率在70%～120%之间，变异系数小于20%。氨基甲酸酯类农药标准色谱图见图12-1。

7. 色谱图

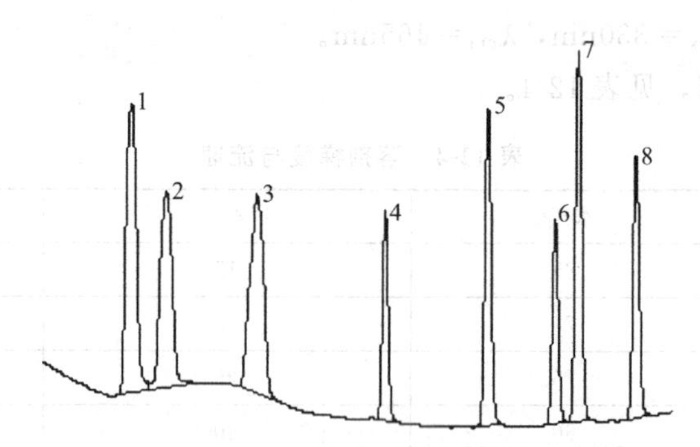

图12-1 氨基甲酸酯类农药标准色谱图

1—涕灭威亚砜；2—涕灭威砜；3—灭多威；4—3-羟基呋喃丹；
5—涕灭威；6—克百威；7—甲萘威；8—异丙威

二、金线莲鲜品中农药残留量的测定——气相色谱-串联质谱法(GB 23200.8—2016)

1. 原理

试样用乙腈提取，盐析离心后，取上清液，经固相萃取柱净化，用乙腈＋甲苯（3＋1）洗脱农药及相关化学品，溶剂交换后用气相色谱-质谱仪检测。

2. 试剂和材料

① 乙腈：色谱纯。

② 氯化钠：优级纯。

③ 无水硫酸钠：分析纯，用前在650℃灼烧4h，储于干燥器中，冷却后备用。

④ 甲苯：优级纯。

⑤ 丙酮：分析纯，重蒸馏。

⑥ 二氯甲烷：色谱纯。

⑦ 正己烷：分析纯，重蒸馏。

⑧ Envi-18柱：12mL，2.0g或相当者。

⑨ Envi-Carb活性炭柱：6mL，0.5g或相当者。

⑩ Sep-Pak NH_2固相萃取柱：3mL，0.5g或相当者。

⑪ 农药及相关化学品标准物质：纯度≥95%。

⑫ 标准溶液

a. 标准储备溶液。分别称取适量（精确至 0.1mg）各种农药及相关化学品标准物分别于 10mL 容量瓶中，根据标准物的溶解性选甲苯、甲苯＋丙酮混合液、二氯甲烷等溶剂溶解并定容至刻度，标准溶液避光 4℃，可使用一年。

b. 混合标准溶液。根据每种农药及相关化学品在仪器上的响应灵敏度，确定其在混合标准溶液中的浓度。

依据每种农药及相关化学品的分组号、混合标准溶液浓度及其标准储备液的浓度，移取一定量的单个农药及相关化学品标准储备液于 100mL 容量瓶中，用甲苯定容至刻度。混合标准溶液避光 4℃保存，可使用一个月。

c. 内标溶液。准确称取 3.5mg 环氧七氯于 100mL 容量瓶中，用甲苯定容至刻度。

d. 基质混合标准工作溶液。将 40μL 内标溶液和 50μL 的混合标准溶液分别加到 1.0mL 的样品空白基质提取液中，混匀，配成基质混合标准工作溶液。基质混合标准工作溶液应现用现配。

3. 仪器

① 气相色谱-质谱仪：配有电子轰击源（EI）。

② 分析天平：感量 0.1mg 和 0.01g。

③ 均质器：转速不低于 20000r/min。

④ 鸡心瓶：200mL。

⑤ 移液器：1mL。

⑥ 氮气吹干仪。

⑦ 离心机。

4. 试样制备与保存

按 GB/T 8855—2008 抽取的水果、蔬菜样品取可食部分切碎、混匀、密封，作为试样，标明标记。将试样于 4℃冷藏保存。

水果、蔬菜需按科学的方法进行缩分，一般采用四分法，块根、块茎、瓜果等切 4 或 8 块，各取 1/4 或 1/8，切碎混匀后用四分法进行缩分（图 12-2，取 1、3 或者 2、4 两部分）。

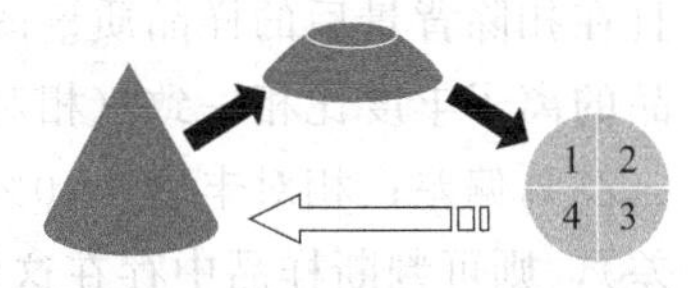

图 12-2　样品缩分（四分法）

5. 测定步骤

（1）称样

用百分之一及以上精度的天平，称取 20g 试样（精确至 0.01g）于 80mL 离心管中，称样时尽量让样品聚集在离心管底部，不要沾染离心管内壁。

（2）提取

在称好的样品中加入 40mL 乙腈，用均质器在 15000r/min 转速下匀浆提取 1min，均质器的速度应由低到高逐步调节到所需转速后再开始计时。匀浆结束后应及时清洗均质器，避免造成交叉污染。加入 5g 氯化钠，再匀浆提取 1min，将离心管放入离心机，在 3000r/min 转速下离心 5min，用移液枪或移液器取上清液 20mL（相当于 10g 试样量）放入 50mL 离心管中，待净化。

（3）净化

① 将 Envi-18 柱放入固定架上，加样前先用 10mL 乙腈预洗柱，弃去流出液，下接鸡心瓶，移入上述 20mL 提取液，并用 15mL 乙腈洗涤柱，将收集的提取液和洗涤液在 40℃水

浴中旋转浓缩至约1mL，备用。注意旋蒸时要控制液体流出速度，应使蒸出液体逐滴流下，不可整股流下。

② 在Envi-Carb柱中加入约2cm高无水硫酸钠，将该柱连接在Sep-Pak氨丙基柱顶部，将串联柱下接鸡心瓶放在固定架上。加样前先用4mL乙腈＋甲苯（3＋1）预洗柱，当液面到达硫酸钠的顶部时，迅速将样品浓缩液移至净化柱上，注意一定要等液面临近硫酸钠顶部时加入样品。再每次用2mL乙腈＋甲苯（3＋1）三次洗涤样液瓶，并将洗涤液移入柱中。在串联柱上加上50mL储液器，用25mL乙腈＋甲苯（3＋1）洗涤串联柱，收集所有流出物于鸡心瓶中，并在40℃水浴中旋转浓缩至约0.5mL。每次加入5mL正己烷在40℃水浴中旋转蒸发，进行溶剂交换两次，最后使样液体积约为1mL，加入40μL内标溶液，混匀，用于气相色谱-质谱测定。

（4）气相色谱-质谱法测定

① 仪器条件

a. 色谱柱：DB-1701（30m×0.25mm×0.25μm）石英毛细管柱或相当者。

b. 色谱柱温度程序：40℃保持1min，然后以30℃/min程序升温至130℃，再以5℃/min升温至250℃，再以10℃/min升温至300℃，保持5min。

c. 载气：氦气，纯度≥99.999%，流速：1.2mL/min。

d. 进样口温度：290℃。

e. 进样量：1μL。

f. 进样方式：无分流进样，1.5min后打开分流阀和隔垫吹扫阀。

g. 电子轰击源：70eV。

h. 离子源温度：230℃。

i. GC-MS接口温度：280℃。

j. 选择离子检测：每种化合物分别选择一个定量离子，2～3个定性离子。

② 定性测定。进行样品测定时，如果检出的色谱峰的保留时间与标准样品相一致，并且在扣除背景后的样品质谱图中，所选择的离子均出现，而且所选择的离子丰度比与标准样品的离子丰度比相一致（相对丰度＞50%，允许±20%偏差；相对丰度＞20%～50%，允许±25%偏差；相对丰度＞10%～20%，允许±30%偏差；相对丰度≤10%，允许±50%偏差），则可判断样品中存在这种农药或相关化学品，即保留时间和离子丰度比定性。

如果不能确证，应重新进样，以扫描方式（有足够灵敏度）或采用增加其他确证离子的方式或其他灵敏度更高的分析仪器来确证。

③ 定量测定。本方法采用内标法单离子量测定。内标物为环氧七氯。为减少基质的影响，定量用标准溶液应采用基质混合标准工作溶液。标准溶液的浓度应与待测化合物的浓度相近。

注：采用基质混合标准溶液，可有效降低样品中基质干扰产生的基质效应，从而使定性定量更为准确。

（5）平行试验和空白试验

按以上步骤对同一试样进行平行测定；空白试验时，除不称取试样外，均按上述步骤进行。

6. 结果计算

气相色谱-质谱测定结果可由计算机按内标法自动计算，也可按式（12-4）计算：

$$X = c_s \times \frac{A}{A_s} \times \frac{c}{c_{si}} \times \frac{A_{si}}{A_i} \times \frac{V}{m} \times \frac{1000}{1000} \qquad (12\text{-}4)$$

式中　X——试样中被测物残留量，mg/kg

c_s——基质标准工作溶液中被测物的浓度，μg/mL；

A——试样中被测农药的峰面积；

A_s——基质标准工作溶液中被测物的色谱峰面积；

c_i——试样溶液中内标物的浓度，μg/mL；

c_{si}——基质标准工作溶液中内标物的浓度，μg/mL；

A_{si}——基质标准工作溶液中内标物的色谱峰面积；

A_i——试样溶液中内标物的色谱峰面积；

V——样液最终定容体积，mL；

m——试样溶液所代表试样的质量，g。

注：计算结果应扣除空白值。

7. 说明

该方法如果将农药按照保留时间和仪器灵敏度进行适当分组（避免农药组分色谱图出现重合），可同时检测500种农药及相关化学品，也可用一组农药混合标准溶液，检测几种或几十种的农药及相关化学品。农药等化合物的分组和特征离子选择可参考相关标准或药典。

本章小结

本章阐述了干果和功能农产品的检验检测方法及检测过程中的一些注意事项。

1. 干果检验

干果的检验主要是基于干果卫生标准的要求，主要包括干果水分含量、总酸含量和微生物指标的检测等几个方面，这几个指标也是评价干果质量的重要依据。本章主要介绍了干果的水分含量检测和总酸含量的检测。干果水分含量检测方法包括直接干燥法、减压干燥法、蒸馏法和卡尔·费休法。本章主要介绍了直接干燥法的检测方法和注意事项。

2. 功能性农产品检验

功能性农产品目前种类繁多，但由于人工驯化和种植开始较晚，在功能性农产品上登记使用的农药少之又少，因此用药规范性不够，致使部分产品出现农药残留超标现象。因此，检测功能性农产品中的农药残留量，对提高其质量安全水平，保护人民群众身体健康、产业健康成长和提高产品国际竞争力有重要意义。本章主要介绍了在近几年呈井喷式发展的铁皮石斛和金线莲鲜品中农药残留量的测定方法，主要采用的仪器是液相色谱仪和气相色谱-质谱联用仪，结合第四章蔬菜中农药残留检测的方法（速测卡法、酶抑制法、气相色谱法和液相色谱-串联质谱法），基本涵盖了目前国内农产品中农药残留的主流检测方法和仪器设备，较为全面地介绍了各类农残检测的方法和注意事项。

复习思考题

一、填空题

1. 干果，以新鲜水果为原料，经晾晒、＿＿＿＿＿＿加工制成的，完整或经切割而成的水果干食品。

2. 干果又分为________和________，它们大多含有丰富的蛋白质、维生素、脂质等。

3. 干果检验主要包括干果____________、__________和____________等几个方面的检验。

4. 干果感官指标无虫蛀、________、无异味。

5. 利用食品中水分的物理性质，在____________，温度101～105℃下采用挥发方法测定样品中____________的重量，包括吸湿水、____________和该条件下能挥发的物质，再通过干燥前后的称量数值计算出水分的含量。

6. 干果水分测定时，取洁净铝制或玻璃制的扁形称量瓶，置于__________℃干燥箱中加热________。

7. 干果总酸测定是根据____________原理，用碱液滴定试液中的酸，以______为指示剂确定滴定终点。

8. 配制农药标准溶液时，可用移液枪或刻度吸量管吸取储备液或待稀释液，但需注意防止__________和外源杂质的引入。稀释时，需要____________，防止产生较大的误差。

9. 铁皮石斛鲜条中氨基甲酸酯类农药残留量的测定采用的是__________法定性和__________法定量。

10. 总酸测定空白试验：用水代替试液，记录消耗__________氢氧化钠标准溶液的体积(V_2)。

二、选择题

1. 干果中水分测定的方法有_____种。

A. 5　　B. 3　　C. 2　　D. 4

2. 水分测定时，将混合均匀的试样迅速磨细至颗粒小于_____，不易研磨的样品应尽可能切碎。

A. 2mm　　B. 5mm　　C. 3mm　　D. 6mm

3. 水分含量≥1g/100g时，计算结果保留____有效数字；水分含量<1g/100g时，计算结果保留________有效数字。

A. 三位，三位　　B. 两位，三位　　C. 三位，两位　　D. 两位，两位

4. 液相色谱法检测氨基甲酯类农药，使用带_____测器和柱后衍生系统的高效液相色谱进行检测。

A. 紫外　　B. 荧光　　C. 二极管阵列　　D. 电子捕获

5. 气相色谱-串联质谱法检测农残时，最后试样在混合器上充分混匀，混匀时间不少于15s后，用________滤膜过滤，待测。

A. 0.2μm　　B. 0.3μm　　C. 0.4μm　　D. 0.5μm

三、判断题

1. 农药残留检测时，配备标准溶液可以直接稀释到所需要的工作液浓度。（　）

2. 农残检测氮吹时，应将烧杯直接放入80℃水浴中加热，并通入氮气流或空气流，快速将其吹干。（　）

3. 气相色谱-串联质谱法检测金线莲鲜品中的农药残留时，采用的是保留时间和离子丰度比定性，内标法定量。（　）

4. 总酸测定时，所有试剂均使用化学纯试剂；分析用水应符合GB/T 6682—2008规定

的三级水或蒸馏水，使用前应经煮沸、冷却。 （　）

5. 取洁净铝制或玻璃制的扁形称量瓶，置于101～105℃干燥箱中，瓶盖斜支于瓶边，加热1.0h，取出盖好，置于干燥器内冷却0.5h，称量，并重复干燥至前后两次质量差不超过5mg，即为恒重。 （　）

四、简答题

1. 气相色谱-串联质谱法检测金线莲鲜品中的农药残留的原理是什么？
2. 干果水分测定的计算公式是什么？
3. 简述如何获得铁皮石斛鲜条中农药残留液相色谱法检测的准确度和精密度？
4. 配制农药残留标准储备液应注意哪些事项？
5. 金线莲鲜品中农药残留量的气相色谱-串联质谱检测方法中采用的是什么定性方法？

附　录

附录 1　国际原子量

元素		原子量	元素		原子量	元素		原子量	元素		原子量
符号	名称		符号	名称		符号	名称		符号	名称	
Ac	锕	[227]	Er	铒	167.259	Mn	锰	54.938 045	Ru	钌	101.07
Ag	银	107.868 2	Es	锿	[252]	Mo	钼	95.94	S	硫	32.065
Al	铝	26.981 539	Eu	铕	151.964	N	氮	14.006 7	Sb	锑	121.760
Am	镅	[243]	F	氟	18.998 403 2	Na	钠	22.989 769 28	Sc	钪	44.955 912
Ar	氩	39.948	Fe	铁	55.845	Nb	铌	92.906 38	Se	硒	78.96
As	砷	74.921 60	Fm	镄	[257]	Nd	钕	144.242	Si	硅	28.085 5
At	砹	[209.987 1]	Fr	钫	[223]	Ne	氖	20.179 7	Sm	钐	150.36
Au	金	196.966 57	Ga	镓	69.723	Ni	镍	58.693 4	Sn	锡	118.710
B	硼	10.811	Gd	钆	157.25	No	锘	[259]	Sr	锶	87.62
Ba	钡	137.327	Ge	锗	72.64	Np	镎	[237]	Ta	钽	180.947 88
Be	铍	9.012 182	H	氢	1.007 94	O	氧	15.999 4	Tb	铽	158.925 35
Bi	铋	208.980 40	He	氦	4.002 602	Os	锇	190.23	Tc	锝	[97.9072]
Bk	锫	[247]	Hf	铪	178.49	P	磷	30.973 762	Te	碲	127.60
Br	溴	79.904	Hg	汞	200.59	Pa	镤	231.035 88	Th	钍	232.038 06
C	碳	12.010 7	Ho	钬	164.930 32	Pb	铅	207.2	Ti	钛	47.867
Ca	钙	40.078	I	碘	126.904 47	Pd	钯	106.42	Tl	铊	204.383 3
Cd	镉	112.411	In	铟	114.818	Pm	钷	[145]	Tm	铥	168.934 21
Ce	铈	140.116	Ir	铱	192.217	Po	钋	[208.982 4]	U	铀	238.028 91
Cf	锎	[251]	K	钾	39.098 3	Pr	镨	140.907 65	V	钒	50.941 5
Cl	氯	35.453	Kr	氪	83.798	Pt	铂	195.084	W	钨	183.84
Cm	锔	[247]	La	镧	138.905 47	Pu	钚	[244]	Xe	氙	131.293
Co	钴	58.933 195	Li	锂	6.941	Rb	铷	85.467 8	Y	钇	88.905 85
Cr	铬	51.996 1	Lr	铹	[262]	Re	铼	186.207	Yb	镱	173.04
Cs	铯	132.905 451 9	Lu	镥	174.967	Ra	镭	[226]	Zn	锌	65.409
Cu	铜	63.546	Md	钔	[258]	Rh	铑	102.905 50	Zr	锆	91.224
Dy	镝	162.500	Mg	镁	24.305 0	Rn	氡	[222.017 6]			

附录2　常用酸碱溶液的相对密度和质量分数与物质的量浓度

附表1　酸

相对密度(15℃)	HCl		HNO_3		H_2SO_4	
	w/%	c/(mol/L)	w/%	c/(mol/L)	w/%	c/(mol/L)
1.02	4.13	1.15	3.70	0.6	3.1	0.3
1.04	8.16	2.3	7.26	1.2	6.1	0.6
1.05	10.2	2.9	9.0	1.5	7.4	0.8
1.06	12.2	3.5	10.7	1.8	8.8	0.9
1.08	16.2	4.8	13.9	2.4	11.6	1.3
1.10	20.0	6.0	17.1	3.0	14.4	1.6
1.12	23.8	7.3	20.2	3.6	17.0	2.0
1.14	27.7	8.7	23.3	4.2	19.9	2.3
1.15	29.6	9.3	24.8	4.5	20.9	2.5
1.19	37.2	12.2	30.9	5.8	26.0	3.2
1.20			32.3	6.2	27.3	3.4
1.25			39.8	7.9	33.4	4.3
1.30			47.5	9.8	39.2	5.2
1.35			55.8	12.0	44.8	6.2
1.40			65.3	14.5	50.1	7.2
1.42			69.8	15.7	52.2	7.6
1.45					55.0	8.2
1.50					59.8	9.2
1.55					64.3	10.2
1.60					68.7	11.2
1.65					73.0	12.3
1.70					77.2	13.4
1.84					95.6	18.0

附表2　碱

相对密度(15℃)	$NH_3 \cdot H_2O$		$NaOH$		KOH	
	w/%	c/(mol/L)	w/%	c/(mol/L)	w/%	c/(mol/L)
0.88	35.0	18.0				
0.90	28.3	15				
0.91	25.0	13.4				
0.92	21.8	11.8				
0.94	15.6	8.6				

续表

相对密度(15℃)	$NH_3 \cdot H_2O$		NaOH		KOH	
	w/%	c/(mol/L)	w/%	c/(mol/L)	w/%	c/(mol/L)
0.95	9.9	5.6				
0.98	4.8	2.8				
1.05			4.5	1.25	5.5	1.0
1.10			9.0	2.5	10.9	2.1
1.15			13.5	3.9	16.1	3.3
1.20			18.0	5.4	21.2	4.5
1.25			22.5	7.0	26.1	5.8
1.30			27.0	8.8	30.9	7.2
1.35			31.8	10.7	35.5	8.5

附录3　常用有机溶剂沸点和相对密度

名称	沸点/℃	相对密度 d_4^{20}	名称	沸点/℃	相对密度 d_4^{20}
甲醇	64.96	0.7914	苯	80.10	0.8787
乙醇	78.5	0.7893	甲苯	110.6	0.8669
正丁醇	117.25	0.8098	二甲苯	140.0	
乙醚	34.51	0.7138	硝基苯	210.8	1.2037
丙酮	56.2	0.7899	氯苯	132.0	1.1058
乙酸	117.9	1.0492	氯仿	61.70	1.4832
乙酐	139.55	1.0820	四氯化碳	76.54	1.5940
乙酸乙酯	77.06	0.9003	二硫化碳	46.25	1.2632
乙酸甲酯	57.00	0.9330	乙腈	81.60	0.7854
丙酸甲酯	79.85	0.9150	二甲亚砜	189.0	1.1014
丙酸乙酯	99.10	0.8917	二氯甲烷	40.00	1.3266
二氧六环	101.1	1.0337	1,2-二氯乙烷	83.47	1.2351

参考文献

[1] GB 29694—2013 动物性食品中 13 种磺胺类药物多残留的测定 高效液相色谱法. 中华人民共和国国家标准.

[2] GB/T 20759—2006 畜禽肉中十六种磺胺类药物残留量的测定 液相色谱-串联质谱法. 中华人民共和国国家标准.

[3] 农业部 1025 号公告-18-2008 动物源性食品中 β-受体激动剂残留检测 液相色谱-串联质谱法. 中华人民共和国农业部标准.

[4] SN/T 1752—2006 进出口动物源性食品中二苯乙烯类激素残留量检验方法 液相色谱串联质谱法. 中华人民共和国检验检疫行业标准.

[5] GB/T 20366—2006 动物源产品中喹诺酮类残留量的测定 液相色谱-串联质谱法. 中华人民共和国国家标准.

[6] 中华人民共和国农业部公告 第 235 号. 动物性食品中兽药最高残留限量.

[7] 中华人民共和国农业部公告 第 2292 号. 在食品动物中停止使用洛美沙星、培氟沙星、氧氟沙星、诺氟沙星 4 种兽药的决定.

[8] GB 5009. 17—2014 食品中总汞及有机汞的测定. 中华人民共和国国家标准.

[9] GB 2762—2017 食品中污染物限量. 中华人民共和国国家标准.

[10] GB 5009. 11—2014 食品中总砷及无机砷的测定. 中华人民共和国国家标准.

[11] GB/T 23372—2009 食品中无机砷的测定 液相色谱 电感耦合等离子体质谱法. 中华人民共和国国家标准.

[12] GB/T 21317—2007 动物源性食品中四环素类兽药残留量检测方法 液相色谱-质谱/质谱法与高效液相色谱法. 中华人民共和国国家标准.

[13] GB/T 2748—2003 鲜蛋卫生标准. 中华人民共和国卫生部.

[14] GB/T 5009. 47—2003 蛋及蛋制品卫生标准的分析方法. 中华人民共和国卫生部.

[15] NY/T 823—2004 家禽生产性能名词术语和度量统计方法. 中华人民共和国农业部.

[16] GB 5009. 3—2016 食品安全国家标准-食品中水分的测定. 中华人民共和国国家卫生和计划生育委员会.

[17] GB 5009. 12—2017 食品安全国家标准-食品中铅的测定. 中华人民共和国国家卫生和计划生育委员会和国家食品药品监督管理总局.

[18] GB 2763—2016 食品安全国家标准-食品中农药最大残留限量. 中华人民共和国国家卫生和计划生育委员会、中华人民共和国农业部和国家食品药品监督管理总局.

[19] GB/T 5009. 19—2008 食品中有机氯农药多组分残留量的测定. 中华人民共和国卫生部农业部 235 号公告 动物性食品中兽药最高残留限量. 中华人民共和国农业部.

[20] GB/T 22338—2008 动物源性食品中氯霉素类药物残留量测定. 中华人民共和国国家质量监督检验检疫总局.

[21] GB/T 21312—2007 动物源性食品中 14 种喹诺酮药物残留检测方法 液相色谱-质谱-质谱法. 中华人民共和国国家质量监督检验检疫总局.

[22] GB/T 21317—2007 动物源性食品中四环素类兽药残留量检测方法 液相色谱-质谱-质谱法与高效液相色谱法. 中华人民共和国国家质量监督检验检疫总局.

[23] 穆华荣.食品检验技术. 北京：化学工业出版社，2005.

[24] 张玉挺，张彩华. 农产品检验技术. 北京：化学工业出版社，2009.

[25] 中国农业科学院农业质量标准与检测技术研究所编 . 农产品质量安全检测手册 油料及制品卷. 北京：中国标准出版社，2007.

[26] 王亚伟，吕全军. 食品营养与检测. 北京：高等教育出版社，2005.

[27] 翁鸿珍，周春田. 食品质量管理. 北京：高等教育出版社，2007.

[28] 张拥军. 食品理化检验. 北京：中国标准出版社，2015.

[29] 尹凯丹，张奇志. 食品理化分析. 北京：化工出版社，2008.

[30] GB 29694—2013 动物性食品中 13 种磺胺类药物多残留的测定高效液相色谱法. 中华人民共和国国家标准.

[31] GB/T 20759—2006 畜禽肉中十六种磺胺类药物残留量的测定液相色谱-串联质谱法. 中华人民共和国国家标准.

[32] 农业部 1025 号公告-18-2008 动物源性食品中 β-受体激动剂残留检测液相色谱-串联质谱法 . 中华人民共和国农业部标准.

[33] SN/T 1752—2006 进出口动物源性食品中二苯乙烯类激素残留量检验方法液相色谱串联质谱法 . 中华人民共和国检验检疫行业标准.

[34] GB/T 20366—2006 动物源产品中喹诺酮类残留量的测定液相色谱-串联质谱法．中华人民共和国国家标准．
[35] 中华人民共和国农业部公告第 235 号．动物性食品中兽药最高残留限量．
[36] 中华人民共和国农业部公告第 2292 号．在食品动物中停止使用洛美沙星、培氟沙星、氧氟沙星、诺氟沙星 4 种兽药的决定．
[37] GB 5009.17—2014 食品中总汞及有机汞的测定．中华人民共和国国家标准．
[38] GB 2762—2017 食品中污染物限量．中华人民共和国国家标准．
[39] GB 5009.11—2014 食品中总砷及无机砷的测定．中华人民共和国国家标准．
[40] GB/T 23372—2009 食品中无机砷的测定液相色谱电感耦合等离子体质谱法．中华人民共和国国家标准．
[41] GB/T 21317—2007 动物源性食品中四环素类兽药残留量检测方法液相色谱-质谱/质谱法与高效液相色谱法．中华人民共和国国家标准．
[42] GB 5009.228—2016 食品中挥发性盐基氮的测定．中华人民共和国国家标准．
[43] GB 5009.26—2016 食品中 *N*-亚硝胺类化合物的测定．中华人民共和国国家标准．
[44] GB 5009.33—2016 食品中亚硝酸盐与硝酸盐的测定．中华人民共和国国家标准．
[45] GB 5009.179—2016 食品中三甲胺的测定．中华人民共和国国家标准．
[46] GB/T 20772—2008 动物肌肉中 461 种农药及相关化学品残留量的测定．中华人民共和国国家标准．
[47] GB 5009.27—2016 食品中苯并(*a*)芘的测定．中华人民共和国国家标准．
[48] GB 5009.190—2014 食品中指示性多氯联苯含量的测定．中华人民共和国国家标准．
[49] GB 5009.198—2016 贝类中失忆性贝类毒素的测定．中华人民共和国国家标准．
[50] GB 5009.212—2016 贝类中腹泻性贝类毒素的测定．中华人民共和国国家标准．
[51] GB 5009.213—2016 贝类中麻痹性贝类毒素的测定．中华人民共和国国家标准．
[52] GB 5009.208—2016 食品中生物胺的测定．中华人民共和国国家标准．
[53] GB 5009.28—2016 食品中苯甲酸、山梨酸和糖精钠的测定．中华人民共和国国家标准．
[54] GB 5009.35—2016 食品中合成着色剂的测定．中华人民共和国国家标准．
[55] GB/T 19681—2005 食品中苏丹红染料的检测方法 高效液相色谱法．中华人民共和国国家标准．
[56] 刘志宏，蒋永衡．农产品质量检测技术．北京：中国农业大学出版社，2012.
[57] 唐三定．农产品质量检测技术．北京：中国农业大学出版社，2010.
[58] GB 5009．239—2016 食品安全国家标准食品酸度的测定. 中华人民共和国国家标准.
[59] GB 5009．7—2016 食品安全国家标准食品中还原糖的测定. 中华人民共和国国家标准.
[60] NY/T 2637—2014 水果和蔬菜可溶性固形物含量的测定 折射仪法. 中华人民共和国国家标准.
[61] GB 5009．93—2017 食品安全国家标准食品中硒的测定. 中华人民共和国国家标准.
[62] GB 5009．93—2014 食品安全国家标准食品中汞的测定. 中华人民共和国国家标准.
[63] GB/T 12533—2008 食用菌杂质测定. 中华人民共和国国家标准.
[64] NY/T 1676—2008 食用菌中粗多糖含量的测定. 中华人民共和国国家标准.
[65] GB/T 5009.218—2008 水果和蔬菜中多种农药残留量的测定. 中华人民共和国国家标准.
[66] GB 5009．33—2016 食品安全国家标准食品中亚硝酸盐与硝酸盐的测定. 中华人民共和国国家标准.
[67] GB 5009．86—2016 食品安全国家标准食品中抗坏血酸的测定. 中华人民共和国国家标准.
[68] NY/T 2742—2015 水果及制品可溶性糖的测定 3,5-二硝基水杨酸比色法. 中华人民共和国国家标准.
[69] GB/T 10467—1989 水果和蔬菜产品中挥发性酸度的测定方法. 中华人民共和国国家标准.